T0216295

AutoUni – Schriftenreihe

Band 135

Reihe herausgegeben von/Edited by
Volkswagen Aktiengesellschaft
AutoUni

Die Volkswagen AutoUni bietet Wissenschaftlern und Promovierenden des Volkswagen Konzerns die Möglichkeit, ihre Forschungsergebnisse in Form von Monographien und Dissertationen im Rahmen der „AutoUni Schriftenreihe" kostenfrei zu veröffentlichen. Die AutoUni ist eine international tätige wissenschaftliche Einrichtung des Konzerns, die durch Forschung und Lehre aktuelles mobilitätsbezogenes Wissen auf Hochschulniveau erzeugt und vermittelt.

Die neun Institute der AutoUni decken das Fachwissen der unterschiedlichen Geschäftsbereiche ab, welches für den Erfolg des Volkswagen Konzerns unabdingbar ist. Im Fokus steht dabei die Schaffung und Verankerung von neuem Wissen und die Förderung des Wissensaustausches. Zusätzlich zu der fachlichen Weiterbildung und Vertiefung von Kompetenzen der Konzernangehörigen fördert und unterstützt die AutoUni als Partner die Doktorandinnen und Doktoranden von Volkswagen auf ihrem Weg zu einer erfolgreichen Promotion durch vielfältige Angebote – die Veröffentlichung der Dissertationen ist eines davon. Über die Veröffentlichung in der AutoUni Schriftenreihe werden die Resultate nicht nur für alle Konzernangehörigen sondern auch für die Öffentlichkeit zugänglich.

The Volkswagen AutoUni offers scientists and PhD students of the Volkswagen Group the opportunity to publish their scientific results as monographs or doctor's theses within the "AutoUni Schriftenreihe" free of cost. The AutoUni is an international scientific educational institution of the Volkswagen Group Academy which produces and disseminates current mobility-related knowledge through its research and tailor-made further education courses. The AutoUni's nine institutes cover the expertise of the different business units, which is indispensable for the success of the Volkswagen Group. The focus lies on the creation, anchorage and transfer of knew knowledge.

In addition to the professional expert training and the development of specialized skills and knowledge of the Volkswagen Group members, the AutoUni supports and accompanies the PhD students on their way to successful graduation through a variety of offerings. The publication of the doctor's theses is one of such offers. The publication within the AutoUni Schriftenreihe makes the results accessible to all Volkswagen Group members as well as to the public.

Reihe herausgegeben von/Edited by
Volkswagen Aktiengesellschaft
AutoUni
Brieffach 1231
D-38436 Wolfsburg
http://www.autouni.de

Weitere Bände in der Reihe http://www.springer.com/series/15136

Jakob Hennig

Virtuelle Prototypen für Lamellenventile in Pkw-Kältemittelverdichtern

Jakob Hennig
AutoUni
Wolfsburg, Deutschland

Zugl.: Dissertation, Technische Universität Bergakademie Freiberg, 2018

Die Ergebnisse, Meinungen und Schlüsse der im Rahmen der AutoUni – Schriftenreihe veröffentlichten Doktorarbeiten sind allein die der Doktorandinnen und Doktoranden.

AutoUni – Schriftenreihe
ISBN 978-3-658-24845-1   ISBN 978-3-658-24846-8   (eBook)
https://doi.org/10.1007/978-3-658-24846-8

Die Deutsche Nationalbibliothek verzeichnet diese Publikation in der Deutschen National-bibliografie; detaillierte bibliografische Daten sind im Internet über http://dnb.d-nb.de abrufbar.

Springer ist ein Imprint der eingetragenen Gesellschaft Springer Fachmedien Wiesbaden GmbH und ist ein Teil von Springer Nature
Die Anschrift der Gesellschaft ist: Abraham-Lincoln-Str. 46, 65189 Wiesbaden, Germany

Vorwort

Die vorliegende Arbeit entstand während meiner Tätigkeit in den Jahren 2014 bis 2017 als Doktorand bei der Volkswagen AG am Standort Salzgitter im Bereich der Entwicklung elektrifizierter Nebenaggregate.

Herrn Prof. Dr. Rüdiger Schwarze gilt mein herzlicher Dank für die wissenschaftliche Betreuung dieser Arbeit seitens des Instituts für Mechanik und Fluiddynamik der Technischen Universität Bergakademie Freiberg. Die wertvollen Anregungen bei regelmäßigen Treffen sowie der direkte und unkomplizierte Austausch mit dem Institut bildeten die Basis für das Gelingen dieser Arbeit.

Herrn Prof. Dr. Ulrich Groß danke ich für die Erstellung des Zweitgutachtens. Herrn Prof. Dr. Matthias Kröger möchte ich einen herzlichen Dank für die Übernahme des Vorsitzes im Promotionsverfahren an der Fakultät für Maschinenbau, Verfahrens- und Energietechnik der Technischen Universität Bergakademie Freiberg aussprechen. Weiterhin bedanke ich mich bei Herrn Prof. Björn Kiefer, Ph. D., und bei Herrn Prof. Dr. Oliver Rheinbach für ihre Mitwirkung als Mitglieder der Promotionskommission.

Ein besonderer Dank gilt Herrn Dr. Andreas Gitt-Gehrke für die Betreuung meiner Arbeit im Fachbereich der Volkswagen AG. Neben einer Vielzahl wertvoller Anregungen, kritischer Diskussionen und motivierender Worte ermöglichte er mir die benötigten Freiräume im dynamischen Tagesgeschäft und die Fokussierung auf die wissenschaftliche Arbeit.

Herrn Stefan Lieske danke ich für die Möglichkeit der Anfertigung dieser Arbeit in der Entwicklungsabteilung. Bei meinem Doktoranden-Gefährten Herrn Dr. Michael König bedanke ich mich für den umfassenden fachlichen Austausch im Bereich der Verdichtertechnik, -erprobung und -modellierung. Für die lehrreiche gemeinsame Projektarbeit möchte ich mich bei Frau Dr. Julia Lemke und den Herren Dr. Christian Schneck, Michael Lüer, Felix Nowak, Daniel Blasko, Julius Pape, Thomas Küppers und Florian Boseniuk bedanken. Zudem bedanke ich mich für den bereichernden Austausch über unterschiedliche Aspekte der numerischen Berechnungsverfahren bei Frau Sabine Baumbach, Herrn Heiko Winterberg und Herrn Alexander Lehnen. Ein weiterer Dank gilt den Herren Maximilian Müller, Norman Welz, Tim Erhardt und Patrick Hadamitzky, die im Rahmen ihrer studentischen Arbeiten wichtige Beiträge zu Simulations- und experimentellen Themen geleistet haben.

Für wertvolle fachliche Diskussionen im Gebiet der Kompressor-, Ventil- und Messtechnik möchte ich mich darüber hinaus bei Herrn Dr. Sven Försterling, Herrn Dr. Nicholas Lemke und Herrn Mario Schlickhoff (alle Fa. TLK-Thermo GmbH, Braunschweig) sowie bei Herrn Carsten Möhl (TU Dresden) bedanken.

Mein abschließender Dank gilt meiner Familie für die fortwährende, bedingungslose Unterstützung und den starken Rückhalt – insbesondere in herausfordernden Zeiten.

Braunschweig   Jakob Hennig

Inhaltsverzeichnis

Abbildungsverzeichnis

Tabellenverzeichnis

Nomenklatur

Abkürzungen

1D, 2D, 3D	Ein-, zwei-, dreidimensional
1 DOF	*One degree of freedom* (ein Freiheitsgrad)
ALE	*Arbitrary-Lagrangian-Eulerian*-Methode
BVT	*Basic Valve Theory*
CF	*Concentrated forces* (konzentrierte Knotenlasten)
CFD	*Computational fluid dynamics* (numerische Strömungsmechanik)
CFL	*Courant-Friedrichs-Lewy*-Zahl (Courantzahl)
CSM	*Computational structural mechanics* (numerische Strukturanalyse)
DFT	Diskrete Fourier Transformation
DK	Druckkammer
DV	Druckventil
DVK	Druckventilkanal
FDM	Finite-Differenzen-Methode
FE, FEM	Finite Elemente, Finite-Elemente-Methode
FFT	*Fast Fourier transform* (schnelle Fourier-Transformation)
FSI	Fluid-Struktur-Interaktion
FV, FVM	Finite Volumen, Finite-Volumen-Methode
GWP_{100a}	Global Warming Potential (auf Zeitraum von 100 Jahren bezogen)
HPC	*High performance cluster* (Hochleistungsrechner)
KP	Kritischer Punkt
KV	Kontrollvolumen
LES	*Large Eddy Simulation* (Grobstruktursimulation)
NH	Niederhalter
NST	Navier-Stokes-Gleichungen
OT	Oberer Totpunkt
R744	Kohlendioxid (CO_2), Kältemittelkurzbezeichnung nach DIN 8960:1998-11
RANS	*Reynolds-averaged Navier-Stokes*
REFPROP	*Reference Fluid Thermodynamic and Transport Properties*
RLZ	*Realizable*
RNG	*Renormalization-Group*
SIMPLE	*Semi-Implicit Method for Pressure-Linked Equations*
SK	Saugkammer
SOM	*Series Orifice Model*
SST	*Shear-Stress-Transport*
SV	Saugventil
SVK	Saugventilkanal

TS	Taumelscheibe
URF	Unterrelaxationsfaktor
UT	Unterer Totpunkt
Z	Zylinder
ZGL	*Zero Gap Layers* (Minimale Zellschichten im Spaltbereich)

Lateinische Zeichen

Symbol	Einheit	Bedeutung
A	m^2	Fläche
$A_{p,\text{eff}}$	m^2	Effektiv druckbeaufschlagte Fläche (effektive Kraftfläche)
$A_{p,\text{eff}}^{+}$	m^2	Effektiv druckbeaufschlagte Fläche (nach Momentenansatz)
$A_{p,\text{geo}}$	m^2	Geometrisch druckbeaufschlagte Fläche
A_{Spalt}	m^2	Ventil-Spaltfläche
$A_{u,\text{eff}}$	m^2	Effektiver Strömungsquerschnitt
$A_{u,\text{eff}}^{*}$	m^2	Effektiver Strömungsquerschnitt (isentrope, kompressible Strömung)
$A_{u,\text{geo}}$	m^2	Geometrisch freigegebener Strömungsquerschnitt
a	$m\,s^{-1}$	Schallgeschwindigkeit
$\hat{a}_k$	m	Fourier-Koeffizient
$\boldsymbol{B}$	m^{-1}	Differenzierte Ansatzfunktionsmatrix der Struktur
b	m	Breite
b	$N\,s\,m^{-1}$	Dämpfungsfaktor
$\boldsymbol{b}$	$N\,s\,m^{-1}$	Elementdämpfungsmatrix der Struktur
C_{D}	–	Ventil-Durchflusszahl (*coefficient of discharge*)
C_{D}^{*}	–	Ventil-Durchflusszahl (isentrope, kompressible Strömung)
C_p	–	Ventil-Kraftbeiwert (*force coefficient*)
C_p^{+}	–	Ventil-Kraftbeiwert (nach Momentenansatz)
c	–	Empirischer Parameter zur Berechnung der Expansionszahl ε
c	–	Faktor für bilineare Vorgabe der FEM-Kontaktdämpfung
c	$N\,m^{-1}$	(Feder-)Steifigkeit
c_p	$J\,kg^{-1}\,K^{-1}$	Spezifische Wärmekapazität (isobar)
c_V	$J\,kg^{-1}\,K^{-1}$	Spezifische Wärmekapazität (isochor)
D, d	m	Durchmesser
D	–	Dämpfungsgrad
$\boldsymbol{D}$	m^{-1}	Differenzialoperatorenmatrix der Struktur
D_ϕ	–	Allgemeiner diffusiver Fluss der Strömungsgröße ϕ
$\boldsymbol{d}$	m	Knotenverschiebung an diskreten Punkten der Struktur
E	$N\,m^{-2}$	Elastizitätsmodul des Materials der Struktur
E	J	Energie
$\boldsymbol{E}$	$N\,m^{-2}$	Materialeigenschaftsmatrix der Struktur

F	N	Kraft
$\boldsymbol{F}$	N	Äußere Einzelkräfte der Struktur
F_0	N	Zusätzliche Kraft, Federvorspannkraft
F_D	N	Dämpfungskraft
F_F	N	Federkraft
F_m	N	Massenträgheitskraft
F_p	N	Druckkraft
F_ϕ	–	Allgemeiner konvektiver Fluss der Strömungsgröße ϕ
f	s^{-1}	Schwingungsfrequenz
f_0	s^{-1}	Eigenfrequenz
f_k	s^{-1}	Diskrete Auftragungsfrequenz der FFT
f^p	N	Diskreter Druckkraftanteil an der Oberfläche der Lamelle
f^s	N	Diskreter Scherkraftanteil an der Oberfläche der Lamelle
f_{sample}	s^{-1}	Abtastfrequenz der FFT
$\boldsymbol{G}$		Formfunktionsmatrix der Struktur
g	$m\,s^{-2}$	Fallbeschleunigungsvektor
H, h	m	Dicke, Höhe
h	$J\,kg^{-1}$	Spezifische Enthalpie
k	$m^2\,s^{-2}$	Turbulente kinetische Energie
$\boldsymbol{k}$	$N\,m^{-1}$	Elementsteifigkeitsmatrix der Struktur
k	m	Wandrauheit
k_d	–	Erfahrungswert zur Berechnung des Dämpfungsfaktors
L, l	m	Länge
M	$N\,m$	Moment
m	kg	Schwingende Masse
$\boldsymbol{m}$	kg	Elementmassenmatrix der Struktur
$\dot{m}$	$kg\,s^{-1}$	Massenstrom
m_{durch}	kg/m	Durchgesetzte Fluidmasse (zweidimensional)
m_{ers}	kg	Ventil-Ersatzmasse
m_V	kg	Reale Ventilmasse
N	–	Anzahl betrachteter Kontrollvolumina/Rechenzellen
n	s^{-1}	Drehzahl
$\hat{n}$	–	Flächennormalenvektor auf der Oberfläche des betrachteten KV
n_{ZGL}	–	Anzahl der *Zero Gap Layers*
p	Pa	Druck
$\boldsymbol{p}$	N	Lastvektor der Struktur (innere Volumenlasten)
$\hat{\boldsymbol{p}}$	N	Alle äußeren Knotenkräfte der Struktur
p_i	–	Polynom-Koeffizient
Q_ϕ	–	Allgemeine Quelle/Senke der Strömungsgröße ϕ
$\boldsymbol{q}$	$N\,m^{-2}$	Vektor der verteilten äußeren Oberflächenkräfte der Struktur
$\underline{q''}$	$W\,m^{-2}$	Wärmestromvektor
R, r	m	Radius
R_s	$J\,kg^{-1}\,K^{-1}$	Spezifische Gaskonstante
s	m	Nomineller Ventilhub (entlang der Ventilbohrungsachse)

s	$\mathrm{J\,kg^{-1}\,K^{-1}}$	Spezifische Entropie
s_0	m	Maximale Spaltweite für die FEM-seitige Kontaktdämpfung
s_{Diff}	m	Differenz-Auslenkung
s_{GG}	m	Gleichgewichts-Auslenkung
s_{Rest}	m	Restspaltweite am Ventil
s_{ZGL}	m	Minimale Höhe der Zellschichten im Spalt vor Zelldeaktivierung (unter Verwendung der *Zero Gap*-Option für das *Overset Mesh*)
$\lvert\hat{s}_k\rvert$	m	Einseitiges Amplitudenspektrum der FFT
$\lvert\hat{s}_k\rvert^*$	m	Zweiseitiges Amplitudenspektrum der FFT
T	K	(Absolute) Temperatur
T	s	Schwingungs-Periodendauer
T_0	s	Periodendauer der Eigenschwingung
t	s	Zeit
$\overline{U}$	$\mathrm{m\,s^{-1}}$	Mittlere Geschwindigkeit am Einlass
$\hat{U}$	$\mathrm{m\,s^{-1}}$	Schwingungsamplitude der Wandgeschwindigkeit
u, v	$\mathrm{m\,s^{-1}}$	Strömungsgeschwindigkeit
u	m	Im FEM-Modell berechnete lokale Verschiebung der Struktur
$\boldsymbol{u}$	m	Verschiebungsvektor der Struktur
u^+	–	Dimensionslose Geschwindigkeit
u_τ	$\mathrm{m\,s^{-1}}$	Wandschubspannungsgeschwindigkeit
V	$\mathrm{m^3}$	Volumen
$\dot{V}$	$\mathrm{m^3\,s^{-1}}$	Volumenstrom
v	$\mathrm{m\,s^{-1}}$	Im FEM-Modell berechnete lokale Geschwindigkeit der Struktur
W	J	Arbeit
w_n	–	n-te Einheitswurzel
w_{t}	$\mathrm{J\,kg^{-1}}$	Spezifische technische Arbeit
X, Y	m	Ausdehnung in x- bzw. y-Richtung
x, y, z	m	Kartesische Raumkoordinaten
y^+	–	Dimensionsloser Wandabstand (wandnormal)
z	–	Anzahl der Verdichtungsräume (Zylinder)

Griechische Zeichen

Symbol	Einheit	Bedeutung
α	–	Strahlkontraktionszahl
α_{Durch}	–	Durchflusskennzahl
α_{R}	$\mathrm{s^{-1}}$	*Rayleigh*-Koeffizient
α_{w_k}	–	Interpolationsgewichte für die *Overset Mesh*-Methode
β_{R}	s	*Rayleigh*-Koeffizient
Γ	–	Allgemeiner Diffusionskoeffizient der Strömungsgröße ϕ
$\dot{\gamma}$	$\mathrm{s^{-1}}$	Schergeschwindigkeit

ε	–	Expansionszahl
ε	$m^2\,s^{-3}$	Turbulente Dissipationsrate
ε	–	Verzerrungstensor der Struktur
ζ	$m^2\,s^{-2}$	Schwellenwert für die Berechnung der Ventil-Ersatzmasse
η	$Pa\,s$	Dynamische Viskosität
η	–	Wirkungsgrad
η_{ind}	–	Indizierter Gütegrad
θ	$\circ$	Rotatorischer Öffnungswinkel
κ	–	Isentropenexponent
λ	–	Liefergrad
λ	$W\,m^{-1}\,K^{-1}$	Wärmeleitfähigkeit
λ	m	Wellenlänge der Scherwellen
μ	$Pa\,m^{-1}\,s^{-1}$	Kontakt-Dämpfungskoeffizient im FEM-Modell
μ_0	$Pa\,m^{-1}\,s^{-1}$	Kontakt-Dämpfungskoeffizient im FEM-Modell bei $s=0$
ν	$m^2\,s^{-1}$	Kinematische Viskosität
ν_s	–	Poissonzahl (Querkontraktionszahl) des Materials der Struktur
ν_T	$m^2\,s^{-1}$	Wirbelviskosität der Turbulenz
ξ_n	–	Dämpfungsgrad der n-ten Eigenform (*Rayleigh*-Dämpfung)
π	–	Druckverhältnis
ρ	$kg\,m^{-3}$	Dichte
σ	$N\,m^{-2}$	Spannungstensor der Struktur
$\sigma_{v,M}$	$N\,m^{-2}$	*Von Mises*-Vergleichsspannung
$\underset{=}{\tau}$	$N\,m^{-2}$	Schubspannungstensor
$\underset{=ij}{\tau^{Re}}$	$N\,m^{-2}$	Reynolds-Spannungstensor
τ_W	$N\,m^{-2}$	Wandschubspannung
Φ	–	Allgemeine physikalische Größe Φ
φ	–	Allgemeiner Ventilparameter
χ	–	Hubspalt-Flächenverhältnis
ω	s^{-1}	Schwingungskreisfrequenz der Wandgeschwindigkeit
ω	s^{-1}	Turbulente Frequenz der energietragenden Wirbel
ω_0	s^{-1}	Eigenkreisfrequenz
ω_n	s^{-1}	Kreisfrequenz der n-ten Eigenform

Indizes

0	Initialzustand
1	Wert einer physikalischen Größe vor dem Ventil (stromaufwärts)
12	Differenz einer physikalischen Größe zw. den Zuständen 1 und 2
2	Wert einer physikalischen Größe hinter dem Ventil (stromabwärts)
AR	Arbeitsraum
a	Außen

a	Schwingungsamplitude der betrachteten Größe $\Phi(t)$
B	Ventilbohrung
ber	Berechnet
char	Charakteristisch
D	Druckzustand (Druckstutzen)
D	Zentralknoten der Donorzelle
DR	Druckraum
Einh	Einhüllende der Schwebung
eff	Effektiv
elast	Elastisch
end	Endwert der simulierten physikalischen Zeit
f	Fluid
Geh	Gehäuse
ges	Gesamt
i, j, k, n	Beliebige Indizes/Laufvariablen
i	Innen
ind	Indiziert
isen	Isentrop
kin	Kinetisch
krit	Kritisch (auf kritisches Druckverhältnis bezogen)
Leck	Leckageanteil
lin	Linear
M	Material
m	Zeitlicher oder räumlicher Mittelwert der betrachteten Größe $\Phi(t)$
min	Minimalwert im Zeitverlauf der betrachteten Größe $\Phi(t)$
max	Maximalwert im Zeitverlauf der betrachteten Größe $\Phi(t)$
n	Index der n-ten Eigenform
norm	Normiert
O, OF	Oberfläche
P	Zentralknoten des betrachteten Kontrollvolumens
Q	Quetschströmung im Spalt unter bzw. über der Ventillamelle
Ref	Referenz
Rexp	Rückexpansionsanteil
Rstr	Rückströmanteil
real	Real erzielter Wert
red	Reduziert
rel	Relativ (auf theoretischen Maximalwert bezogen)
rep	Repräsentativ
S	Saugzustand (Saugstutzen)
s	Struktur (Festkörper)
Schad	Schadraum
Sitz	Ventilsitz
SR	Saugraum
sim	Simulation

T	Turbulenz
theo	Theoretisch
U	Umgebung
V	Ventil
V	Verlust
W	Wand
Δp	Druckverlustanteil
ΔT	Aufheizverlustanteil

Operatoren

Δ	Hier: Differenz: $\Delta\phi = \phi_2 - \phi_1$
∇	Hier: Nabla-Operator: $\nabla\phi = \left(\frac{\partial\phi}{\partial t}, \frac{\partial\phi}{\partial y}, \frac{\partial\phi}{\partial z} \right)$
$\dot{x}$	Erste Zeitableitung: $\dot{x} = \frac{\partial x}{\partial t}$
$\ddot{x}$	Zweite Zeitableitung: $\ddot{x} = \frac{\partial}{\partial t}\left(\frac{\partial x}{\partial t} \right)$
A^T	Transponierte Matrix A

Notation von Strömungs- und Strukturgrößen

ϕ	Allgemeine physikalische Strömungsgröße
$\overline{\phi}$	Räumliche Mittelung von ϕ
$\underline{\phi}$	Vektorielle Form von ϕ
$\underline{\underline{\phi}}$	Tensorielle Form von ϕ
ϕ'	Stochastische Fluktuation von ϕ
$\boldsymbol{\Psi}$	Allgemeine Strukturgröße in Matrixform (fette Großbuchstaben)
$\boldsymbol{\psi}$	Allgemeine Strukturgröße in Vektor- oder Tensorform (fette Kleinbuchstaben)

Kurzfassung

In der vorliegenden Arbeit wird eine Untersuchung transienter Strömungs- und Schwingungsvorgänge an Lamellenventilen eines Pkw-Kältemittelverdichters auf Basis numerischer Simulationsmethoden durchgeführt. Die Motivation hierfür ergibt sich aus der Notwendigkeit, ein tiefergehendes Verständnis für die Funktionsweise der Ventilbaugruppe zu erlangen, da diese einen entscheidenden Einfluss auf Effizienz, Haltbarkeit und Akustik des gesamten Kompressors ausübt.

Unter Anwendung der Zwei-Wege-Kopplung von Struktur- (FEM) und Fluid-Submodellen (CFD) werden dreidimensionale Ventilprototypen erstellt, welche die charakteristische Fluid-Struktur-Interaktion (FSI) wiedergeben. Diese werden anhand experimenteller Versuchsergebnisse validiert, wobei hierfür sowohl stationäre Ventilkennlinien als auch transiente Ventilöffnungskurven herangezogen werden. Zur Bewertung der eingesetzten FSI-Simulationsmethode hinsichtlich Stabilität, Genauigkeit und Rechenaufwand werden ausgewählte Voruntersuchungen, darunter die Nachbildung des Turek-Hron-Benchmarks, durchgeführt.

Ein methodischer Schwerpunkt bei der Erstellung der 3D-Ventilprototypen liegt in der Anwendung der *Overset Mesh*-Methode zur Umsetzung der Netzbewegung des Strömungsgebietes. Dies bietet gegenüber dem bisherigen Stand des Wissens neue Möglichkeiten bei der Modellierung der Ventilströmung, insbesondere in Spalt- und Kontaktbereichen. Gleichzeitig erfordert der gewählte Ansatz die Formulierung eines geeigneten Ersatzmodells zur Charakterisierung der Dämpfungswirkung durch Quetschströmungseffekte.

Auf Basis der validierten 3D-Ventilprototypen wird eine Methode zur virtuellen Kalibrierung reduzierter Ventilmodelle vorgestellt. Gegenüber der bisher üblichen analytisch-empirischen Methoden zur Bestimmung von 1D-Ventilparametern entfällt hierbei die Notwendigkeit, auf Literatur- oder Erfahrungswerte, vereinfachte mathematische Ansätze oder Versuchsdaten zurückgreifen zu müssen, da die FSI-gekoppelte Simulation die wesentlichen physikalischen Effekte am Lamellenventil abbildet.

Unter Anwendung dieses neuen methodischen Ansatzes werden exemplarisch die 1D-Ventilparameter für das Saug- und das Druckventil eines CO_2-Axialkolbenverdichters ermittelt. Diese werden in ein 0D/1D-Gesamtmodell eingebunden, um das charakteristische Verhalten der Lamellenventile in einem typischen Verdichterbetriebspunkt wiederzugeben. Dabei werden die Indikatordiagramme bei unterschiedlichen Drehzahlen ermittelt. Der Vergleich mit messtechnisch ermittelten Indizierdaten zeigt, dass die wichtigsten ventilbezogenen transienten Effekte und Verlustmechanismen, wie Überverdichtung, Unterexpansion, Ventil-Druckverluste und das Ventilspätschlussverhalten, durch die virtuell kalibrierten 1D-Ventilmodelle wiedergegeben werden. Eine abschließende Sensitivitätsanalyse hinsichtlich indizierter Arbeit und effektivem Fördermassenstrom zeigt auf, dass insbesondere bei hohen Verdichterdrehzahlen die Notwendigkeit einer adäquaten Ventilmodellierung besteht.

Abstract

The objective of the present thesis is the simulation-based investigation of transient flow and oscillation characteristics of reed valves used in automotive refrigerant compressors. Since the valve assembly has a substantial influence on the compressor's efficiency as well as on durability and acoustic issues, gaining in-depth understanding of its functionality constitutes this work's basic motivation.

Using a two-way coupling of structural (FEM) and fluid (CFD) submodels, also known as fluid-structure interaction (FSI) simulation, three-dimensional valve prototypes are developed. Based on experimental data these virtual prototypes are validated, taking into account both stationary valve characteristics and transient valve lift curves. In order to evaluate the applied FSI simulation method with regard to stability, accuracy and calculation costs, selected preliminary studies are carried out. Among them, the Turek-Hron benchmark is reproduced.

As one methodical focus, the coupled valve models are set up using the *Overset Mesh* method in order to implement the mesh motion of the flow domain. As compared with the present state of knowledge, this approach allows for new possibilities of flow treatment, especially in gap and contact areas. On the downside, an appropriate substitute model is required to consider the damping effects due to small gap flows.

On the basis of validated three-dimensional valve prototypes, a new method for the virtual calibration of reduced valve models is presented. Unlike in the case of present analytical-empirical methods used to determine one-dimensional valve parameters, no literature or experience values, simplified mathematical approaches or experimental data are required, since the FSI-coupled simulations are capable of representing the major physical effects related to reed valves.

Using this new methodology, the one-dimensional valve parameters for both the suction and discharge valves of a CO_2 axial piston compressor are exemplarily deduced. These are integrated into a zero/one-dimensional system model in order to reproduce the characteristic behaviour of the reed valves at one typical compressor operating point. Using the virtually calibrated one-dimensional valve models, cylinder volume-pressure curves at different rotational speeds are derived, which, compared to experimental data, show a good agreement concerning the key valve-related transient effects and loss phenomena such as over-compression, under-expansion, valve pressure losses, and delayed valve closure. A final sensitivity analysis with respect to indicated work and effective flow rate points out that the need of an appropriate valve modelling increases with the compressor speed.

1 Einleitung

1.1 Hintergrund und Motivation: Lamellenventile im Pkw-CO_2-Verdichter

Seit dem 01.01.2017 ist der Einsatz von Kältemitteln mit einem $GWP_{100\,a}$-Wert von über 150 für alle neu produzierten Pkw EU-weit verboten [1]. Dies schließt auch das Kältemittel R134a ein, welches bisher in Pkw-Kälteanlagen verwendet worden ist. Als Alternative zu synthetischen Kältemitteln, wie das derzeit flächendeckend eingesetzte R1234yf, bietet sich Kohlendioxid (CO_2[1]) an. CO_2 weist gegenüber herkömmlichen Kältemitteln vielfältige Vorteile auf, wie weltweite Verfügbarkeit, keine Umweltbelastung beim Austreten in die Atmosphäre, ein chemisch inertes Verhalten sowie die Realisierung einer hohen volumetrischen Kälteleistung der Kälteanlage.

Zur Nutzung von CO_2 als Kältemittel in modernen Pkw-Kälteanlagen ist aufgrund hoher Druck- und Temperaturniveaus eine Neuentwicklung entsprechender Komponenten erforderlich. Diese müssen strenge Anforderungen hinsichtlich Gewicht, Zuverlässigkeit, Kosten und Akustik erfüllen und gleichzeitig eine hohe Effizienz erzielen. Dies betrifft insbesondere den Kältemittelverdichter, welcher je nach Fahrzeugtyp mechanisch (Riementrieb am Verbrennungsmotor) oder elektrisch (über einen separaten Elektromotor) angetrieben wird. Bei Verbrennungsmotoren ist der durch die Leistungsaufnahme der Kälteanlage bedingte Mehrausstoß von Schadstoffen zu minimieren. Bei elektrifizierten Fahrzeugen führt der Betrieb der Kälteanlage zu einer Reduktion der elektrischen Reichweite einer Batterieladung. Somit erfordern beide Antriebstypen eine hohe Gesamteffizienz der Kälteanlage.

Die Effizienz des Kältemittelverdichters wird maßgeblich vom Verhalten der druckgesteuerten Lamellenventile beeinflusst, welche Saug-, Druck- und Arbeitsraum voneinander abtrennen. So können die Ventilverluste einen Anteil von etwa 50 % der thermodynamischen Verluste und dadurch typische Bereiche von etwa 10 % bis 20 % der Gesamtverluste eines Hubkolbenkompressors erreichen [3, 4]. In elektrisch angetriebenen Axialkolbenverdichtern für CO_2-Pkw-Kälteanlagen können die Ventilverluste bei bestimmten Betriebszuständen bis auf etwa 40 % der Gesamtverluste, bezogen auf den Klemmengütegrad des Verdichters, ansteigen [5].

Im Betrieb müssen die Lamellenventile wichtige Anforderungen erfüllen, insbesondere:

- Dichtigkeit bei negativer Druckdifferenz über das Ventil (keine Rückströmung),
- niedrige Druckverluste bei positiver Druckdifferenz,
- geringe Verzögerungen im Öffnungs- und Schließvorgang,
- geringe Schwingungsneigung oder Resonanzphänomene (akustische Unauffälligkeit),
- Verschleißfestigkeit gegenüber der zyklischen mechanischen Belastung (siehe Schlücker et al. [6]).

---

1 Kältemittelkurzbezeichnung für Kohlendioxid (CO_2) nach DIN 8960:1998-11 [2]: R744

© Springer Fachmedien Wiesbaden GmbH, ein Teil von Springer Nature 2019
J. Hennig, *Virtuelle Prototypen für Lamellenventile in Pkw-Kältemittelverdichtern*,
AutoUni – Schriftenreihe 135, https://doi.org/10.1007/978-3-658-24846-8_1

Die gezielte Steigerung der Gesamteffizienz des Kältemittelverdichters bedingt somit ein tiefergehendes Verständnis des Ventilverhaltens.

Um die Arbeitsweise der Lamellenventile im Gesamtsystem zu verstehen, werden oft reduzierte Modelle (d. h. 0D-/1D-Strömungsmodelle und 1 DOF-Bewegungsmodelle, im Folgenden zusammenfassend als *1D-Ventilmodelle* bezeichnet) in Gesamtsystemmodelle eingebunden, um deren transientes Verhalten sowie deren Einfluss auf die wichtigsten Effizienzgrößen des Verdichters, wie Liefergrad und isentropen Wirkungsgrad, beurteilen und ggf. optimieren zu können (siehe z. B. Baumgart [7], Fagerli [8], Försterling [9] oder Cavalcante [10]). Dieses Vorgehen ist schematisch in Abbildung 1.1a dargestellt. Eine genauere Analyse der dreidimensionalen, zeitlichen Vorgänge in Bezug auf Strömung und Strukturverhalten findet hierbei nicht statt. Die Betrachtung reiner 1D-Ventilmodelle weist daher folgende wesentliche Nachteile auf:

- Durch den Verzicht der dreidimensionalen Modellierung können wichtige Informationen bezüglich Strömungsfelder, Eigenmoden und -formen, akustischer Quellen oder der lokalen Spannungsverteilung nicht simulativ erfasst werden.

- Eindimensionale Modelle stellen i. d. R. Feder-Masse-Dämpfer-Systeme als Differentialgleichung dar. Diese müssen zunächst parametrisiert werden. Die Anpassung dieser Ventilparameter erfolgt anhand von analytischen Abschätzungen, mithilfe von in der Literatur beschriebenen Erfahrungswerten oder empirisch auf Basis experimenteller Versuche.

- Für komplexere Geometrien, wie bspw. geschichtete Lamellenfedersysteme oder Ventile mit veränderlichem Querschnitt, und zur Abbildung besonderer Betriebszustände, wie Anfahr- oder Überlastzustände bis hin zum Verhalten bereits beschädigter Bauteile, verlieren diese Ansätze schnell ihre Gültigkeit.

Die Verwendung numerischer Lösungen zur Beschreibung des Ventilverhaltens wurde in der Literatur in der Vergangenheit mitunter als kritisch betrachtet (vgl. Böswirth [11], Stand 2002). Dies wurde u. a. mit der schwierigen Handhabbarkeit der komplexen Strömungsphänomene wie Turbulenz, Grenzschichteinflüsse oder Strömungsablösungen am Ventil sowie dem schlechten Kosten-Nutzen-Verhältnis von CFD-Anwendungen begründet. In den letzten zehn bis 20 Jahren ist dennoch ein vermehrter Einsatz von 3D-Methoden zur detaillierteren Analyse des Ventilverhaltens zu beobachten. Dabei werden die Ventile sowohl mit numerischen Methoden der Strukturmechanik (CSM) als auch der numerischen Strömungsmechanik (CFD) untersucht. Dies wird u. a. durch die Erkenntnis forciert, dass die gezielte Anwendung von Simulationsmethoden das Potenzial der Kosteneinsparung durch eine Reduktion von Versuchsumfängen und Entwicklungsschleifen bietet.

Da es sich bei druckgesteuerten Lamellenventilen um gekoppelte Vorgänge handelt, gibt es immer mehr Ansätze zur simulativen Betrachtung der Fluid-Struktur-Interaktion (FSI) am Ventil. Bei diesen FSI-Modellen wird die gegenseitige Beeinflussung der struktur- und fluidseitigen Lösung betrachtet. Neben Lamellenventilen treten solche Problemstellungen mit Zwei-Wege-Kopplung bspw. auch in der Medizin (Herzklappen, Blutgefäße), der Luft- und Raumfahrt (Schwappströmung in Flüssigtanks, Flügel- und Schaufelflattern) oder funktions- und sicherheitsrelevanten Fragestellungen der Automobiltechnik (Stoßdämpfer, Airbags) auf.

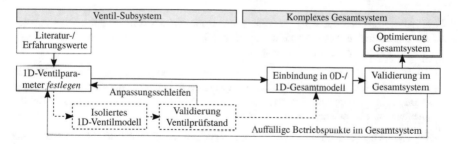

(a) Analytisch-empirische Methode

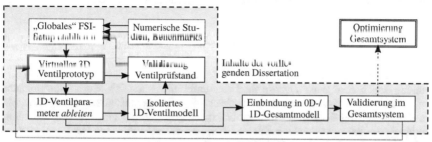

Auffällige Betriebspunkte im Gesamtsystem

(b) Nutzung dreidimensionaler virtueller Ventilprototypen

Abbildung 1.1: Schema unterschiedlicher Methoden zur Bestimmung von 1D-Ventilparametern in Gesamtsystemanalysen und Eingrenzung der Inhalte der vorliegenden Arbeit

Dabei werden die FSI-Kopplungsansätze zunehmend auch in kommerziell verfügbarer Simulationssoftware umgesetzt, um multiphysikalische, komplexe Fragestellungen trotz kurzer Entwicklungszyklen tiefergehend untersuchen zu können.

Im Kontext der Modellierung von Kältemittelverdichter-Lamellenventilen fallen dabei unterschiedliche Aspekte auf, die in Summe den bestehenden Forschungsbedarf beschreiben:

- Ventilmodelle, insbesondere 3D-FSI-Modelle, wurden bisher mit dem Fokus auf stationäre Anwendungen sowie konventionelle Kältemittel, wie R410A, R600a (Isobutan) und R134a, beschrieben. Entsprechende Veröffentlichungen zu Lamellenventilen, die in mobilen CO$_2$-Verdichter eingesetzt werden, sind hierbei unterrepräsentiert.

- Das Ventilverhalten wird entweder als 1D-Submodell in einer Gesamtsystemsimulation des Verdichters oder davon isoliert in einer gesonderten 3D-Simulation betrachtet. Eine Rückführung der Erkenntnisse aus der 3D-Simulation in reduzierte 1D-Modelle findet bisher nicht statt.

• Es gibt kaum Veröffentlichungen, die eine umfangreiche Validierung von FSI-Modellen für Kältemittelverdichter-Lamellenventile beschreiben und dabei die unterschiedlichen Simulationsparameter gezielt beleuchten.

• Der Großteil der in der Literatur beschriebenen 3D-FSI-Modelle nutzt zur Abbildung der Bewegung der Lamellenoberfläche sogenannte *Morphing*- oder *Remeshing*-Ansätze. Ansätze für überlappende Rechengitter werden hierbei bisher nicht zielführend im Zusammenhang mit Lamellenventilen eingesetzt.

Dieser Forschungsbedarf wird durch die in Abschnitt 2.2 einbezogene Literaturrecherche zu Ventilmodellen verdeutlicht. Die vorliegende wissenschaftliche Arbeit setzt an diesen Punkten an, um einen methodischen Fortschritt in Hinblick auf die Untersuchung und Optimierung von Lamellenventilen moderner Kältemittelverdichter zu erlangen.

1.2 Ziele und wissenschaftlicher Fortschritt

Die zentrale Zielstellung ist die detaillierte Betrachtung der transienten, gekoppelten Strömungs- und Schwingungsvorgänge von Lamellenventilen eines CO_2-Hubkolbenverdichters mithilfe von 3D-Simulationsmethoden. Unter Verwendung verfügbarer CFD- und FEM-Software soll eine 3D-FSI-Methode zur tiefergehenden Untersuchung des Ventilverhaltens umfangreich untersucht und – basierend auf experimentell ermittelten Validierungsdaten – hinsichtlich ihrer Genauigkeit bewertet werden.

Zur detaillierten Beschreibung der mehrdimensionalen, multiphysikalischen Vorgänge am Lamellenventil soll die 3D-FSI-Methode verwendet werden, um die realen Verdichterventile als virtuelle Prototypen abzubilden. Diese können anschließend genutzt werden, um die erforderlichen reduzierten Ventilparameter eines 1D-Ventilmodells für die Einbindung in eine 1D-Gesamtsimulation abzuleiten, siehe Abbildung 1.1b. Die Ergebnisse der 3D-FSI-Methode und der mithilfe des virtuellen Prototypen parametrisierten 1D-Modells sollen mit experimentellen Versuchsdaten sowie mit einem Referenz-Ventilmodell verglichen werden, um Aufwand und Genauigkeit der unterschiedlichen Methoden bewerten zu können.

Folgende Aspekte erlauben eine konkrete Abgrenzung der Inhalte der vorliegenden Arbeit zum aktuellen wissenschaftlichen Umfeld:

• Der Fokus der untersuchten Methoden liegt auf der Anwendbarkeit auf Ventilbauarten, die in mobilen Pkw-Kälteanlagen mit CO_2 als Kältemittel eingesetzt werden.

• Es wird eine Methode vorgestellt, bei der die Parametrisierung reduzierter Ventilmodelle nicht auf Basis von Literatur-, Erfahrungs- oder experimentell ermittelten Werten erfolgt, sondern unter Verwendung validierter virtueller 3D-Ventilprototypen.

• Bei der Beschreibung der Netzbewegung des CFD-Strömungsgebietes wird nicht die *Morphing*-, sondern die *Overset Mesh*-Methode angewendet.

- Die sich im Zusammenhang mit der *Overset Mesh*-Methode ergebende Möglichkeit der Deaktivierung von CFD-Rechenzellen in Spaltbereich erfordert eine Ersatzmodellierung der Quetschströmungseffekte. Die vorliegende Arbeit beschreibt einen Ansatz, die damit zusammenhängende Dämpfungskraft nicht analytisch, sondern auf Basis einer gesonderten CFD-Studie zu ermitteln und in die Kontaktdefinition des FEM-Submodells einzubinden.

- Es wird eine detaillierte Beschreibung der im Rahmen der Modellvalidierung durchgeführten Anpassung von Simulationsparametern gekoppelter 3D-Modelle vorgenommen und deren Auswirkung auf das transiente Ventilverhalten dargestellt.

1.3 Aufbau der Arbeit

Der Umfang der vorliegenden Arbeit ist schematisch in Abbildung 1.1b umrissen und unterteilt sich in folgende sieben Kapitel.

Kapitel 2 zeigt den aktuellen Stand des Wissens zur Modellierung von Lamellenventilen in Kältemittelverdichtern auf. Dabei werden zunächst die grundsätzlichen funktionellen Zusammenhänge erläutert, bevor eine umfangreiche Klassifizierung unterschiedlicher, in aktuellen wissenschaftlichen Veröffentlichungen beschriebener Ventilmodelle nach ihrem Detaillierungsgrad erfolgt. Dieses Kapitel dient insbesondere der Einordnung der vorliegenden Arbeit in das aktuelle wissenschaftliche Umfeld und bildet die Ausgangsbasis für die im weiteren Verlauf beschriebenen und eingesetzten methodischen Umfänge.

In **Kapitel 3** werden die angewandten Simulationsmethoden erläutert. Nach der Zusammenfassung der Grundlagen der numerischen Strömungsberechnung (CFD mittels Finite-Volumen-Methode, FVM) sowie der numerischen Strukturanalyse (CSM mittels Finite-Elemente-Methode, FEM) folgt die Beschreibung der Ansätze, die zur Berechnung einer Zwei-Wege-Kopplung am Lamellenventil angewendet werden. Der Schwerpunkt liegt hierbei auf der *Overset Mesh*-Methode zur Darstellung der Netzbewegung des Strömungsgebietes auf überlappenden Rechengittern. Darauf basierend wird die Umsetzung der FSI-Simulation mittels des *Arbitrary-Lagrangian-Eulerian*-Ansatzes (ALE) nach einem impliziten, partitionierten Kopplungsablauf beschrieben. Die hier eingeführten dreidimensionalen, gekoppelten Simulationsmethoden bilden die methodische Grundlage zur Erstellung virtueller Ventilprototypen. Daher schließen sich im letzten Abschnitt des Kapitels verschiedenen Voruntersuchungen zur gewählten Simulationsmethode an, welche zunächst auf abstrakter Basis typische transiente Strömungs- und Kopplungsprobleme beschreiben. Die Erkenntnisse aus deren Berechnung fließen in den Aufbau der dreidimensionalen, FSI-basierten Ventilprototypen (Kapitel 5) ein.

Zur Validierung der FSI-Simulationen werden in **Kapitel 4** die Validierungsdaten dargestellt, welche an einem Ventilprüfstand ermittelt worden sind. Zunächst wird der Prüfaufbau beschrieben. Da es sich nicht um ein Ähnlichkeits-, sondern ein definiertes Referenzexperiment handelt, wird anschließend bewertet, inwiefern die ermittelten Prüfstandsdaten als Validierungsgrundlage für Lamellenventile in einem CO_2-Verdichter angewendet und auf reale Betriebsbedingungen übertragen werden können. Das Kapitel schließt mit der

Darstellung der stationären und transienten Validierungsdaten sowie deren Aufbereitung zur Definition von Simulationsrandbedingungen.

Kapitel 5 bildet zusammen mit Kapitel 6 den Kern der vorliegenden Arbeit und beschreibt den Aufbau der virtuellen 3D-Ventilprototypen für Saug- und Druckventil eines CO_2-Verdichters. Dabei wird die Prüfstandskonfiguration aus Kapitel 4 abgebildet. Nach der Beschreibung der Geometrie, Rechennetze und Basis-Simulationseinstellungen der FSI-Berechnung erfolgt die Verfeinerung der Simulationsparameter mithilfe der Validierungsdaten aus Kapitel 4, um insbesondere das Schwingungsverhalten der Ventillamelle besser abbilden zu können. Dies wird exemplarisch für die Drucklamelle durchgeführt. Eine entscheidende Herausforderung besteht in der adäquaten Abbildung der Quetschströmungseffekte in Spaltbereichen, deren Modellierung hier detailliert beschrieben wird. Es folgt eine Bewertung der Skalierbarkeit der FSI-Berechnung, basierend auf Gesamt- und normierter Rechenzeit und eine FFT-Analyse der gemessenen und der FSI-simulierten Ventil-Schwingungsverläufe für die betrachteten Prüfstandsbedingungen. Am Ende von Kapitel 5 wird geprüft, ob das gefundene, „globale" FSI-Setup auf die Sauglamelle übertragbar ist. Abschließend wird anhand des Druckventils bewertet, welche Unterschiede sich simulationsseitig bei der Übertragung der Prüfstandsbedingungen auf reale, hochdruckseitig typische Verdichter-Betriebsbedingungen ergeben.

Die im vorhergehenden Kapitel mittels FSI-Simulation definierten virtuellen Ventilprototypen werden in **Kapitel 6** eingesetzt, um die virtuelle Kalibrierung der 1D-Ventilmodelle durchzuführen. Als Vergleichsbasis wird zunächst ein 1D-Referenz-Ventilmodell nach aktuellem Stand des Wissens definiert, welches in der Literatur bspw. für den Einsatz in Gesamtsystemsimulationen beschrieben worden ist. Anschließend wird die Ableitung der einzelnen 1D-Ventilparameter aus den virtuellen 3D-Ventilprototypen exemplarisch für das Druckventil erläutert. Um das Potenzial der Methode der virtuellen Ventilparametrisierung aufzuzeigen, werden zunächst die Validierungsdaten des Ventilprüfstandes aus Kapitel 4 für das Druckventil nachgerechnet. Es folgt ein direkter Vergleich des virtuell parametrisierten 1D-Ventilmodells mit dem 1D-Referenz-Ventilmodell und den Validierungsdaten. Im letzten Abschnitt von Kapitel 6 werden die mithilfe der virtuellen 3D-Ventilprototypen kalibrierten 1D-Ventilmodelle des Saug- und des Druckventils in ein vereinfachtes 0D-/1D-Modell eines CO_2-Axialkolbenverdichters eingebunden. Für ein typisches Druckverhältnis werden bei unterschiedlichen Drehzahlen die Indikatordiagramme berechnet, welche mit entsprechenden Messdaten verglichen und in Hinblick auf die mit dem Ventilverhalten in Zusammenhang stehenden, dynamischen Effekte ausgewertet werden. Das Kapitel endet mit einer Sensitivitätsanalyse der unterschiedlichen 1D-Ventilparameter im Hinblick auf indizierten Gütegrad und effektiven Fördermassenstrom, um zu verdeutlichen, welchen Einfluss die einzelnen Ventilparameter auf die Anwendung in Gesamtsystemanalysen ausüben.

Die Arbeit schließt mit **Kapitel 7**, welches die durchgeführten Untersuchungen und gewonnenen Erkenntnisse zusammenfasst. Daran anknüpfend werden in einem Ausblick weitere offene Aspekte beleuchtet, welche eine Fortführung und Vertiefung der Inhalte der vorliegenden Arbeit erlauben.

2 Stand des Wissens zur Modellierung von Verdichter-Lamellenventilen

Dieses Kapitel gibt einen Überblick über den Aufbau und die grundsätzliche Funktionsweise von Lamellenventilen für Kältemittelverdichter sowie über Ansätze zu deren Modellierung. Nach einer Herleitung der wichtigsten strömungstechnischen Beziehungen für Lamellenventile in Kolbenverdichtern folgt eine Klassifizierung von Ventilmodellen entsprechend des aktuellen Wissensstandes nach strömungs- und strukturseitigem Detaillierungsgrad.

Die technischen Grundlagen zum Pkw-CO_2-Verdichter sind unter Bezugnahme auf einschlägige Literaturquellen weiterführend im Anhang, Abschnitt A.1, zusammengestellt. Neben den Besonderheiten in der Betriebsführung einer CO_2-Kälteanlage, die sich durch die Eigenschaften von CO_2 ergeben (Abschnitt A.1.1), und einem Überblick über unterschiedliche Verdichterbauformen für CO_2-Verdichter (Abschnitt A.1.2) werden zudem typische ventilbezogene Verlustgrößen beschrieben (Abschnitt A.1.3).

2.1 Grundbegriffe und Grundlagen zur Beschreibung des Ventilverhaltens

Zwar sind die Strömungsvorgänge in Verdichterventilen grundsätzlich instationär, allerdings liefern quasi-stationäre Zusammenhänge zunächst die Grundlage für die transiente Betrachtung. Die grundlegenden Zusammenhänge der Ventilströmung durch Kolbenverdichterventile sowie die wichtigsten geometrischen und strömungstechnischen Kenngrößen sind von Böswirth [11] umfangreich beschrieben worden. Die Zusammenstellung der Gleichungen in diesem Abschnitt orientiert sich daher an dieser Veröffentlichung.

In Abbildung 2.1 ist der Aufbau der Ventilbaugruppe eines Axialkolbenverdichters (vgl. Abbildung A.3 im Anhang), bestehend aus Ventilplatte mit Ventilbohrungen, Saug- und Drucklamelle sowie den hubbegrenzenden Bauteilen, dargestellt. Letztere werden durch eine Aussparung in der Kolbenlaufbuchse (Saugventil) bzw. durch einen entsprechend geformten und kraftschlüssig mit der Drucklamelle verbundenen, möglichst starren Niederhalter (Druckventil) umgesetzt. Die im Folgenden verwendeten geometrischen Begriffe sind in Abbildung 2.1 aus Gründen der Übersichtlichkeit nur für das Druckventil dargestellt.

2.1.1 Größen zur Berechnung des Durchflusses

Ausgangspunkt für die Berechnung des Volumenstroms $\dot{V}$ durch das Ventil ist die Ausflussformel einer inkompressiblen, reibungsfreien Strömung aus einem großen Behälter [12]:

$$\dot{V} = A_{u,\text{eff}} \cdot u_2 = A_{u,\text{eff}} \cdot \sqrt{\frac{2\,\Delta p_{12}}{\rho}}. \tag{2.1}$$

© Springer Fachmedien Wiesbaden GmbH, ein Teil von Springer Nature 2019
J. Hennig, *Virtuelle Prototypen für Lamellenventile in Pkw-Kältemittelverdichtern*,
AutoUni – Schriftenreihe 135, https://doi.org/10.1007/978-3-658-24846-8_2

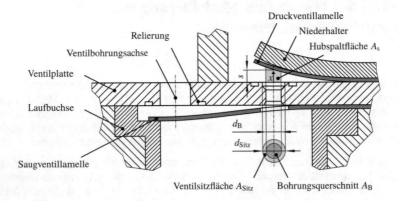

Abbildung 2.1: Schematischer Aufbau der Ventilbaugruppe eines Axialkolbenverdichters (vgl. Abbildung A.3) im jeweils geöffneten Zustand der Ventile mit Darstellung charakteristischer geometrischer Größen auf der Druckventilseite

Hierbei bezeichnet $A_{u,\text{eff}}$ den effektiven Strömungsquerschnitt (alternative Bezeichnungen: effektive Ventilfläche, *effective flow area*) und u_2 die theoretische Abströmgeschwindigkeit, welche sich aus der Druckdifferenz Δp_{12} über dem Ventil sowie der Fluiddichte ρ ergibt. Für die inkompressible Annahme spielt es zunächst keine Rolle, ob die Werte für den Volumenstrom und die Dichte vor ($\dot{V}_1$, ρ_1) oder nach dem Ventil ($\dot{V}_2$, ρ_2) ermittelt werden. Die Erweiterung von Gleichung (2.1) für reale und kompressible Gase mit Reibungseinfluss wird in Abschnitt 2.2 weiterführend diskutiert.

Der effektive Strömungsquerschnitt $A_{u,\text{eff}}$ in Gleichung (2.1) ist eine abstrakte Größe, die aufgrund der Strömungseinschnürung durch Strömungsablösung im Ventil geringer als die reale geometrisch durchströmte Fläche ist. Um diesen Effekt rechnerisch zu berücksichtigen, wird eine Durchflusszahl C_D (*coefficient of discharge*) mit $0 \leq C_D \leq 1$ eingeführt, die mit der geometrischen Fläche $A_{u,\text{geo}}$ des durchströmten Querschnittes multipliziert wird:

$$A_{u,\text{eff}} = C_D \cdot A_{u,\text{geo}}. \tag{2.2}$$

Die Durchflusszahl C_D wird in der Literatur auch häufig als α bezeichnet. Nach Böswirth [11] ist diese Bezeichnung jedoch nicht zutreffend, da α im Allgemeinen für Strahlkontraktionszahlen verwendet wird ($\alpha = A_{\text{Strahl}}/A_{u,\text{geo}}$). Allerdings müssen im Fall der Ventilströmung weitere Einflüsse, wie etwa die Kompressibilität des Fluides, bei der Ermittlung der Durchflusszahl berücksichtigt werden. Für scharfkantige Blendenöffnungen ergibt sich aus der Potentialtheorie (reibungsfreie, ebene Strömung) eine Strahlkontraktionszahl von $\alpha = \pi/(2 + \pi) = 0{,}611$. Dieser Wert bestimmt auch die Größenordnung der Durchflusszahl C_D.

Als geometrisch freigegebener Strömungsquerschnitt $A_{u,\text{geo}}$ wird der kleinste, für die Drosselwirkung ausschlaggebende, Querschnitt betrachtet. Je nach Ventilstellung wird dieser engste Querschnitt entweder durch den Bohrungsquerschnitt A_B (Ventilsitz-Durchgangsfläche) mit

$$A_B = \frac{\pi}{4} d_B^2 \qquad (2.3)$$

oder durch die Mantelfläche zwischen Ventil und Ventilsitz, der Hubspaltfläche A_s, mit

$$A_s = \pi\, d_B\, s \qquad (2.4)$$

gebildet, siehe Abbildung 2.1. Die Hubspaltfläche A_s wird durch die Schnittlinie der Dichtebene mit der Verlängerung der Mantelfläche am engsten Querschnitt in der Ventilbohrung definiert. Die Größe s stellt hierbei den Ventil-Nominalhub entlang der Ventilbohrungsachse, also in x-Richtung, dar. Dabei ist Gleichung (2.4) ein vereinfachter Ansatz. Unter Berücksichtigung der Krümmung der Lamelle ist eine numerische Ermittlung der Hub spaltfläche entlang des Umfangs der Ventilsitzkante möglich, wie bspw. durch Baumgart [7] beschrieben.

Um unterscheiden zu können, welche Flächendefinition zur Beschreibung der geometrischen Flächen $A_{u,\text{geo}}$ für einen bestimmten Zustand (Ventilhub s) verwendet werden sollte, kann das Hubspalt-Flächenverhältnis χ verwendet werden. Dieses setzt die Hubspaltfläche A_s (Gleichung (2.4)) und den Bohrungsquerschnitt A_B (Gleichung (2.3)) ins Verhältnis:

$$\chi = \frac{A_s}{A_B} = \frac{4\, s}{d_B}. \qquad (2.5)$$

Nach Böswirth [11] liegen typische Werte für vollständig geöffnete Ventile bei $\chi = 0{,}5 \ldots 0{,}8$, d. h. $s_{\max} = (0{,}125 \ldots 0{,}2)\cdot d_B$. Somit ist die Hubspaltfläche stets kleiner als der Bohrungsquerschnitt und stellt damit die engste Einschnürung im Ventil dar. Folglich wird im Allgemeinen jeweils der kleinere der beiden Querschnitte zur Berechnung des effektiver Strömungsquerschnittes $A_{u,\text{eff}}$ verwendet.

Allerdings können beide Strömungsquerschnitte auch als in Reihe geschaltete Blenden ($A_{u,\text{eff},1}$ und $A_{u,\text{eff},2}$) betrachtet werden. Auf beide Einschnürungsbereiche kann jeweils Gleichung (2.1) angewendet werden. Bezogen auf das gesamte Ventil ergibt sich demnach der folgende Zusammenhang, auch als *Series Orifice Model* (SOM) bezeichnet [13, 14][2]:

$$\frac{1}{A_{u,\text{eff,ges}}^2} = \frac{1}{A_{u,\text{eff},1}^2} + \frac{1}{A_{u,\text{eff},2}^2}. \qquad (2.6)$$

---

2 Gleichung (2.6) ergibt sich aus Gleichung (2.1) unter der Annahme, dass $\dot{m}_{\text{ges}} = \dot{m}_1 = \dot{m}_2$ (bzw. $\dot{V}_{\text{ges}} = \dot{V}_1 = \dot{V}_2$ mit $\rho = konst.$) und $\Delta p_{12} = \Delta p_1 + \Delta p_2$ und ist in Soedel [13] ausführlich hergeleitet.

2.1.2 Größen zur Berechnung der Druckkraft

Die Druckkraft F_p, welche durch das Kältemittel auf die Ventillamelle ausgeübt wird, berechnet sich aus der effektiv druckbeaufschlagten Fläche $A_{p,\text{eff}}$ und der Druckdifferenz Δp_{12} über dem Ventil:

$$F_p = A_{p,\text{eff}} \cdot \Delta p_{12}. \tag{2.7}$$

Die effektiv druckbeaufschlagte Fläche $A_{p,\text{eff}}$ (alternativ: effektive Kraftfläche, *effective force area*) ist, analog des effektiven Strömungsquerschnittes $A_{u,\text{eff}}$ (Gleichung (2.2)), eine zunächst fiktive Größe, die aus einem Kraftbeiwert C_p (*force coefficient*) und der geometrisch (theoretisch) druckbeaufschlagten Fläche berechnet wird:

$$A_{p,\text{eff}} = C_p \cdot A_{p,\text{geo}}. \tag{2.8}$$

Der Kraftbeiwert C_p orientiert sich an dem in der Strömungsmechanik häufig verwendeten dimensionslosen Druckbeiwert. Nach Link und Deschamps [15] kann die effektiv druckbeaufschlagte Fläche $A_{p,\text{eff}}$ als ein anschauliches Maß dafür betrachtet werden, wie effizient die Druckdifferenz Δp_{12} ein Öffnen des Ventils bewirkt.

Auch hier ergeben sich – je nach Ventilgeometrie und Ventilhub – unterschiedliche Definitionen der Fläche $A_{p,\text{geo}}$. Dies ist insbesondere dann der Fall, wenn die Ventilbohrung Stufen im Bohrungsdurchmesser aufweist oder wenn die Bohrungskante am Ventilsitz mit einer Fase oder einem Radius versehen ist, vgl. Abbildung 2.1. Im Fall des geschlossenen Ventils (die Lamelle liegt vollständig auf dem Ventilsitz auf, $\chi = 0$) wird die gesamte Fläche druckbeaufschlagt, die durch den Bohrungsdurchmesser an der Ventilsitzkante d_{Sitz} beschrieben ist:

$$A_{\text{Sitz}} = \frac{\pi}{4} d_{\text{Sitz}}^2. \tag{2.9}$$

Da in diesem Fall kein Fluid durch die Ventilbohrung strömt, ergibt sich $C_p = 1$ und damit nach Gleichung (2.8) $A_{p,\text{eff}} = A_{\text{Sitz}}$.

Bei geöffnetem Ventil ($\chi > 0$) wird die druckbeaufschlagte Fläche durch den Bohrungsdurchmesser d_{B} charakterisiert. $A_{p,\text{geo}}$ entspricht somit dem Bohrungsquerschnitt A_{B} nach Gleichung (2.3).

Der Übergangsbereich für sehr kleine Ventilöffnungen ist in der Literatur kaum beschrieben, da sich die druckbeaufschlagte Fläche durch die Drosselwirkung des kleinen Spaltes beim Übergang von einer rein statischen Druckbelastung (Ventil geschlossen) zu einer zusätzlich dynamischen Druckbelastung (Staudruck und Druckverteilung in Abhängigkeit vom Strömungsfeld) ändert. Statt einer detaillierten Beschreibung des Übergangs von A_{Sitz} zu A_{B} wird die Fläche als $A_{p,\text{geo}} = A_{\text{B}} = konst.$ betrachtet und die veränderliche Druckbelastung über ein variables C_p beschrieben.

2.2 Klassifizierung von Ventilmodellen nach Detaillierungsgrad

Je nach Anwendungsfall und Detaillierungsgrad der benötigten Berechnungsinformationen werden in der Literatur unterschiedliche Ventilmodelle beschrieben und in Entwicklungs- und Forschungsgebieten praktisch eingesetzt. In diesem Abschnitt werden Ventilmodelle, die im Kontext mit Untersuchungen von Kältemittelverdichtern stehen, nach dem Stand des Wissens klassifiziert. Die Übersicht der Publikationen soll dabei insbesondere einen Eindruck jüngster Aktivitäten im Bereich der Ventilmodellierung geben, erhebt dabei jedoch keinen Anspruch auf Vollständigkeit.

Weitere Übersichten zur historischen Entwicklung numerischer Modelle unterschiedlichen Detaillierungsgrades für Verdichter-Lamellenventile sind bspw. in Kumar und Ganapathy Subramanian [16] und Parihar *et al.* [17] zu finden. Habing [18] gibt einen Überblick über unterschiedliche Ventiltheorien, wobei er diese anhand von vier Aspekten differenziert: technisches Umfeld der Anwendung, Fluiddynamik, Strukturdynamik sowie Art der Kopplung von Struktur und Fluid. Dabei stellt er heraus, dass seit den späten 1990er Jahren Ansätze entwickelt werden, die semi-empirischen Ventiltheorien mittels numerischer Strömungssimulation (CFD) zu ersetzen.

Ein Blick auf die Veröffentlichungen der letzten zehn Jahre bei den im Zweijahrestakt abwechselnd stattfindenden Fachkonferenzen *International Compressor Engineering Conference* (Purdue University, USA) und *International Conference on Compressors and their Systems* (City University of London, UK) zeigt eine starke Zunahme der Verwendung von gekoppelten, dreidimensionalen FSI-Modellen zur Optimierung von Verdichterventilen, was auf die Verfügbarkeit entsprechender Rechenleistung und kommerzieller CFD-/FEM-Simulationssoftware zurückzuführen ist.

Basierend auf den aktuellen, im Rahmen der vorliegenden Arbeit studierten Publikationen wird im Folgenden zunächst eine Klassifikation der unterschiedlichen Ventilmodelle in drei Kategorien vorgenommen:

1. reine Fluidmodelle (ohne Betrachtung der Ventilbewegung),

2. reine Strukturmodelle (ohne Berechnung der Strömungslösung),

3. gekoppelte Modelle (simultane Berechnung von Fluid- und Strukturlösung).

Die drei Kategorien können je nach räumlichem und/oder zeitlichem Detaillierungsgrad weiter in Subkategorien differenziert werden, wie in Abbildung 2.2 dargestellt. Im Folgenden werden die drei o. g. Modellierungsansätze genauer erläutert, wobei beispielhafte Publikationen aufgeführt werden.

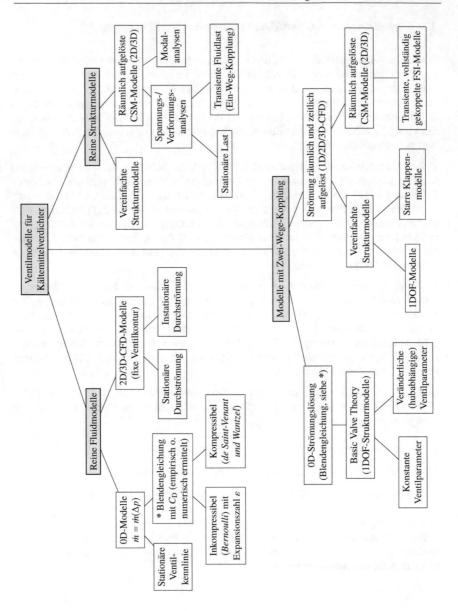

Abbildung 2.2: Klassifikation von Ventilmodellen für Kältemittelverdichter nach Detaillierungsgrad (Zusammenfassung der in unterschiedlichen Veröffentlichungen, insbesondere
seit Mitte der letzten Dekade, vorgeschlagenen Modelle)

2.2.1 Reine Fluidmodelle

0D-Ventilmodelle

Nulldimensionale Ventilmodelle stellen die einfachste Art der Charakterisierung der Strömung durch Lamellenventile dar und geben eine direkte Aussage über den Zusammenhang zwischen Volumen- oder Massenstrom und der Druckdifferenz über das Ventil. Eine Beschreibung der Ventilbewegung und -dynamik findet nicht statt, wodurch auch instationäre Öffnungs- und Schließvorgänge und die damit verbundenen Verluste nicht quantifiziert werden. Zur Beschreibung komplexer, stark instationärer Vorgänge, wie sie insbesondere in Kältemittelverdichtern auftreten, sind sie somit nur begrenzt einsetzbar.

Stationäre Ventilkennlinien Eine in der Praxis gängige Beschreibung der Ventilströmung ist die grafische Darstellung stationärer Ventilkennlinien sowie der dazugehörigen Polynome. Dabei wird der real erreichte (gemessene) Volumenstrom über der am Ventil anliegenden Druckdifferenz aufgetragen. Diese Darstellungsform ist vollständig geometrieunabhängig, da der vorliegende Ventilhub nicht charakterisiert wird und die Erstellung der Kennlinie auf effektiven Strömungsgrößen beruht. Ventilkennlinien für unterschiedliche pneumatische und hydraulische Ventile sind bspw. in Watter [19] dargestellt.

Blendengleichung Den Übergang zu mehrdimensionalen Modellen stellt die Verwendung der Blendengleichung zur Berechnung des Durchflusses dar. Hierbei wird der funktionale Zusammenhang zwischen Volumenstrom $\dot{V}$ und anliegender Druckdifferenz Δp (*Wirkdruck*) über den freigegebenen geometrischen Strömungsquerschnitt $A_{u,geo}$ und die Durchflusszahl C_D nach Gleichung (2.1) hergestellt. Da es sich in Verdichterventilen um kompressible Medien handelt, wird die Blendengleichung um einen Korrekturfaktor erweitert. Dieser wird als Expansionszahl ε bezeichnet und fasst folgende wesentliche Einflüsse zusammen [11]:

- Strahlexpansion,
- Dichtereduktion stromabwärts des Ventils,
- veränderte Geschwindigkeitsverteilung gegenüber dem inkompressiblen Fluid.

Allgemein gilt für kompressible Medien: $\varepsilon = \varepsilon(\kappa, p_1, p_2)$ sowie $\varepsilon < 1$. Eine linearisierte Gleichung für ε sowie empirisch ermittelte Werte werden bspw. in Touber [20] und Böswirth [11] vorgestellt. Die Expansionskennzahl ε ist dabei nicht von der Ventilauslenkung s, sondern von den jeweils anliegenden Drücken vor (p_1) bzw. nach dem Ventil (p_2) abhängig. Nach Touber [20] folgt[3]:

$$\varepsilon \approx 1 - \frac{c}{\kappa} \cdot \frac{p_1 - p_2}{p_1}. \tag{2.10}$$

---

3 Die Herleitung von Touber [20] geht zunächst von einer isentropen Strömung eines idealen Gases aus, analog Gleichung (2.13). Die Kombination mit der Blenden-Durchflussgleichung, Gleichung (2.11), und anschließende Linearisierung ergeben die Form nach Gleichung (2.10). Ein ähnliches Vorgehen wird von Stulgies *et al.* [21] beschrieben.

Hierbei ist κ der Isentropenkoeffizient des Gases. c ist ein empirischer Wert, der bei Lamellenventilen mit scharfkantiger Ventilbohrung im Bereich $0{,}5 \leq c \leq 0{,}6$ liegt [7, 20].

Unter Verwendung der Expansionszahl wird Gleichung (2.1) zu folgendem Zusammenhang umgestellt, angelehnt an die Durchflussmessung durch eine Norm-Messblende nach EN ISO 5167-2 [12]:

$$\dot{m} = \dot{V}_1 \cdot \rho_1 = A_{u,\text{eff}} \cdot \varepsilon \cdot \sqrt{2\,\Delta p_{12} \cdot \rho_1} = C_\text{D} \cdot A_{u,\text{geo}} \cdot \varepsilon \cdot \sqrt{2\,\Delta p_{12} \cdot \rho_1}, \qquad (2.11)$$

wobei ρ_1 die Fluiddichte vor dem Ventil (stromaufwärts) beschreibt. Der freigegebene Strömungsquerschnitt $A_{u,\text{geo}}(s)$ ist vom Ventilhub s abhängig. Gleiches gilt für die Durchflusszahl $C_\text{D}(s)$. Der Faktor $(C_\text{D} \cdot A_{u,\text{geo}}) = A_{u,\text{eff}}$ kann empirisch aus messtechnisch erfassten Ventilkennlinien für jeden Betriebspunkt (Δp) ermittelt werden, ohne dass dafür eine detaillierte Auswertung der Geometrie oder des Ventilhubes erforderlich ist.

Der semi-empirische *Bernoulli*-Ansatz (Gleichung (2.1) bzw. (2.11)) ist der am häufigsten in der Literatur verwendete Zusammenhang zwischen Druckdifferenz und Massenstrom durch das Ventil [10] und wird bspw. in den umfangreichen Arbeiten von Touber [20], Soedel [13], Böswirth [11] und Fagerli [8] verwendet. Böswirth [11] stellt in seiner Arbeit einen Weg zur analytischen Berechnung des ventilhubabhängigen Durchflusskoeffizienten $C_\text{D}(s)$ (bezeichnet als $\alpha_{\text{Durch}}(s)$) vor.

Andere Modelle verwenden statt des *Bernoulli*-Ansatzes für inkompressible Strömungen die Ausflussformel von *de Saint-Venant und Wantzel*, welche zunächst für kompressible Strömungen gilt und einer isentropen Drosselung eines kalorisch idealen Gases entspricht [22]:

$$u_2 = \sqrt{2\,\frac{\kappa}{\kappa - 1}\frac{p_1}{\rho_1}\left[1 - \left(\frac{p_2}{p_1}\right)^{\frac{\kappa-1}{\kappa}}\right]}. \qquad (2.12)$$

Unter Verwendung von Kontinuitäts- und Energiebeziehungen ergibt sich für den Massenstrom folgender Zusammenhang, wobei aufgrund der Gültigkeit für kompressible Medien die Expansionszahl ε entfällt:

$$\dot{m} = C_\text{D}^* \cdot A_{u,\text{geo}} \cdot p_1 \cdot \sqrt{\frac{2}{R_\text{s}\,T_1}} \cdot \sqrt{\frac{\kappa}{\kappa - 1} \cdot \left[\left(\frac{p_2}{p_1}\right)^{\frac{2}{\kappa}} - \left(\frac{p_2}{p_1}\right)^{\frac{\kappa+1}{\kappa}}\right]}. \qquad (2.13)$$

Hierbei ist eine Unterscheidung von C_D (Gleichung (2.11)) und C_D^* notwendig, da zwar beide Durchflusszahlen die gleichen Effekte beschreiben, jedoch aufgrund der unterschiedlichen Betrachtung der Strömung – kompressibel bzw. inkompressibel – unterschiedliche Werte bei sonst gleichen Bedingungen annehmen können [20]. R_s ist weiterhin die spezifische Gaskonstante, κ der Isentropenkoeffizient des Gases. Der kompressible, isentrope Ansatz wird bspw. in Ventilmodellen von Kaiser [23], Nagy *et al.* [24], Burgstaller *et al.* [25], Stulgies *et al.* [21] sowie Link und Deschamps [15] verwendet.

Genauer betrachtet gilt Gleichung (2.13) nur für den unterkritischen Zustand, d. h. $Ma < 1$. Dabei gilt für die Schallgeschwindigkeit a:

$$a = \sqrt{\kappa R_s T} \tag{2.14}$$

und für die Mach-Zahl an einem beliebigen Querschnitt i, weiterhin unter Annahme einer isentropen Zustandsänderung:

$$Ma_i = \frac{u_i}{a} = \sqrt{\frac{2}{\kappa - 1} \cdot \left[\left(\frac{p_1}{p_i} \right)^{\frac{\kappa-1}{\kappa}} - 1 \right]}. \tag{2.15}$$

Der kritische Zustand ($Ma = 1$) wird mit dem kritischen Druckverhältnis π_{krit} erreicht:

$$\pi_{\text{krit}} = \left(\frac{p_2}{p_1} \right)_{\text{krit}} = \left(\frac{2}{\kappa + 1} \right)^{\frac{\kappa}{\kappa-1}}. \tag{2.16}$$

Mit dem Erreichen des kritischen Druckverhältnisses stellt sich im engsten Querschnitt Schallgeschwindigkeit ein. Der Massenstrom kann dann nicht mehr über das Druckverhältnis selbst, sondern nur durch die Vergrößerung des engsten Querschnittes, i. A. also durch einen größeren Ventilhub, oder durch das Anpassen der Einlassbedingungen (T_1, p_1) vergrößert werden. Der Massenstrom im kritischen Zustand $\dot{m}_{\text{krit}}$ ergibt sich durch Kombination von Gleichung (2.13) mit Gleichung (2.16), vgl. Kaiser [23]:

$$\dot{m}_{\text{krit}} = C_D^* \cdot A_{u,\text{geo}} \cdot p_1 \cdot \sqrt{\frac{2}{R_s T_1}} \cdot \sqrt{\frac{\kappa}{\kappa - 1} \cdot \left[\pi_{\text{krit}}^{\frac{2}{\kappa}} - \pi_{\text{krit}}^{\frac{\kappa+1}{\kappa}} \right]}. \tag{2.17}$$

Mehrdimensionale CFD-Modelle ohne Berücksichtigung der Ventilbewegung

Bei diesem Modellierungsansatz steht die Auswertung der Strömungsgrößen im Vordergrund. Dabei wird das mehrdimensionale Strömungsfeld bei zuvor festgelegten Ventilstellungen ermittelt, um bspw. eine virtuelle Ventilkennlinie zu erzeugen oder die Durchflusszahl $C_D(s)$ für zuvor festgelegte Ventilöffnungen und durchströmte Querschnitte $A_{u,\text{geo}}$ zur Lösung der Drosselgleichung (Gleichung (2.11)) zu bestimmen . Da bei dieser Methode die dynamische Ventilbewegung nicht abgebildet wird, wird auch das Strömungsfeld i. d. R. als stationär betrachtet. Transiente Effekte, wie z. B. die Trägheit der zu bewegenden Fluidmasse, werden auch hier vernachlässigt.

Ein solcher Ansatz wird bspw. von Min *et al.* [26] vorgestellt. Dabei werden die Durchflusskoeffizienten C_D für unterschiedliche Ventilöffnungszustände mittels eines stationären CFD-Modells berechnet und mit experimentellen Ergebnissen verglichen. Die Autoren kommen zu dem Ergebnis, dass C_D mit zunehmendem Ventilhub sowie abnehmendem Bohrungsdurchmesser ansteigt.

Rigola *et al.* [27] führen zweidimensionale LES-Berechnungen der Strömung durch ein Lamellenventil eines Hubkolbenverdichters bei unterschiedlichen Ventilhüben und Reynolds-Zahlen ($Re = 600 \ldots 6000$) durch. So werden der effektive Strömungsquerschnitt $A_{u,\text{eff}}$ sowie die effektive Kraftfläche $A_{p,\text{eff}}$ für unterschiedliche Ventilhub-zu-Bohrungsdurchmesser-Verhältnissen s/d_B (dies entspricht $\chi/4$, vgl. Gleichung (2.5)) genauer analysiert. Es zeigt sich, dass $A_{p,\text{eff}}$ insbesondere bei kleinen Re ein ausgeprägtes Minimum bei $s/d_\text{B} \approx 0{,}2 \ldots 0{,}4$ aufweist. $A_{u,\text{eff}}$ steigt hingegen mit zunehmendem s/d_B nahezu linear an, wobei die Steigung mit zunehmender Re abnimmt. Die Methode wird weiterführend in Rigola *et al.* [28] angewendet, um den Einfluss der Geometrie der Ventilbohrung auf das Strömungsverhalten und den Druckverlust über das Ventil bei unterschiedlichen Ventilhüben detailliert zu untersuchen.

Kerpicci und Oguz [14] nutzen ein dreidimensionales, stationäres CFD-Modell zur Berechnung der Strömungskoeffizienten für ein Saugventil eines R600a-Hubkolbenverdichters nach dem SOM, siehe Gleichung (2.6). Anschließend wird eine transiente CFD-Berechnung bei festgelegten Ventilhüben durchgeführt, wobei ein typischer Zeitverlauf der Druckdifferenz zwischen Saugkammer und Zylinder vorgegeben wird. Der berechnete Massenstromverlauf wird mit dem Ergebnis des analytischen SOM bei Vorgabe des gleichen transienten Druckverlaufs verglichen. Es zeigt sich, dass der Massenstrom des transienten CFD-Modells dem Druckverlauf träger folgt als der des SOM. Kleinere Druckschwankungen werden dabei im CFD-Modell geglättet. Zudem werden in der transienten CFD-Simulation größere Massenstromspitzen als bei dem analytischen Modell erreicht, was die Autoren auf die Berücksichtigung des Strömungsimpulses zurückführen. Kerpicci und Oguz [14] beziffern die Abweichung des analytischen SOM vom transienten CFD-Modell in Hinblick auf den zeitintegrierten Massenstrom mit ±5 %.

2.2.2 Reine Struktur-Modelle

Sollen gezielt die Spannungszustände oder die Schwingungseigenschaften untersucht werden, bieten sich isolierte Strukturmodelle ohne die Betrachtung der Fluidseite an. Auch hier werden Modelle unterschiedlicher Detaillierungsgrade verwendet.

Dhar *et al.* [29] stellen ein vereinfachtes analytisches Finite-Elemente-Modell vor. Hierbei wird die Geometrie des Ventils durch einen Drei-Biegebalken-Ansatz wiedergegeben, wobei die Abmessung dieser drei Biegebalken durch einen Suchalgorithmus an bestimmte Eigenschaften der Ventillamelle wie Masse oder Steifigkeit angepasst wird.

Die von Estruch *et al.* [30] und Gonzalez *et al.* [31] verwendete *Normal Mode Summation Method* basiert auf der Überlagerung der Eigenformen der Lamelle. Die Modalanalyse der 3D-Struktur ermöglicht die Vorhersage kritischer Schwingungszustände, bei der es zu Resonanzphänomenen im Betrieb kommen kann. Im Vorfeld ihrer FSI-Berechnungen führen auch Kim *et al.* [32] eine Modalanalyse der Saug- und der Drucklamelle durch, um die Eigenfrequenzen zu ermitteln.

Bei stark reduzierten Strukturmodellen gehen die Informationen über lokale Spannungs-/verformungszustände verloren. Sie dienen daher in erster Linie der Beschreibung der Ventilbewegung in vereinfachter Form. Diese Bewegungsmodelle benötigen eine anregende Kraft, weshalb sie nur in Verbindung mit einem Fluidmodell angewendet werden, wie im Folgenden beschrieben.

2.2.3 Gekoppelte Modelle (mechanische Zwei-Wege-Kopplung)

Bei der Kopplung von Fluid- und Strukturmodellen werden die Bewegung bzw. Verformung der Ventillamelle und die Strömung durch das Ventil gleichzeitig gelöst, wobei die struktur- und fluidseitigen Kopplungsgrößen in definierten Intervallen ausgetauscht werden. Aufgrund der starken gegenseitigen Beeinflussung von Fluid- und Strukturlösung handelt es sich somit i. d. R. um eine mechanische Zwei-Wege-Kopplung[4]. Dabei werden – je nach Detailierungsgrad der Problemstellung – auf beiden Seiten unterschiedlich detaillierte Modelle verwendet, wie im Folgenden zusammengestellt.

Basic Valve Theory: 0D-Strömungslösung und 1 DOF-Bewegungsgleichung

Die konsequente Weiterentwicklung der Blendengleichung (Abschnitt 2.2.1) führt zu Modellen, welche den Ventilhub s in kinematische Zusammenhänge bringen. Somit wird neben einer Strömungsgleichung (z. B. Gleichung (2.11)) zusätzlich eine Bewegungsgleichung gelöst. Die Ventilbewegung wird durch einen Freiheitsgrad abgebildet, weswegen diese Modelle auch als 1 DOF-Modelle (*one degree of freedom*) bezeichnet werden. Die gegenseitige Kopplung beider Modelle ermöglicht so die Abbildung der Fluid-Struktur-Interaktion in eindimensionaler Form.

Die Bewegungsgleichung der Ventilamelle ergibt sich i. A. durch ein Kräftegleichgewicht an einer Punktmasse in einem Feder-Dämpfer-Masse-System. Hierbei werden die Federkraft F_F, die Dämpfungskraft F_D sowie die Massenträgheitskraft F_m der anregenden Kraft (Druckkraft F_p) gegenübergestellt und entlang der Achse der Ventilbohrung bilanziert:

$$F_m + F_D + F_F + F_0 = F_p. \tag{2.18}$$

Hierbei fasst F_0 zusätzliche Kräfte, wie bspw. eine Feder-Vorspannkraft oder den Einfluss des Kältemaschinenöls in Form einer Klebekraft zusammen, siehe auch Pereira *et al.* [33]. Bei Vernachlässigung von F_0 ergibt sich eine Schwingungsdifferentialgleichung zweiter Ordnung (hier in normierter Form) [19]:

$$\ddot{s} + \frac{b}{m_{\text{ers}}}\dot{s} + \frac{c}{m_{\text{ers}}}s = \frac{A_{p,\text{eff}}}{m_{\text{ers}}} \cdot \Delta p. \tag{2.19}$$

---

4 FSI-Modelle mit mechanischer Ein-Weg-Kopplung werden in Verbindung mit dem transienten Verhalten von Lamellenventilen als nicht zielführend bewertet und daher hier nicht weiter verfolgt. Die thermische Kopplung von Fluid und Struktur unter Bilanzierung der Temperaturen und Wärmeströme wird in der vorliegenden Arbeit ebenfalls nicht weiter behandelt.

Diese Beschreibung der Ventilbewegung hat sich seit Mitte des 20. Jahrhunderts etabliert [34] und wird vielfach als *Basic Valve Theory* (BVT) bezeichnet, siehe bspw. Habing [18], Nagy *et al.* [24] und Möhl *et al.* [35]. Die Unterschiede bei der Anwendung der BVT für 1 DOF-Ventilmodelle ergeben sich durch die Herleitung bzw. Bestimmung der Ventilparameter. Oft werden die Ventilparameter durch entsprechende Validierungsmessungen angepasst, vgl. Bhakta *et al.* [36] und Nagy *et al.* [24], können jedoch auch analytisch oder numerisch beschrieben werden. Im Folgenden werden unterschiedliche Ansätze zur rechnerischen Ermittlung der erforderlichen Ventilparameter zusammengefasst.

1 DOF-Ventilmodelle mit konstanten Ventilparametern Bei diesen Modellen werden die Ventilparameter φ über den gesamten Ventilhub als konstant betrachtet ($\varphi \neq \varphi(s)$). Dazu wird die Schwingungsdifferentialgleichung (Gleichung (2.19)) mithilfe der Eigenkreisfrequenz ω_0 in folgende Form gebracht [19]:

$$\ddot{s} + 2D\omega_0 \cdot \dot{s} + \omega_0^2 \cdot s = \frac{F_p(t)}{m_{\text{ers}}}. \tag{2.20}$$

Der Dämpfungsanteil wird dabei durch

$$\frac{b}{m_{\text{ers}}} = 2D\omega_0 \tag{2.21}$$

und der Federkraftanteil durch

$$\frac{c}{m_{\text{ers}}} = \omega_0^2 \tag{2.22}$$

ersetzt. Ist die Eigenfrequenz f_0 bekannt, so können die unbekannten Ventilparameter über den Zusammenhang

$$\omega_0 = 2\pi \cdot f_0 \tag{2.23}$$

direkt zurückgerechnet werden. Zudem muss eine äquivalente Ersatzmasse m_{ers} bestimmt werden. Vereinfachend kann hierfür die reale (frei schwingende) Masse m_V der Ventillamelle verwendet werden. Sind Steifigkeit und Eigenfrequenz bekannt, kann die Ersatzmasse auch über den Zusammenhang in Gleichung (2.22) ermittelt werden.

Fagerli [8] schlägt einen numerischen Ansatz unter Verwendung eines FEM-Programms vor. Dabei wird die berechnete erste Eigenform der Ventillamelle verwendet und die kinetische Energie der einzelnen Ventilelemente ausgewertet. Demnach ergibt sich eine Ersatzmasse m_{ers} nach:

$$m_{\text{ers}} = \int \partial m \left(\frac{y}{Y}\right)^2. \tag{2.24}$$

Hierbei bezeichnen ∂m die Masse der einzelnen Ventilelemente und y/Y die relative Eigenform der ersten Eigenmode.

1 DOF-Ventilmodelle mit wegabhängigen Ventilparametern Da sich sowohl die Feder-steifigkeit c und der Dämpfungsfaktor b als auch die punktförmige Ersatzmasse m_{ers} des 1 DOF-Schwingungssystems in Abhängigkeit von der Ventilöffnung und durch den Kon-takt mit hubbegrenzenden Bauteilen ändern können, ist es sinnvoll, alle Ventilparameter hubabhängig[5] ($\varphi = \varphi(s)$) zu definieren. Je nach betrachtetem Parameter bieten sich dafür experimentelle, analytische oder numerische Methoden an. Zu beachten ist hierbei, dass die wegabhängigen Ventilparameter für jeden Ventilhub im Gleichgewichtszustand berechnet werden, d. h. es werden keine überlagerten Trägheits- und dynamische Schwingungseffekte höherer Ordnung betrachtet.

• Ersatzmasse $m_{ers}(s)$: Da die Schwingungsdifferentialgleichung einer eindimensional ent-lang der Ventilbohrungsachse schwingenden Punktmasse entspricht, muss auch die reale Masse auf diesen Punkt bezogen werden. Je nach Verformung der Lamelle kann die äquiva-lente Punktmasse m_{ers} größer oder kleiner als die reale (frei schwingende) Ventilmasse m_V sein.

Baumgart [7] entwickelt einen Ansatz zur Ermittlung der Ersatzmasse, der, als Weiter-entwicklung des Ansatzes von Fagerli [8], auf der Bilanzierung der kinetischen Energie des realen und des eindimensionalen Ersatzsystems basiert. Hierbei wird der Einfluss der Form des Niederhalters auf die Biegeform der Lamelle durch eine entsprechende Längs-diskretisierung der Lamellengeometrie berücksichtigt. Aus den diskreten, geometrieab-hängigen Einzelmassen wird über ein Übersetzungsverhältnis eine geometrieunabhängige, punktförmige Ersatzmasse gebildet.

• Dämpfungsfaktor $b(s)$: Die Dämpfung der Ventilbewegung aufgrund von Energiedissipa-tion während des Schwingungsvorgangs beeinflusst das dynamische Verhalten der Ventil-lamelle wesentlich [7, 11, 20] und sollte daher präzise erfasst werden. Diese Dämpfung ist in erster Linie geschwindigkeitsproportional und lässt sich nach Lohn *et al.* [37] auf drei dissipative Quellen zurückführen:

1. viskose Dämpfung durch das umgebende Fluid[6],

2. Materialdämpfung durch innere Materialreibung der Struktur selbst sowie Material-inhomogenitäten,

3. Art der Einspannung der Ventillamelle und, damit verbunden, Relativbewegungen (*mi-cro slips*) der Einspannflächen.

Hierbei wird dem Anteil der viskosen Fluiddämpfung die größte Bedeutung beigemessen. So entstehen im Bereich kleiner Spalte, d. h. beim Öffnungs- bzw. Schließvorgang durch die Interaktion der Lamelle mit dem Ventilsitz bzw. dem Niederhalter, sogenannte *Quetschströ-mungen* im Spaltbereich, die die Bewegung der Lamelle entscheidend verzögern.

Der Wert des Dämpfungsfaktors b kann durch eine Schwingungsanalyse der Ventilbau-gruppe ermittelt werden [37]. Ein analytischer Weg zur Bestimmung des wegabhängigen

---

5 Eine weitere Möglichkeit ist die Bestimmung der Ventilparameter in Abhängigkeit vom Kurbelwellenwinkel, was v. a. bei weggesteuerten Ventilen sinnvoll ist.
6 Dies schließt neben dem Kältemittel auch das mitgeführte Kältemaschinenöl ein.

Dämpfungsfaktors $b(s)$ unter Betrachtung der Quetschströmung als einzige Dämpfungsursache und unter Annahme empirischer Faktoren wird bspw. von Böswirth [11] vorgeschlagen und im Ventilmodell von Baumgart [7] aufgegriffen.

- Federsteifigkeit $c(s)$ und Federkraft $F_F(s)$: Für einfache Geometrien und eine ungestörte Durchbiegung kann die Ventillamelle idealisiert als Kragbalken betrachtet und die wegabhängige Federkraft näherungsweise analytisch über die klassische Biegetheorie eines einseitig fest eingespannten Biegebalkens berechnet werden. Sobald komplexere Geometrien, bspw. durch einen variablen Querschnitt der Ventillamelle, vorliegen oder der Kontakt mit hubbegrenzenden Bauteilen berücksichtigt werden muss, ist diese Methode jedoch nicht mehr zielführend. Hier bietet sich z. B. die numerische Analyse der Biegekontur an, bspw. durch eine Längsdiskretisierung der Lamellengeometrie (siehe Baumgart [7]) oder eine vollständig 2D/3D-aufgelöste Modellierung von Ventillamelle und Hubbegrenzer zur Analyse der Biegezustände.

  Eine alternative Möglichkeit ist die experimentelle Ermittlung der Federkennlinie durch das Aufbringen einer punktuell und entlang der Ventilbohrungsachse auf die Lamelle wirkenden Kraft bei gleichzeitiger Ermittlung der resultierenden Auslenkung an diesem Punkt.

- Kraftbeiwert C_p: Um die 1 DOF-Ventilbewegung nach Gleichung (2.19) lösen zu können, ist zudem eine wegabhängige Beschreibung der effektiv druckbeaufschlagten Fläche $A_{p,\mathrm{eff}}(s)$ und somit der anregenden Druckkraft $F_p(s)$ erforderlich. Baumgart [7] stellt einen analytischen Weg zur Berechnung des wegabhängigen Kraftbeiwertes $C_p(s)$ unter Verwendung der Ansätze von Touber [20] und Böswirth [11] auf Basis der Integration der Druckverteilung auf der Ventiloberfläche vor. Dabei werden typische geometrische und strömungsmechanische Einflüsse wie die Hubspaltfläche χ (siehe Gleichung (2.5)), die Biegeform der Lamelle, Strömungsumlenkungen, die Strahlkontraktion sowie Reibung an der Ventilbohrungskante berücksichtigt.

Räumlich und zeitlich aufgelöste Strömungslösung (1D/2D/3D-CFD)

Die mehrdimensionale Lösung der Strömung in zwei bzw. drei Raumrichtungen bei unterschiedlich detaillierter Modellierung der Ventilbewegung und -verformung ermöglicht die tiefere Analyse der räumlich und zeitlich variierenden Strömungs- und Belastungszustände. Dies bildet die Grundlage für die detaillierte simulative Beurteilung komplexer Einflüsse auf die Kräftebilanz am Ventil, wie bspw. periodische Wirbelablösungen, Resonanzeffekte, Überschallströmungen bis hin zu Mehrphasigkeit im Kältemittel oder dem Anhaften von Kältemaschinenöl am Ventil.

Aufgelöste Strömung und vereinfachtes Strukturmodell   Soll auch die Ventildynamik berücksichtigt werden, ohne die Struktur vollständig dreidimensional auflösen zu müssen, werden mehrdimensionale CFD-Modelle mit vereinfachten Strukturmodellen, wie bspw. in der BVT beschrieben (vgl. Gleichung (2.19)), gekoppelt. Das Strömungsmodell kann hierbei ebenfalls als abstraktes 1D-Modell ausgeführt werden. Dabei wird die Strömung als Kombination eindimensional diskretisierter Rohrabschnitte und Blendenbeziehungen sowie räumlich nicht diskretisierter Volumina beschrieben und in Abhängigkeit der Zeit gelöst. Ein Beispiel für die Kombination eines 1D-Strömungsmodells eines R600a-Verdichters mit einem 1D-Ventilmodell wird von Burgstaller *et al.* [25] vorgestellt.

Beispiele für die Modellierung von Lamellenventilen unterschiedlicher Kolbenverdichter bei Kopplung zwei- oder dreidimensionaler Strömungsmodelle mit eindimensionalen Bewegungsgleichungen sind in Pereira *et al.* [33], Link und Deschamps [15] und Rodrigues [38] gegeben.

Im Gegensatz zur BVT, bei der die Lamelle als idealisierte Platte angenommen wird, die eine translatorische Bewegung erfährt, verwenden Ding und Gao [39], Gao [40] und Dhar *et al.* [41] einen Ansatz, bei der die Bewegung der Ventillamellen als Rotation beschrieben wird. Die Ventillamelle wird dabei CFD-seitig als starre Platte ohne Biegung (*flip valve*) modelliert, die mit einem eindimensionalen Feder-Dämpfer-Masse-Modell gekoppelt wird, welches statt nach dem Ventilhub s nach einem Öffnungswinkel θ gelöst wird. Dem Modellansatz liegt ein Transformationsansatz zugrunde, der annimmt, dass die Biegung der Lamelle für kleine Winkel als Rotation einer starren Platte beschrieben werden kann ($\theta \approx s/l_{\text{biege}}$). Die Kopplungsmethode wird genutzt, um transiente Strömungsvorgänge im Inneren unterschiedlicher Hubkolbenbauarten zu untersuchen.

Rowinski und Davis [42] verwenden zur Beschreibung der Festkörperverformung der Saug- und Drucklamelle eines Hubkolbenverdichters einen FDM-Ansatz, bei dem die Lamelle entlang ihrer Länge diskretisiert, mit dem Druck- und Scherfeld der Strömungslösung gekoppelt und nach der klassischen Biegebalkentheorie verformt wird. Der Fokus der Autoren liegt auf der Anwendung der sogenannten *Cartesian Cut-Cell Method*, bei der das CFD-Berechnungsgebiet in Form eines kartesischen, vollstrukturierten Netzes zerlegt wird, wobei die Würfel an den Rändern zur Ventillamelle entsprechend der Verformung der Lamelle zu Polyedern zerschnitten und so an die neue Position der Ventilwand angepasst werden.

Estruch *et al.* [30] verwenden zur Beschreibung der Ventildynamik die *Normal Mode Summation Method* nach Thomson [43], bei der die ortsaufgelöste Auslenkung der Struktur durch eine lineare Überlagerung der Eigenformen des Systems angenähert wird. Die Bewegung wird mit einer LES-Strömungssimulation gekoppelt, wobei aufgrund des großen Dichteunterschiedes zwischen Fluid und Struktur ($\rho_f/\rho_s \approx 0{,}001$) ein sogenanntes *loose coupling* durchgeführt wird. Innerhalb eines Zeitschrittes werden somit keine inneren FSI-Kopplungsschritte durchgeführt. Für größere Dichteverhältnisse empfehlen die Autoren mehrere FSI-Kopplungsschritte pro Zeitschritt (*strong coupling*).

Die von Estruch *et al.* [30] präsentierte Methode wird von Gonzalez *et al.* [31] auf ein generisches Saugventil angewendet, um eine Sensitivitätsanalyse hinsichtlich der Ventildicke durchzuführen. Dabei werden als Bewertungskriterien der Druckverlust über das Ventil sowie die Ventilauslenkung ausgewertet.

Transiente, räumlich vollständig gekoppelte 3D-FSI-Modelle Diese Art der Ventilmodellierung ist die mit Abstand aufwendigste Methode, da neben der Beherrschung der CFD- und FEM-seitigen Methoden zusätzlich die gegenseitige Fluid-Struktur-Kopplung berücksichtigt werden muss. Der wesentliche Vorteil besteht darin, dass zusätzlich zur Auswertung des komplexen Strömungsgebietes die Verformung der Lamelle durch das Aufprägen realitätsnaher Fluidlasten und die daraus resultierende mechanische Belastung der Struktur lokal und zeitlich aufgelöst und ausgewertet werden kann. Dies ist besonders relevant für die Analyse akustisch und/oder mechanisch auffälliger Ventilkonfigurationen. Ein weiterer Vorteil der dreidimensionalen Modellierung und Zwei-Wege-Kopplung besteht darin, dass keine Notwendigkeit der Berechnung sowie Plausibilisierung von (Ersatz-)Ventilparametern zur Parametrisierung eines Bewegungsmodells mehr besteht. Die dreidimensionalen FEM- und CFD-Modelle können zunächst unabhängig voneinander auf ihre numerische Güte beurteilt und die gekoppelten Simulationsergebnisse anhand effektiver Strömungsgrößen (Massenstrom, Druckdifferenz) bewertet werden.

Kim *et al.* [32] stellen fest, dass bis Anfang der 2000er Jahre in den auf die Verdichterventildynamik bezogenen Veröffentlichungen nur ungekoppelte Modelle zur Berechnung von Strömungs-, Verformungs- sowie Wärmeübertragungsproblemen zum Einsatz kommen. Die Autoren erläutern ein vollständig gekoppeltes, zweidimensionales FSI-Modell für einen Hubkolbenverdichter für Luft und R134a und führen eine Validierung der Ventilbewegung anhand von Messungen mit Dehnungsmessstreifen durch. Die Methode wird zur Optimierung der Ventilform nach der DoE-Methode (*Design of Experiments*) verwendet.

Kim *et al.* [44] wenden die FSI-Kopplung auf ein dreidimensionales Modell des Auslassventils eines Hubkolbenverdichters für R134a und R600a an. Dabei liegt der Fokus der Autoren insbesondere auf der Spannungsverteilung des Ventilplättchens beim Aufschlag gegen den Hubbegrenzer (Öffnungsvorgang) und den Ventilsitz (Schließvorgang). Tan *et al.* [45] nutzen die FSI-Methode für das Auslassventil eines Rollkolbenverdichters für R410A. Dabei werden die effektiven Massenströme sowie die auf das Ventil wirkenden Gaskräfte im Zeitverlauf ausgewertet, um den effektiven Strömungsquerschnitt $A_{u,\mathrm{eff}}$ (siehe Gleichung (2.1)) und die effektive Kraftfläche $A_{p,\mathrm{eff}}$ (siehe Gleichung (2.7)) zu ermitteln.

Silva und Arceno [46] präsentieren ein vollständig gekoppeltes 3D-FSI-Modell des Saugventils eines R134a-Kolbenverdichters. Im Mittelpunkt der Auswertung steht der Vergleich der berechneten Biegespannungen mit den mittels Dehnungsmessstreifen experimentell ermittelten Ergebnissen. Die höchsten Abweichungen zwischen Versuch und Simulation werden dabei im Moment des Aufschlagens des Ventils an den Hubbegrenzer ermittelt. Im Zustand maximaler Ventilöffnung werden hingegen gute Übereinstimmungen erzielt.

Mayer *et al.* [47] stellen ein 3D-FSI-Modell des Saugventils eines Hubkolbenverdichters mit Luft als Fördermedium vor. Die Simulationsergebnisse werden mit experimentellen Ventilhubkurven verglichen, die mittels Laservibrometrie erfasst wurden. Im Gegensatz zu einem 1D-Modell nach der BVT heben die Autoren die Vorteile der gekoppelten FSI in Hinblick auf die detaillierte Abbildung der Strömungs- und Spannungszustände trotz hoher Rechenkosten hervor. Das 1D-Modell liefert ähnlich gute Ergebnisse, allerdings seien dafür Anpassungen der Ventilparameter durch Experimente oder FSI-Berechnungen erforderlich.

Möhl *et al.* [35] präsentieren ein zweidimensionales FSI-Modell eines Hubkolben-Saug-ventils. Die berechneten Biegelinien werden mittels eines Laserprofilscanners experimentell validiert und die FSI-Ergebnisse zudem mit Literaturdaten und dem 1D-Ventilmodell nach Böswirth [11] verglichen. Zudem werden einige Herausforderungen bei der Verwendung der *Morphing*-Methode zur Abbildung der Netzbewegung des CFD-Modells diskutiert.

Gasche *et al.* [4] präsentieren ebenfalls ein 3D-FSI-Modell des Saugventils eines Hubkolben-verdichters. Dieses wird einem FSI-Modell mit reduziertem CSM-Modell gegenübergestellt, bei dem das Ventil als starre, rotierende Platte modelliert wird, vgl. Ding und Gao [39], Gao [40] und Dhar *et al.* [41]. Die Autoren zeigen, dass mit beiden Ansätzen die Druck- und Geschwindigkeitsfelder gut wiedergegeben werden. Allerdings wird die Verwendung des vollständigen FSI-Modells bevorzugt, da hierbei auch eine Auswertung des Lamellen-Spannungsfeldes bei moderatem Rechen-Mehraufwand möglich ist.

Gasche *et al.* [4] geben einen weiterführenden Überblick über FSI-Modelle für Kältemittel-verdichter-Ventile, die in der letzten Dekade in unterschiedlichen Publikationen veröffentlicht worden sind.

3 Angewandte Simulationsmethoden

Dreidimensionale Simulationsmethoden bilden die Grundlage der im Rahmen der vorliegenden Arbeit durchgeführten Untersuchungen. Dabei wird zur Berechnung der Fluidlösung die numerische Strömungssimulation (CFD) unter Verwendung der Finite-Volumen-Methode (FVM) eingesetzt. Zur Strukturlösung (CSM) wird die Finite-Elemente-Methode (FEM) genutzt[7]. Zur Abbildung der vollständigen Fluid-Struktur-Interaktion (FSI) zwischen Strömung und Festkörper werden beide Methoden nach dem sogenannten *Arbitrary-Lagrangian-Eulerian*-Ansatz (ALE) gekoppelt.

Bei der FSI-basierten Modellierung ergeben sich folgende wesentliche Herausforderungen (vgl. Mayer *et al.* [47]):

- Nichtlinearer Kontakt zwischen Ventil und Ventilsitz bzw. hubbegrenzendem Element: Dieser muss in der Strukturlösung (CSM) adäquat abgebildet werden. Gleichzeitig entstehen fluidseitig Bereiche, in denen der Spaltschluss bzw. die Spaltöffnung eine gesonderte Behandlung des CFD-Rechengitters erfordern.

- Bewegung der Ventilgeometrie: Diese führt zu großen lokalen Verformungen, welche vom CFD-Rechengitter entsprechend abgebildet werden müssen, um eine robuste Simulation zu ermöglichen. Auftretende Schwingungseffekte müssen durch eine transiente CSM-Modellierung abbildbar sein.

- Passende Turbulenzmodellierung: Diese soll die Strömungscharakteristik hinreichend erfassen und dabei die Rechenkosten nicht wesentlich vergrößern.

Im nachfolgenden Kapitel werden die Grundlagen der CFD und der FEM sowie der verwendete Kopplungsansatz beschrieben. Zudem werden einige Herausforderungen und Besonderheiten durch die Verwendung der ALE-Methode aufgezeigt.

3.1 Numerische Strömungsberechnung mittels Finite-Volumen-Methode

Zur mathematischen Beschreibung eines Strömungsproblems werden die Erhaltungsgleichungen für Masse, Impuls und Energie benötigt. Aufgrund eines formal ähnlichen Aufbaus können diese drei Grundgleichungen zu einer allgemeinen Modellgleichung für die Bilanzierung der allgemeinen Strömungsgröße ϕ in differentieller Form zusammengefasst werden [48, 49]:

$$\underbrace{\frac{\partial}{\partial t}(\rho\phi)}_{\text{zeitliche Änderung}} = \underbrace{\nabla\cdot(\Gamma\nabla\phi)}_{\text{diffusiver Fluss } D_\phi} - \underbrace{\nabla\cdot(\rho\underline{u}\phi)}_{\text{konvektiver Fluss } F_\phi} + \underbrace{Q_\phi}_{\text{Quellen/Senken}} \qquad (3.1)$$

---

7 Im Rahmen dieser Arbeit werden die fluidseitigen Modelle als *CFD-(Sub)modelle* und die strukturseitigen Modelle als *FEM-(Sub)modelle* bezeichnet.

© Springer Fachmedien Wiesbaden GmbH, ein Teil von Springer Nature 2019
J. Hennig, *Virtuelle Prototypen für Lamellenventile in Pkw-Kältemittelverdichtern*,
AutoUni – Schriftenreihe 135, https://doi.org/10.1007/978-3-658-24846-8_3

Tabelle 3.1: Spezifizierung in der allgemeinen Modellgleichung [49]

Erhaltungsgröße	ϕ	$D_\phi = \nabla \cdot (\Gamma \nabla \phi)$	Q_ϕ
Masse	1	0	0
Impuls	$\underline{u}$	$\nabla \cdot \underline{\underline{\tau}}$	$-\nabla p + \rho \underline{g}$
Energie	h	$-\nabla \cdot \underline{q}''$	$\frac{\partial p}{\partial t} + \nabla \cdot \left(\underline{\underline{\tau}} \cdot \underline{u} \right)$

Die zeitliche Änderung der Strömungsgröße ϕ innerhalb eines Bilanzraumes ergibt sich somit aus den diffusiven und konvektiven Flüssen sowie, falls zutreffend, Quellen und Senken von ϕ. Für stationäre Betrachtungen entfällt der Term der zeitlichen Änderung von ϕ. Der konvektive Fluss F_ϕ wird durch die Strömung selbst, der diffusive Fluss D_ϕ durch die räumliche Verteilung der betrachteten Strömungsgröße ϕ verursacht.

Die drei Erhaltungsgleichungen in Form partieller, nichtlinearer Differentialgleichungen – namentlich Kontinuitäts-, Impuls- und Energiegleichung – ergeben sich durch die Spezifizierung von ϕ, D_ϕ und Q_ϕ in Gleichung (3.1), wie in Tabelle 3.1 zusammengefasst.

Navier-Stokes-Gleichungen für kompressible Fluide

Unter der Annahme newtonscher Fluide werden die drei Erhaltungsgleichungen als *Navier-Stokes-Gleichungen* (NST) zusammengefasst[8]. Dabei gilt, dass das Fluid ein linear viskoses Fließverhalten aufweist, d. h. die Scherspannung τ ist proportional zur Schergeschwindigkeit $\dot{\gamma}$, wobei als Proportionalitätskonstante die dynamische Viskosität η verwendet wird. Die NST-Gleichungen bilden somit reibungsbehaftete, viskose Strömungsprobleme ab. Sie sind daher für viele technische Anwendungsfälle geeignet und werden auch im Rahmen dieser Arbeit verwendet. Für kompressible Fluide ($\rho \neq konst.$) ergibt sich aus Tabelle 3.1 folgende Formulierung der drei Erhaltungsgleichungen in differentieller Form:

- Kontinuitätsgleichung:

$$\frac{\partial \rho}{\partial t} + \nabla \cdot \left(\rho \underline{u} \right) = 0, \tag{3.2}$$

- Impulsgleichung:

$$\frac{\partial}{\partial t} \left(\rho \underline{u} \right) + \nabla \cdot \left(\rho \underline{u} \underline{u} \right) = \nabla \cdot \underline{\underline{\tau}} - \nabla p + \rho \underline{g}, \tag{3.3}$$

- Energiegleichung:

$$\frac{\partial}{\partial t} \left(\rho h \right) + \nabla \cdot \left(\rho \underline{u} h \right) = -\nabla \cdot \underline{q}'' + \frac{\partial p}{\partial t} + \nabla \cdot \left(\underline{\underline{\tau}} \cdot \underline{u} \right). \tag{3.4}$$

---

8 Im engeren Sinne bezeichnet die NST-Gleichung lediglich die Impulsgleichung. Im Zusammenhang mit CFD wird der Begriff oft auf die drei Erhaltungsgleichungen (3.2)–(3.4) bezogen, so auch in dieser Arbeit.

Die Energiegleichung bilanziert als Strömungsgröße die Enthalpie h und wird zur Beschreibung von Strömungsvorgängen mit Wärmetransport und bei veränderlicher Temperatur benötigt. Dies ist bei der Verdichtung eines Kältemittels, insbesondere CO_2, der Fall.

Um das Strömungsproblem mathematisch vollständig schließen zu können, ist die Einbeziehung weiterer Zusammenhänge erforderlich. Dazu werden kalorische und thermische Zustandsgleichungen sowie Materialgesetze – insbesondere Fourier'sches Wärmeleitungs- und Newton'sches Fließgesetz – eingeführt [49].

Turbulenzmodellierung

Die NST-Gleichungen sind sowohl für laminare als auch für turbulente Strömungen anwendbar. Jedoch sind turbulente Strömungen – wie sie in nahezu allen technischen Anwendungen vorliegen – wesentlich komplexer zu beschreiben, da diese im Gegensatz zur laminaren Strömung einen instationären, dreidimensionalen und stochastischen Charakter aufweisen und in unterschiedlichen Raum- und Zeitskalen wechselwirken. Dabei spricht man von einer Energiekaskade, wobei den größten Strömungsstrukturen Energie zugeführt, diese über kleinere Wirbelstrukturen weitertransportiert und schließlich auf den kleinsten Wirbelskalen in Wärme dissipiert wird. Wird der gesamte Dissipationsbereich aufgelöst, spricht man von *Direkter Numerischer Simulation* (DNS). Für technische Anwendungen sind diese i. d. R. zu aufwendig. Zudem sind oft lediglich die Auswirkungen der Turbulenz auf verschiedene relevante Größen von Bedeutung, nicht die turbulenten Strukturen selbst, wodurch die detaillierte Beschreibung der Lösung bis in kleinste Skalen nicht erforderlich ist. Bei der Grobstruktursimulation (*Large Eddy Simulation*, LES) als weiterer Ansatz werden mittels räumlicher Filterung die größten Wirbelstrukturen numerisch aufgelöst und kleinere Wirbel bis hin zum Dissipationsbereich durch Modellansätze beschrieben.

Die im Rahmen der vorliegenden Arbeit verwendete RANS-Modellierung (*Reynolds-averaged Navier-Stokes*) verwendet die Methode der statistischen Mittelung. Dabei werden die Reynolds-gemittelten NST-Gleichungen gelöst. Es ergeben sich mittlere Strömungs- und Turbulenzgrößen, wobei die Wirkung der nicht aufgelösten turbulenten Strukturen auf die mittlere Strömung durch ein Turbulenzmodell angenähert wird. Die Reynolds-Zerlegung einer räumlich (x, y, z) und zeitlich (t) schwankenden Strömungsgröße ergibt ihren Mittelwert $\overline{\phi}$ und die stochastische Fluktuation ϕ' [49, 50]:

$$\phi(x, y, z, t) = \overline{\phi}(x, y, z) + \phi'(x, y, z, t). \tag{3.5}$$

Der Reynolds-gemittelte Wert der Strömungsgröße $\overline{\phi}$ resultiert aus der Integration über die Zeit und entspricht somit dem Langzeitmittel von ϕ [49]:

$$\overline{\phi}(x, y, z) = \lim_{\Delta t \to \infty} \frac{1}{\Delta t} \int_{t}^{t+\Delta t} \phi(x, y, z, t') \mathrm{d}t'. \tag{3.6}$$

Für stationäre Strömungsprobleme erfolgt die zeitliche Mittelung der Strömungsgrößen über eine Mittelungszeit Δt, entsprechend Gleichung (3.6). Bei instationären Strömungen wird statt der zeitlichen Mittelung eine *Ensemble*-Mittelung, bei kompressiblen Strömungen zusätzlich die sogenannte *Favre*-Mittelung [51], angewendet. Hierbei erfolgt die Summierung über N *Ensembles*:

$$\overline{\phi}(x,y,z,t) = \lim_{N\to\infty} \frac{1}{N} \sum_{n=1}^{N} \phi(x,y,z,t). \tag{3.7}$$

Dieser Mittelungsansatz für instationäre Strömungen wird als URANS (*Unsteady Reynolds-averaged Navier-Stokes*) bezeichnet [50].

Werden die Reynolds-gemittelten Strömungsgrößen in die NST-Gleichungen eingesetzt, ergeben sich neue, zunächst unbekannte Terme, die sogenannten Reynoldsspannungen. Diese werden im Reynolds-Spannungstensor $\underline{\underline{\tau}}_{ij}^{Re} = \overline{u_i' u_j'}$ zusammengefasst. Um den Berechnungssatz wieder zu schließen, sind Turbulenzmodelle erforderlich. Für die RANS-Modellierung werden oftmals sogenannte Wirbelviskositätsmodelle verwendet, bei denen die Reynoldsspannungen über die Wirbelviskosität ν_T angenähert werden. Dabei unterscheiden sich die Modelle in der Anzahl und Definition der unabhängigen Turbulenzvariablen.

Für technische Anwendungen häufig verwendete Modelle sind das Spalart-Allmaras-Modell [52], das Standard-k-ε-Modell [53], als dessen Weiterentwicklung das RNG-k-ε- [54] und das RLZ-k-ε-Modell [55] sowie das k-ω- [56] und das SST-k-ω-Modell [57], siehe Schwarze [49]. Bei der numerischen Berechnung von Ventilströmungen sowie komplexen, kompressiblen Innenströmungen in Kolbenmaschinen kommen häufig das RLZ-k-ε- oder das SST-k-ω-Turbulenzmodell zum Einsatz (siehe bspw. Gasche *et al.*, Rodrigues, Rodrigues und Link, Halbrooks, Hesse und Andres [4, 38, 58–60]).

Modellierung des wandnahen Bereiches

Die oben beschriebenen Turbulenzmodelle werden auch als *High-Re*-Turbulenzmodelle bezeichnet[9] und gelten streng genommen nur in der Hauptströmung, unter der Voraussetzung $Re_T \gg 1$. Hierbei ist Re_T die Reynolds-Zahl der Turbulenz und kann als Verhältnis der Wirbelviskosität ν_T zur kinematischen Viskosität des Fluids ν interpretiert werden [49]:

$$Re_T = \frac{k^2}{\nu\,\varepsilon} = \frac{\nu_T}{\nu}. \tag{3.8}$$

In Wandnähe bildet sich eine turbulente Grenzschicht aus. Daher ist diese Annahme dort nicht mehr zulässig, da die Strömung verzögert wird, wodurch Re_T stark abnimmt. Jedoch ist gerade in Wandnähe die korrekte Erfassung der Turbulenzgrößen unabdingbar, da oftmals in diesen Bereichen Turbulenz generiert wird. Insbesondere für Strömungen mit Wärmeübertragung an der Wand ist die korrekte Erfassung der turbulenten Grenzschicht von großer Bedeutung.

---

9 Das Spalart-Allmaras-Modell [52] in seiner ursprünglichen Form ist als Low-Reynolds-Modell einzustufen.

Die Modellierung der wandnahen Turbulenz wird entweder über Wandfunktionen oder *Low-Re*-Turbulenzmodelle realisiert. Da letztere hohe Ansprüche an die Güte des Rechengitters im Wandbereich haben, werden für technische Anwendungen und komplexe Geometrien oft Wandfunktionen verwendet. Dieser Ansatz wird im Folgenden kurz erläutert, wobei weiterführend auf die Arbeit von Schlichting und Gersten [48] verwiesen sei.

Für die Verwendung von Wandfunktionen wird ein vereinfachter, universeller Zusammenhang für die Geschwindigkeitsverteilung $u^+(y^+)$ mittels einer Entdimensionalisierung der Variablen hergestellt (*universelles Wandgesetz*). Dabei werden die wandnormale Koordinate y und die mittlere wandparallele Geschwindigkeit $\bar{u}$ mithilfe der Wandschubspannung τ_W bzw. der Wandschubspannungsgeschwindigkeit u_τ entdimensionalisiert [49]:

$$u_\tau = \sqrt{\frac{\tau_W}{\rho}}, \tag{3.9}$$

$$y^+ = \frac{y\,u_\tau}{\nu}, \tag{3.10}$$

$$u^+ = \frac{\bar{u}}{u_\tau}. \tag{3.11}$$

Zur Charakterisierung des Zusammenhangs $u^+(y^+)$ wird die wandnahe Strömung in drei Bereiche unterteilt [49]:

1. Viskose Unterschicht: $u^+ = y^+$ (gültig für $y^+ \leq 5$)

2. Übergangsschicht (Übergangsfunktion; gültig für $5 < y^+ < 70$)

3. Überlappungsschicht: $u^+ = \frac{1}{\kappa}\ln(y^+) + C$, gültig für $y^+ > 70$

Die Überlappungsschicht kennzeichnet den Übergangsbereich zur Kernströmung. Hierbei sind κ die sogenannte *Karman*-Konstante ($\kappa = 0{,}41$) und C eine Integrationskonstante zur Beschreibung der Oberflächenrauigkeit. Für glatte Oberflächen gilt: $C \approx 5{,}5$.

Aus den im Grenzschichtbereich ermittelten Werten für u^+ – und damit auch für u_τ – werden über entsprechende Beziehungen die Turbulenzgrößen k, ε bzw. ν_T berechnet. Bei der praktischen Verwendung von Wandfunktionen in Verbindung mit den in gängigen CFD-Codes implementierten *High-Re*-Turbulenzmodellen reicht es aus, wenn der dimensionslose Abstand der wandnächsten Zelle bei $20 \lesssim y_P^+ \lesssim 30$ liegt [49]. Liegt y_P^+ weit unter 20, sollte die Verwendung der Wandfunktion hingegen vermieden und die Verwendung von *Low-Re*-Turbulenzmodellen in Betracht gezogen werden.

Diskretisierung mittels Finite-Volumen-Methode und numerische Fehler

Die Finite-Volumen-Methode (FVM) ist das am häufigsten genutzte Lösungsverfahren in der numerischen Strömungsmechanik [49] und ist in den gängigen CFD-Lösungsalgorithmen implementiert. Dazu wird das Strömungsgebiet in ein Rechengitter mit diskreten Kontrollvolumina (KV) unterteilt. Bei der numerischen Lösung des Strömungsproblems werden die diffusiven und konvektiven Flüsse der Erhaltungsgrößen, d. h. Masse, Impuls und Energie, vgl. Gleichung (3.1), über die Grenzen der einzelnen KV berechnet. Die Auswertung der Erhaltungsgrößen auf den Seitenflächen der KV erlaubt der FVM eine konservative Diskretisierung, d. h. trotz numerischer Diskretisierung bleiben die Bilanzgrößen im gesamten Strömungsgebiet erhalten. Insbesondere für kompressible Strömungsprobleme ist die FVM daher eine geeignete Methode.

Die Bilanzierung über die Grenzen der KV wird mathematisch durch die Umformulierung der allgemeinen Modellgleichung (3.1) in die Integralform realisiert [49, 50]:

$$\int\limits_{KV} \frac{\partial}{\partial t} \left(\rho\phi\right) dV = \int\limits_{KV} \left[\nabla \cdot \left(\Gamma\nabla\phi\right) - \nabla \cdot \left(\rho\underline{u}\phi\right) + Q_\phi \right] dV \qquad (3.12)$$

Bei der weiteren Diskretisierung der Differentialgleichung kommen in der FVM verschiedene Elemente der numerischen Mathematik zum Einsatz. Dabei werden die Volumenintegrale der konvektiven und diffusiven Terme in Oberflächenintegrale umgewandelt (*Gauß'scher Integralsatz*). Weiterhin wird eine Diskretisierung des Berechnungsraumes (Rechengitter) sowie der Zeitskala (Zeitschrittweite) durchgeführt. Mittels Linearisierung, numerischer Interpolation, numerischer Integration sowie numerischer Differentiation in Raum und Zeit erfolgt die Formulierung der numerischen Lösungsansätze [49, 50]. Das daraus resultierende diskretisierte, lineare Gleichungssystem wird auf dem Rechengitter des CFD-Modells gelöst. Rechenaufwand und Genauigkeit der Lösung hängen dabei von der Feinheit der räumlichen und zeitlichen Diskretisierung sowie von der Ordnung der Diskretisierungsverfahren ab.

Die räumliche und zeitliche Diskretisierung des Strömungsproblems bestimmt den numerischen Fehler. Dieser beschreibt die Abweichung der numerisch approximierten Größe von der mathematisch exakten Lösung und setzt sich aus Diskretisierungsfehler und Iterationsfehler zusammen. Während der Diskretisierungsfehler durch eine größere Anzahl von Rechenzellen oder Diskretisierungsverfahren höherer Ordnung verringert werden kann, wird der Iterationsfehler durch die Zeitschrittweite und die Anzahl innerer Iterationen pro Zeitschritt bestimmt.

Dem Diskretisierungsfehler ist der Modellfehler überlagert, welcher durch die mathematische Vereinfachung des realen physikalischen Problems entsteht. Die Summe aus numerischem Fehler und Modellfehler ergibt den Gesamtfehler des numerischen Modells. Mittels Konvergenzstudien kann untersucht werden, inwiefern sich die numerische Lösung unter Anpassung der Diskretisierungsparameter einem konstanten Wert annähert und wie weit dieser Wert bspw. von einer analytisch exakten Lösung oder einem aus Experimenten gewonnenen Messwert entfernt liegt. Dies ermöglicht die Bestimmung eines geeigneten Simulationssetups unter Abwägung von Genauigkeit, Stabilität und Rechenaufwand.

3.2 Numerische Strukturanalyse mittels Finite-Elemente-Methode

Zur Berechnung der Verformung und der Spannungsverteilung der Ventillamelle im Zusammenspiel mit den hubbegrenzenden Bauteilen wird die zeitliche und räumliche Diskretisierung mittels Finite-Elemente-Methode (FEM) umgesetzt. Die Grundzüge der darauf aufbauenden numerischen Strukturanalyse (*Computational Structural Mechanics*, CSM) werden im Folgenden, basierend auf der Arbeit von Klein [61], kurz beschrieben. Eine Zusammenfassung der FEM für die Anwendung zur Lösung praxisnaher FSI-Probleme kann bspw. der Dissertation von Schlegel [62] entnommen werden.

Grundzüge der Elastostatik

Die grundlegenden Zusammenhänge der CSM resultieren aus der Elastostatik für linear-elastische Körper. Die Verformungen werden dabei als klein, stetig und reversibel betrachtet. Die abhängigen Variablen ergeben sich aus den Spannungs- $(\sigma)^{10}$ und Verzerrungstensoren $(\varepsilon)^{11}$ sowie den Verschiebungs- (u) und Lastvektoren (p) im kartesischen Koordinatensystem:

$$\sigma = \begin{bmatrix} \sigma_{xx} \\ \sigma_{yy} \\ \sigma_{zz} \\ \tau_{xy} \\ \tau_{xz} \\ \tau_{yz} \end{bmatrix} \; ; \; \varepsilon = \begin{bmatrix} \varepsilon_{xx} \\ \varepsilon_{yy} \\ \varepsilon_{zz} \\ \gamma_{xy} \\ \gamma_{xz} \\ \gamma_{yz} \end{bmatrix} \; ; \; u = \begin{bmatrix} u_x \\ u_y \\ u_z \end{bmatrix} \; ; \; p = \begin{bmatrix} p_x \\ p_y \\ p_z \end{bmatrix} \tag{3.13}$$

Die 18 unbekannten Variablen reduzieren sich um den Verschiebungs- (u) oder den Lastanteil (p) auf 15 verbleibende Unbekannte, je nachdem ob als Randbedingung die Verschiebungen oder die angreifenden Kräfte gewählt werden. Zur Ermittlung der verbleibenden Größen werden die wesentlichen Grundzusammenhänge der Elastostatik angewendet:

- Kinematische Verträglichkeit: sechs Verschiebungs-Verzerrungsgleichungen (die Differenzialoperatorenmatrix D enthält die räumlichen Differentiale der Verschiebung):

$$\varepsilon = D \cdot u, \tag{3.14}$$

- Hookesches Stoffgesetz[12]: sechs Verzerrungs-Spannungsgleichungen (Verknüpfung von Normal- bzw. Schubspannungen und Dehnung bzw. Gleitung über Querkontraktionszahl und Elastizitätsmodul, zusammengefasst als Materialeigenschaftsmatrix E):

$$\sigma = E \cdot \varepsilon, \tag{3.15}$$

- Drei Kräftegleichgewichts-Gleichungen[13] (äußere Kräfte und innere Normal- bzw. Schubspannungen werden über die transponierte Differenzialoperatorenmatrix verknüpft):

$$p = D^T \cdot \sigma. \tag{3.16}$$

---

10 Der Spannungstensor umfasst Normal- (ω) und Schubspannungskomponenten (τ).
11 Der Verzerrungstensor umfasst Dehnungen (ε) und Gleitungen (γ).
12 Das Hookesche Gesetz gilt für linear-elastisches Materialverhalten, welches hier vorausgesetzt wird.
13 Das Kräftegleichgewicht wird – in Analogie zur CFD – auch als Impulssatz bezeichnet.

Überführung in finites Gleichungssystem

Mittels des Prinzips der virtuellen Arbeit wird ein Gleichgewicht zwischen äußeren und inneren Kräften gebildet, ausgedrückt durch das Gleichgewicht der äußeren und inneren virtuellen Arbeit:

$$\delta W_i = \delta W_a. \tag{3.17}$$

Unter Verwendung der Gleichungen (3.14) – (3.16) und Einführung einer virtuellen Verschiebung δu entsteht eine Grundgleichung (*Variationsgleichung*) in integraler Form. Bis hierhin sind alle Zusammenhänge mathematisch exakt, jedoch nicht lösbar, da die Größe u unbekannt ist. Diese wird in der FEM über den zentralen Verschiebungsansatz diskretisiert:

$$u = G \cdot d. \tag{3.18}$$

Hierbei repräsentiert d die Knotenverschiebungen an diskreten Stützstellen. Die Matrix G enthält leicht integrierbare Ansatzfunktionen[14] (auch als Formfunktionen bezeichnet). Es ergibt sich folgender diskretisierter Zusammenhang für den Bereich zwischen zwei diskreten Stützstellen des Strukturgebietes [61]:

$$\underbrace{\int_V (D \cdot G)^T \cdot E \cdot (D \cdot G)\, \mathrm{d}V \cdot d}_{} = \underbrace{G^T \cdot F + \int_V G^T \cdot p\, \mathrm{d}V + \int_O G^T \cdot q\, \mathrm{d}O}_{}. \tag{3.19}$$

Innere virtuelle Arbeit: Äußere virtuelle Arbeit: „Einzellasten

„Steifigkeit · Weg"   + Volumenkräfte + Oberflächenlasten"

Hierbei repräsentieren F die konzentrierten Einzel- und p die inneren Volumenlasten (z. B. Gewichtskraft), q beinhaltet die verteilten Oberflächenlasten, aufgeprägt z. B. als Oberflächenspannungen. Gleichung (3.19) kann verkürzt und als *finite Grundgleichung* wie folgt formuliert werden:

$$k \cdot d = \hat{p}, \tag{3.20}$$

wobei k als Elementsteifigkeitsmatrix bezeichnet wird und $\hat{p}$ alle äußeren Kräfte (gesamte rechte Seite in Gleichung (3.19)) zusammenfasst. Die Steifigkeitsmatrix kann unter Verwendung der differenzierten Ansatzfunktionsmatrix $B = (D \cdot G)$ wie folgt ermittelt werden:

$$k = \int_V B^T \cdot E \cdot B\, \mathrm{d}V. \tag{3.21}$$

Mittels der Ansatzfunktionsmatrix G ist der Ansatz integrierbar und kann (bei Vorgabe der Kräfte F) nach den Knotenverschiebungen d gelöst werden. Daraus ergeben sich in einem zweiten Schritt die lokalen Spannungen und Dehnungen. Die reale Geometrie wird im Preprocessing mittels Zerlegung in einzelne Elemente (bspw. Tetra- oder Hexaeder) räumlich diskretisiert, wodurch die Knoten zur Lösung der diskretisierten Gleichungen je nach Ansatzfunktion bereitstehen. Dabei teilen sich benachbarte Elemente jeweils eine definierte Menge an Knoten, wodurch die Kontinuität der realen Lösung angenähert wird.

---

14 Für die Ansatzfunktionen werden lineare oder quadratische Glieder in Polynomform vorgegeben.

Besonderheiten der Elastodynamik

Werden – wie im Fall des transienten Ventilverhaltens – zeitabhängige Problemstellungen modelliert, sind die in Gleichung (3.13) zusammengestellten Variablen zusätzlich zeitabhängig. Das bedeutet bspw. für die Verschiebungen eine Erweiterung zu $u = u(x, y, z, t)$. Dadurch entsteht in der Formulierung des Kräftegleichgewichts ein zusätzlicher Term durch beschleunigungsproportionale Trägheitskräfte. Gleichung (3.16) erweitert sich dadurch unter Berücksichtigung der Materialdichte der Struktur ρ_s zu:

$$p - \rho_s \cdot \ddot{u} = D^T \cdot \sigma. \tag{3.22}$$

Werden dissipative Kräfte berücksichtigt, erweitert sich die linke Seite von Gleichung (3.22) um einen geschwindigkeitsproportionalen Dämpfungsterm $(-b \cdot \dot{u})$. Es entsteht ein Schwingungssystem, welches sich durch permanenten Austausch virtueller Arbeit auszeichnet. Dieses lässt sich als Schwingungsdifferenzialgleichung als Erweiterung der statischen finiten Grundgleichung (Gleichung (3.20)) ausdrücken, wobei m die Elementmassenmatrix und b die Elementdämpfungsmatrix darstellen:

$$m \cdot \ddot{d} + b \cdot \dot{d} + k \cdot d = \hat{p}. \tag{3.23}$$

FEM-Kontaktmodellierung

Bei der Bewegung der Ventillamelle muss neben der Interaktion mit dem durchströmenden Gas zusätzlich der Festkörperkontakt mit dem hubbegrenzenden Bauteil und dem Ventilsitz berücksichtigt werden. Daher ist eine adäquate FEM-seitige Kontaktmodellierung erforderlich. Eine unveränderte Anwendung der oben beschriebenen Grundgleichungen würde zum ungehinderten gegenseitigen Eindringen (*Penetration*) führen, ohne dass sich die Kräfteverhältnisse ändern. Um auch die beim Kontakt auftretenden physikalischen Effekte (Stoßeffekte, Deformation, Haftung, Reibung) erfassen zu können, werden zusätzliche Beziehungen eingeführt. Dazu werden sogenannte *Kontaktelemente* an den Körperoberflächen in Bereichen potenzieller Kontaktzustände definiert. Sobald ein Kontaktfall zwischen Kontaktelementen identifiziert wird, wird ein zusätzlicher Algorithmus aktiviert, welcher iterativ den Gleichgewichtszustand im Kontaktfall berechnet. Das Eintreffen des Kontaktfalls führt durch den iterativen Grundcharakter zu einer Anhebung des Rechenaufwandes und beeinflusst zudem die Stabilität der Berechnung.

Bei der Definition des Kontaktproblems kommt dabei häufig das *Master-Slave*-Prinzip zur Anwendung, siehe Klein [61]. Hierbei wird der Kontaktfall identifiziert, sobald einzelne Knoten des Kontaktkörpers (*Slave*) in den Zielkörper (*Master*) eindringen, nicht jedoch umgekehrt. Die Details zur im Rahmen der vorliegenden Arbeit verwendeten Kontaktdefinition werden im Abschnitt 5.1.2 genauer erläutert.

3.3 Darstellung der Netzbewegung des Strömungsgebietes

3.3.1 Diskussion verfügbarer Netzbewegungsmethoden

Um die gekoppelte Berechnung der Ventilbewegung und -strömung realisieren zu können, muss CFD-seitig eine passende Methode zur Abbildung der Netzbewegung gewählt werden. Dabei reicht eine rein translatorische oder rotatorische Netzbewegung (*Solid Body Motion*) nicht aus, bei der das Rechennetz in seiner Form lokal unverändert bleiben kann. Somit kann die bspw. im Bereich der Strömungsmaschinen häufig angewendete *Sliding Mesh*-Methode nicht ohne Weiteres auf Lamellenventilen übertragen werden. Bei diesem Ansatz bleibt ein Teil des Netzes mit der bewegten Geometrie verbunden und steht mit der unbewegten Geometrie über ein *Sliding Interface* in Kontakt. Diese muss eine zuvor geometrisch exakt definierte Geometrie, wie eine planare Fläche oder einen Zylinder, darstellen, siehe bspw. Jasak und Tuković [63].

Die Biegung der Lamelle sowie die Spaltbehandlung erfordern eine problemspezifisch detaillierte und gleichzeitig robuste Methode. Im Folgenden werden drei Ansätze gegenübergestellt und deren Vor- und Nachteile bewertet: die *Morphing*-, die *Remeshing*- sowie die – bisher kaum angewendete – *Overset Mesh*-Methode. In der Dissertation von Hadžić [64] werden diese drei Ansätze als *Grid Deformation Approach*, *Grid Re-meshing Approach* und *Overlapping Grid Approach* bezeichnet und näher erläutert. Zudem werden Verweise zu Literaturquellen und Anwendungsbeispielen der einzelnen Ansätze aufgeführt.

Abbildung 3.1 veranschaulicht alle drei Ansätze anhand eines vereinfachten Biegebalkenproblems. Dabei repräsentiert Abbildung 3.1a den Initialzustand des CFD-Netzes, in diesem Fall als vollstrukturiertes Rechengitter. Abbildungen 3.1b – 3.1d zeigen den jeweils verformten Zustand der Netze unter Verwendung der drei Ansätze.

Morphing-Methode

Bei der *Morphing*-Methode werden die Gitterpunkte des gesamten Rechengitters mitbewegt. In diesem Zusammenhang werden oft auch die Bezeichnungen *Moving Mesh* und *Dynamic Mesh* verwendet. Die Methode an sich ist robust und anwenderfreundlich und wird vielfach, auch im Zusammenhang mit Lamellenventilen, eingesetzt (siehe Abschnitt 2.2.3). Da die Anzahl der Rechenzellen sowie die Netztopologie beibehalten werden und daher keine Interpolation zwischen unterschiedlichen Rechengittern erfolgt, bleibt die Strömungslösung konservativ [64]. Die Netzverformung geschieht i. d. R. über radiale Basisfunktionen oder Diffusionsgleichungen (*Laplace*-Gleichung). In Abhängigkeit vom Abstand zur bewegten Geometrie erfolgt so eine lokale Verzerrung des Rechengitters. Wie in Abbildung 3.1b erkennbar ist, kommt es dabei sowohl zu Bereichen großer Zerrung als auch zu Bereichen großer Stauchung. Für große Bewegungen sowie insbesondere in Spaltbereichen kann dies lokal zu einer starken Reduktion der Netzqualität (kleine *Aspect Ratios*, negative Zellvolumina) und, daraus resultierend, zum Abbruch der Berechnung führen, vgl. Benra *et al.* [65] und Möhl *et al.* [35].

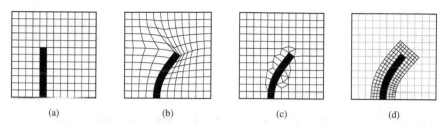

(a)   (b)   (c)   (d)

Abbildung 3.1: Schema unterschiedlicher Ansätze zur Netzbewegung: (a) Unverformtes Initialnetz; (b) *Morphing*; (c) *Remeshing*; (d) *Overset Mesh*-Methode

In Spaltbereichen ergibt sich ein weiterer Nachteil, der insbesondere relevant für den Fall des Ventilschlusses oder des Kontaktes der Lamelle mit dem hubbegrenzenden Element ist: eine Realisierung des vollständigen Spaltschlusses ist mit der reinen *Morphing*-Methode nicht möglich, da stets ein Restvolumen zur Gewährleistung eines positiven Gitterzellvolumens und einer hinreichenden Netzqualität verbleiben muss. Dieser Restspalt verursacht z. T. unplausible Leckageeffekte [39] oder muss gesondert behandelt werden, bspw. durch die Definition von Porositäten im Spaltbereich. Im Fall der erneuten Öffnung des Spaltbereiches (z. B. Loslösen der Ventillamelle vom Ventilsitz) ist es zudem schwierig, ausgehend von den stark gestauchten Zellen ein Rechengitter mit hoher Netzgüte aufzubauen.

Remeshing-Methode

Eine Möglichkeit der Gewährleistung einer stets hohen Gitterqualität trotz großer geometrischer Verformung, auch in Spaltbereichen, stellt die *Remeshing*-Methode dar. Bei ihr wird alle *n* Zeitschitte bzw. Iterationen eine Neuvernetzung des gesamten Rechengebietes (oder eines Teils davon) durchgeführt, um der Bewegung der Ränder zu folgen. Dabei kann, wie in Abbildung 3.1c schematisch dargestellt, die Art und Qualität des Rechengitters global weitgehend erhalten bleiben. Die Limitierungen der Netztopologie und -verformung, welche für die *Morphing*-Methode bestehen, entfallen hier [64].

Im Fall des Verdichterventils müssen hochfrequente Schwingungseffekte aufgelöst werden. Dies erfordert ein sehr häufiges *Remeshing*, um der Bewegung der Geometrie hinreichend genau zu folgen und so die auf die Oberfläche wirkenden Fluidkräfte entsprechend genau berechnen zu können. Dadurch steigen die Rechenkosten erheblich. Um diese zu senken, bestehen Ansätze, vorgefertigte Rechennetze für bestimmte Verformungszustände zu den entsprechenden Zeitpunkten einzuladen und so die Rechenzeit der Vernetzung selbst zu umgehen. Dazu müssen jedoch die exakten Formen der Kontur der Lamelle im Voraus bekannt sein. Dies kann im Fall der Überlagerung unterschiedlicher Schwingungen oder beim Kontakt mit hubbegrenzenden Elementen nicht ohne Weiteres gewährleistet werden.

Weiterhin müssen die Strömungsgrößen beim *Remeshing* vom alten auf das neue Rechengitter interpoliert werden. Somit ist die Konservativität der Methode nicht mehr gesichert [64]. Ein weiterer Nachteil besteht darin, dass das *Remeshing* innerhalb der verwendeten

CFD-Umgebung umgesetzt werden muss. Werden Rechennetze aus einer externen, mit dem CFD-Solver nicht kompatiblen, Quelle verwendet, kann die automatisierte Neuvernetzung während der Strömungsberechnung nicht durchgeführt werden.

Kombiniertes Morphing und Remeshing

Eine Kombination beider zuvor genannten Ansätze kann für bestimmte Problemstellungen zielführender sein als die Wahl einer einzelnen Netzbewegungsstrategie. Dabei wird das Netz über eine bestimmte Anzahl von Iterationen oder bis zum Unterschreiten eines definierten Netzqualitätskriteriums verformt (*Morphing*) und danach durch ein neues Netz ersetzt (*Remeshing*). Somit umgeht man zum einen Probleme mit der Netzqualität bei großen Verformungen und in Spaltbereichen. Zum anderen reduziert man die Rechenzeit im Gegensatz zum reinen *Remeshing*. Dieser Ansatz ist allerdings weniger universell und auch weniger benutzerfreundlich, da die Vernetzungsroutine i. d. R. problemspezifisch definiert werden muss. Weiterhin bleibt das Problem bestehen, dass die Vernetzungssoftware mit dem verwendeten CFD-Solver kompatibel sein muss, wenn das *Remeshing* über die gesamte Simulationszeit automatisiert erfolgen soll.

Overset Mesh-Methode

Eine bisher in kommerziellen Berechnungsumgebungen wenig angewendete Methode ist die so genannte *Overset Mesh*-Methode, auch als *Overlapping Grid Approach* oder *Chimera Grid Approach* bekannt [64]. Hierbei wird dem unbewegten Hintergrundgitter (in Abbildung 3.1d grau dargestellt) ein zweites Rechengitter – das *Overset Mesh* – überlagert (schwarz dargestellt). Das *Overset*-Gitter umgibt die bewegte Geometrie und wird dem *Morphing*-Ansatz (s. o.) folgend mitbewegt. Zwischen Hintergrund- und *Overset*-Gitter wird ein Interpolationsbereich gebildet, in dem die berechneten Zustandsgrößen beider Netze mittels eines Interpolationsalgorithmus ausgetauscht werden. Der Vorteil besteht darin, dass das Rechengitter im unbewegten Teil des Berechnungsgebietes unverändert bleibt, wodurch sich zunächst Stabilitäts- und geringfügige Rechenkostenvorteile ergeben. Zudem wird in der verwendeten CFD-Software mit der so genannten *Zero Gap*-Option eine Möglichkeit bereitgestellt, einen vollständigen Spaltschluss zu realisieren. Unterschreitet der Spaltbereich zwischen den Rändern des Hintergrund- und des *Overset*-Gitters eine zuvor definierte Anzahl von Rechenzellen, werden die Rechenzellen dieses Bereiches deaktiviert und durch eine zusätzliche *Zero Gap Wall* vom restlichen Berechnungsgebiet abgetrennt [66].

Der *Overset Mesh*-Ansatz bietet weitere Vorteile: da kein *Remeshing* stattfindet, können Netze verwendet werden, die im Preprocessing mit einer vom CFD-Solver unabhängigen Software erzeugt worden sind. Zudem stellt der *Overset Mesh*-Algorithmus mit der *Zero Gap*-Option eine weitgehend universelle Möglichkeit der Abbildung jeglicher Bewegungs- und Verformungszustände der Ventillamelle dar. Voraussetzung hierfür ist ein Rechennetz, welches eine hohe Qualität besitzt und die Anforderungen der *Overset Mesh*-Methode erfüllt. Als nachteilig kann sich jedoch die exakte Berechnung der Erhaltungsgrößen, insbesondere der Massenerhaltung, auswirken, da im durchströmten Interpolationsbereich zwischen dem Hintergrund- und dem *Overset*-Gitter keine Massenkonservativität gewährleistet werden kann [64]. Dies sollte daher speziell betrachtet und bewertet werden.

Die Interpolation der Erhaltungsgrößen zwischen Hintergrund- und *Overset*-Gitter und die Initialisierung des Überlappungsbereiches zu jedem Zeitschritt führen weiterhin zu einem erhöhten Rechenaufwand gegenüber der reinen Netzverformung. Somit müssen die Vor- und Nachteile der verschiedenen Netzbewegungsmethoden hinsichtlich Stabilität, Genauigkeit, Praktikabilität und Rechenkosten fallabhängig bewertet werden.

Hadžić [64] fasst die entscheidenden Vorteile der *Overset Mesh*-Methode gegenüber den anderen Ansätzen zur Netzbewegung wie folgt zusammen:

1. Keine Notwendigkeit der Neuvernetzung (*Remeshing*) des Berechnungsgebietes während der Berechnung,

2. Gewährleistung einer hohen Netzqualität und somit Rechengüte, da die Ränder der sich überschneidenden Rechengitter beliebig gewählt und so bspw. in Bereiche niedriger Gradienten der Strömungsgrößen gelegt werden können.

Aufgrund der relativen Neuheit der Methode und der zuvor erwähnten Vorteile, die sich hinsichtlich Netzqualität und Stabilität ergeben, wird für die im Rahmen dieser Arbeit durchgeführten FSI-Simulationen der Lamellenventile die *Overset Mesh*-Methode angewandt. Im Folgenden werden die Besonderheiten der Methode genauer beschrieben, welche insbesondere für die Umsetzung der Netzbewegung um die Ventillamelle relevant sind.

3.3.2 Overset Mesh-Methode für überlappende Rechengitter

Die hier verwendete *Overset Mesh*-Methode basiert auf der *Overlapping Grid Technique*, welche Hadžić [64] 2005 in seiner Dissertation vorstellt. Darin wird die bis dahin nicht für kommerzielle CFD-Codes und nicht für unstrukturierte Polyedergitter verfügbare Methode zur numerischen Berechnung von Strömungen durch bewegte Geometrien für beliebige, sich überschneidende unstrukturierte Rechengitter auf Basis der Finiten-Volumen-Methode weiterentwickelt. Hadžić bezieht sich zunächst auf inkompressible Strömungen. Die durch die CFD-Software *STAR-CCM+* bereitgestellte *Overset Mesh*-Methode ist jedoch auch auf kompressible Strömungsprobleme anwendbar. Die folgenden Ausführungen sind in stark gekürzter Form an die Arbeit von Hadžić [64] angelehnt.

Der grundlegende Ansatz der *Overset Mesh*-Methode besteht in der Zerlegung des globalen Strömungsgebietes in Teilgebiete (*Sub-Domains*). Diese Teilgebiete umgeben die jeweiligen geometrischen Komponenten, im vorliegenden Fall die Ventillamellen. Die Teilgebiete zeichnen sich dadurch aus, dass die zugehörigen Rechengitter einfacher zu erzeugen sind als ein einzelnes Rechengitter, welches für das gesamte Berechnungsgebiet gültig ist [64].

Wie in Abbildung 3.1d dargestellt, wird das *Overset*-Gitter in das Hintergrundgitter eingebettet. Dabei befinden sich einige KV des Hintergrundgitters außerhalb der geometrischen

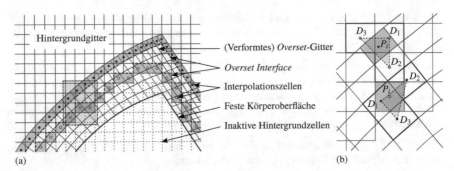

Abbildung 3.2: Schematische Darstellung (a) des Überlappungsbereichs von Hintergrund- und *Overset*-Gitter und (b) des Interpolationsansatzes (Ausschnitt aus (a)), nach Hadžić [64]

Ränder des *Overset*-Gitters (Geometrie der Ventillamelle) und somit außerhalb des Strömungsgebietes. Diese Zellen werden durch einen so genannten *Hole Cutting*-Algorithmus vom Berechnungsgebiet abgegrenzt, indem sie inaktiv gesetzt werden. Im Fall der Bewegung des *Overset*-Gitters können diese inaktiven Zellen wieder in das Strömungsgebiet gelangen und werden dabei wieder aktiviert. Somit ist kein *Remeshing* erforderlich.

Durch die Abgrenzung von aktiven und inaktiven Zellen des Hintergrund-Gitters entsteht eine zusätzliche Grenzfläche, das so genannte *Overlapping Interface* oder *Overset Interface*. Zwischen dieser Grenzfläche und den äußeren KV des *Overset*-Gitters befindet sich der Interpolationsbereich, bestehend aus einer Schicht von Interpolationszellen. Die Strömungsgrößen werden dabei von den jeweiligen Spender- (*Donor*) auf die Empfängerzellen (*Acceptor*) des jeweils anderen Netzes interpoliert. Dabei können die Rechenzellen der beteiligten Rechengitter drei unterschiedliche Zustände annehmen:

1. aktiv (an der Strömungslösung beteiligt),

2. Interpolations-/*Acceptor*-Zellen (erhalten Strömungslösung der KV des jeweils anderen Rechengitters),

3. inaktiv (außerhalb des Strömungsgebietes).

Eine detaillierte Darstellung des Überlappungsbereichs beider Netze ist in Abbildung 3.2a gegeben. Darin sind die aktiven und die durch das *Hole Cutting* definierten inaktiven Bereiche des Hintergrundgitters ebenso dargestellt, wie die *Overset Interfaces* beider Gitter, welche sich zwischen dem jeweils aktiven Bereich und der Interpolationszellenschicht befindet.

Die Interpolation der Strömungsgrößen von der Donor- auf die Empfängerzelle geschieht nach einer allgemeinen Interpolationsroutine:

$$\phi_{P_i} = \sum_{k=1}^{N_D} \alpha_{w_k} \phi_{D_k}. \tag{3.24}$$

Hierbei beschreibt P_i das Zentrum der Zelle, auf welche die Strömungsgröße ϕ interpoliert werden soll. D_k bezeichnet die Donor-Zelle und α_{w_k} stellt die Interpolationsgewichte dar. Je nach Netztopologie und Interpolationsmuster wird die Interpolationsroutine auf eine bestimmten Anzahl $(1 \ldots N_D)$ an Donorzellen angewendet. Es stehen unterschiedliche Interpolationsarten zur Verfügung, darunter lineare und *Least Squares*-Interpolation. Die Verwendung linearer Interpolation ist v. a. im Bereich hoher Gradienten sinnvoll, da hier bei Interpolationsverfahren höherer Ordnung Oszillationen und Instabilitäten in der Lösung auftreten können [64]. Daher wird in der vorliegenden Arbeit für die Berechnung der Ventilströmung lineare Interpolation verwendet. Die dabei entstehenden Interpolationsmuster sind Dreiecke (bei zweidimensionalen Rechennetzen) bzw. Tetraeder (dreidimensional), welche durch die KV-Zentralpunkte D_k der beteiligten Donorzellen gebildet werden und das Zentrum P_i der Interpolationszelle umgeben [66], siehe Abbildung 3.2b. Bei bewegten Netzen sind die so gebildeten Interpolationsmuster so lange gültig, bis der Zentralknoten P_i den durch das Interpolationsmuster gebildeten Bereich verlässt.

Kopplung der Strömungslösung auf überlappenden Rechengittern

Die Kommunikation der gekoppelten Netze wirkt sich entscheidend auf Genauigkeit, Konvergenzverhalten, globale Massenerhaltung und Rechenkosten der Strömungslösung aus und spielt daher nach Hadžić [64] eine wesentliche Rolle innerhalb der gesamten *Overset Mesh*-Methode. Anstatt die Strömungslösung auf beiden überlappenden Netzen separat zu lösen (*weak inter-grid coupling*), wird die Lösung für beide Gitter simultan gelöst (*strong inter-grid coupling*). Dabei wird der Interpolationsschritt in die globale Lösungsprozedur integriert. Es entsteht ein einziges lineares Gleichungssystem für alle Teilgebiete des Strömungsgebietes, welches auch die Interpolationsroutine für die KV des Interpolationsbereichs beinhaltet. Die Rechenkosten und die Konvergenzrate des Ansatzes einer gemeinsamen Lösungsmatrix sind vergleichbar mit einem einzelnen, das gesamte Berechnungsgebiet umfassenden, Rechengitter. Gegenüber der getrennten Berechnung überlagerter Rechennetze steigen Konvergenz und Genauigkeit der Lösung an. Das Strömungsgebiet zeigt zudem im Überlappungsbereich einen glatteren Verlauf [64].

Behandlung bewegter Overset-Gitter

Werden transiente *Overset Mesh*-Probleme auf bewegten Geometrien berechnet, müssen die Zeitterme in den Erhaltungsgleichungen gesondert behandelt werden, vgl. Gleichung (3.12). Je nach Ordnung des zeitlichen Integrationsverfahrens werden in jeder Zelle die Werte der Strömungsgrößen der vergangenen ein bis zwei Zeitschritte benötigt[15]. Beim Übergang vom inaktiven zum aktiven Zustand sollte die betrachtete Zelle daher zunächst den Zustand einer Interpolationszelle annehmen, bevor sie in den aktiven Zustand übergeht [64]. Für die Anwendung der *Overset Mesh*-Methode wird daher empfohlen, den Zeitschritt so klein zu

---

15 Das Euler-Verfahren erster Ordnung benötigt den Wert des letzten Zeitschrittes, das implizite Zeitintegrationsverfahren zweiter Ordnung - wie im Rahmen der vorliegenden Arbeit angewendet – benötigt die letzten zwei Zeitschritte.

wählen, dass die relative Verschiebung des Hintergrund- und des *Overset*-Gitters innerhalb eines Zeitschrittes maximal die Höhe[16] der kleinsten Gitterzelle im Überlappungsbereich (Eulerverfahren erster Ordnung) bzw. maximal die halbe Zellhöhe (Verfahren zweiter Ordnung) beträgt [66].

Eine detaillierte Beschreibung der Interpolationsroutine sowie Details der *Overset Mesh*-Methode in Bezug auf die Behandlung inaktiver Rechenzellen, die globale Massenerhaltung oder die Berechnung konvektiver Flüsse über die KV-Flächen am *Overset Interface* können der Arbeit von Hadžić [64] entnommen werden.

3.4 Partitionierte FSI-Kopplungsmethode

3.4.1 Betrachtungsweise nach dem ALE-Ansatz

Die in Abschnitt 3.1 beschriebenen Erhaltungsgleichungen gelten zunächst für unbewegte Rechengitter des Strömungsgebietes, also räumlich feste KV (Euler'sche Betrachtungsweise). Für die korrekte Strömungsberechnung auf bewegten Netzen ist daher eine spezielle Behandlung der Erhaltungsgleichungen erforderlich. Dabei kommt häufig der sogenannte *Arbitrary Lagrangian-Eulerian* (ALE)-Ansatz zur Anwendung. Hierbei werden die Erhaltungsgleichungen auf einem bewegten Referenzgitter gelöst [64, 67]. Die Besonderheit im Zusammenhang mit der Verwendung der *Overset Mesh*-Methode besteht darin, dass die ALE-Betrachtungsweise lediglich auf das bewegte und die Struktur umgebende *Overset*-Gitter angewendet wird, da das Hintergrundgitter unbewegt bleibt und nicht direkt an der FSI-Kopplung beteiligt ist.

Die Grundlage des ALE-Ansatzes ist die Umformulierung der Erhaltungsgleichungen in einem bewegten Bezugssystem. Hierbei wird zusätzlich zur lokalen Geschwindigkeit die Geschwindigkeit der KV-Oberfläche (Gittergeschwindigkeit, *grid velocity*) $\underline{u}_{KV}$ einbezogen [64]. Diese ergibt sich aus der lokalen Knotenverschiebung $\underline{d}$ der an der Oberfläche des FEM-Berechnungsgebietes befindlichen diskretisierten Stützstellen der Struktur, vgl. Gleichungen (3.20) und (3.23), und entsprechenden Netzbewegungsgleichungen für das Rechengitter des Fluidgebietes. Hierbei werden zur Formulierung des Randwertproblems an der FSI-Koppelfläche entsprechende *Dirichlet-* und *Neumann*-Randbedingungen gesetzt, wie bspw. in der Arbeit von Dunne [68] beschrieben.

Die allgemeine Modellgleichung des Strömungsgebietes in integraler Form (siehe Gleichung (3.12)) ändert sich durch die Einbeziehung der ALE-Betrachtungsweise in den konvektiven Fluss F_ϕ wie folgt[17]:

$$\int_{KV} \frac{\partial}{\partial t}(\rho\phi)\,dV + \oint_{OF} \left[\rho\phi\left(\underline{u} - \underline{u}_{KV}\right)\right]\hat{n}dA = \oint_{OF} (\Gamma\nabla\phi)\hat{n}dA + \int_{KV} Q_\phi dV. \qquad (3.25)$$

---

16 hier: die Ausdehnung der Zelle in Bewegungsrichtung der Ventillamelle
17 Mittels des *Gauß'schen Integralsatzes* wurden die Volumenintegrale der konvektiven und diffusiven Flüsse in Gleichung (3.12) in Oberflächenintegrale überführt.

Daraus resultieren die Erhaltungsgleichungen nach dem ALE-Ansatz in integraler Form:

- Kontinuitätsgleichung:

$$\int_{KV} \frac{\partial \rho}{\partial t} dV + \oint_{OF} \rho \left(\underline{u} - \underline{u}_{KV}\right) \hat{n} dA = 0, \tag{3.26}$$

- Impulsgleichung:

$$\int_{KV} \frac{\partial}{\partial t} \left(\rho \underline{u}\right) dV + \oint_{OF} \left[\rho \underline{u} \left(\underline{u} - \underline{u}_{KV}\right) - \underline{\underline{\tau}}\right] \hat{n} dA = \int_{KV} \left(-\nabla p + \rho \underline{g}\right) dV, \tag{3.27}$$

- Energiegleichung:

$$\int_{KV} \frac{\partial}{\partial t} \left(\rho h\right) dV + \oint_{OF} \left[\rho h \left(u - u_{KV}\right) + \underline{q}''\right] n dA = \int_{KV} \left[\frac{\partial p}{\partial t} + \nabla \cdot \left(\underline{\underline{\tau}} \cdot \underline{u}\right)\right] dV. \tag{3.28}$$

Es ergeben sich dabei zwei Sonderfälle [64], welche durch die ALE-Formulierung abgebildet werden können:

- $\underline{u}_{KV} = 0$: Das KV bewegt sich nicht, somit gilt weiterhin die Euler'sche Betrachtungsweise für unbewegte Gitter.

- $\underline{u}_{KV} = \underline{u}$: Die Geschwindigkeit des KV entspricht der lokalen Strömungsgeschwindigkeit, somit sind die konvektiven Flüsse über die KV-Grenzen gleich Null. Dies entspricht der Lagrange'schen Betrachtungsweise analog der Betrachtung der Knotenverschiebung des FEM-Berechnungsgebietes.

Durch die Bewegung der KV und die damit verbundenen Gittergeschwindigkeiten ist die Konservativität der Erhaltungsgrößen nicht mehr gegeben. Somit können zusätzliche numerische Senken und Quellen entstehen, welche sich zu erheblichen numerischen Fehlern aufsummieren können oder die Konvergenz der Lösung verschlechtern. Um dies zu verhindern, wird dem Gleichungssystem eine zusätzliche Gleichung hinzugefügt, auch als *space conservation law* bezeichnet (siehe Demirdžić und Perić [69]):

$$\frac{d}{dt} \int_{KV} dV - \oint_{OF} \underline{u}_{KV} \cdot \hat{n} dA = 0. \tag{3.29}$$

Weiterführende Erläuterungen zum ALE-Ansatz für FSI-Probleme mit bewegten CFD-Netzen können den Arbeiten von Donea *et al.* [67] und Lippold [70] entnommen werden.

3.4.2 Partitionierter, impliziter Kopplungsablauf

Zur gekoppelten Berechnung von unterschiedlichen Problemstellungen im Bereich der Fluid-Struktur-Interaktion kommen zwei grundsätzliche Ansätze zur Anwendung:

- Monolithische Lösungsverfahren: alle Fluid- und Strukturgleichungen werden in einem Gleichungssystem zusammengefasst und gleichzeitig in einer gemeinsamen Lösungsmatrix gelöst. Ein Beispiel dafür ist der von Hron und Turek [71] vorgestellte monolithische FEM/Multigrid-Löser, welcher zur Berechnung der Referenzlösung im *Turek-Hron-Benchmark* [72] verwendet wird, siehe Abschnitt 3.5.3.

- Partitionierte Lösungsverfahren: die Teilgebiete für Fluid und Struktur werden durch separate Modelle beschrieben und die Lösungen für das Fluid- und das Strukturgebiet getrennt berechnet. Es erfolgt ein gegenseitiger Austausch von physikalischen Größen, bei dem die Werte auf das jeweils andere Rechengitter interpoliert werden (*Mapping*).

Partitionierte Kopplungsansätze werden weiterhin nach der Zahl der Kopplungs-/Austauschschritte pro Zeitschritt in zwei Ansätze unterteilt. Hierbei sind in der Literatur unterschiedliche und z.T. widersprüchliche Bezeichnungen zu finden, siehe bspw. Haupt *et al.* [73], Lippold [70], Benra *et al.* [65] und Bloxom [74]. Die vorliegende Arbeit orientiert sich an der Bezeichnung von Bloxom [74], siehe Abbildung 3.3:

- Explizite Kopplung (auch *simple staggered algorithm*): der Austausch der Kopplungsgrößen erfolgt einmal je Zeitschritt. Dabei arbeiten die an der Kopplung beteiligten Löser entweder simultan (Abbildung 3.3a, auch als *concurrent* bezeichnet) oder sequentiell (Abbildung 3.3b), wobei für den sequentiellen Ablauf stets eine Reihenfolge der beteiligten Löser festgelegt werden muss.

Die explizite Kopplung eignet sich vorrangig für Fälle der schwachen Fluid-Struktur-Kopplung (*weak coupling* oder *loose coupling*), bei denen die gegenseitige Rückwirkung der Rechengebiete verhältnismäßig gering ist. Die Verformung der Struktur hat dabei einen untergeordneten Einfluss auf den Charakter und die Stabilität der Strömungslösung. Für hohe Dichteverhältnisse ρ_f/ρ_s und einer starken Neigung zu *Artificial Added Mass Effect*[18]-Instabilitäten ist diese Form der Kopplung i. d. R. ungeeignet [30, 70, 75, 76].

- Implizite Kopplung (auch *iterative staggered algorithm*): innerhalb eines jeden Zeitschrittes werden die Kopplungsgrößen mehrmals ausgetauscht, wie in Abbildung 3.3c beispielhaft für drei Kopplungsschritte pro Zeitschritt dargestellt. Dies ist für FSI-Problemstellungen mit starker gegenseitiger Wechselwirkung (*strong coupling*) geeignet, welche im vorliegenden Fall der Strömung durch ein Lamellenventil vorliegt. Dies wird bei der Verdichtung von CO_2 aufgrund hoher Fluiddichte-zu-Strukturdichte-Verhältnisse nochmals verstärkt.

Gegenüber der expliziten Variante sind bei der impliziten Kopplung ein besseres Konvergenzverhalten und eine höhere Genauigkeit bei gleichem Zeitschritt zu erwarten. Im Gegenzug übersteigt jedoch der Rechenaufwand einer impliziten Kopplung i. A. den des expliziten Ansatzes bei vergleichbarer Zeitschrittweite [70]. Eine detaillierte Beschreibung des impliziten, partitionierten Ansatzes für die Kopplung eines FEM- mit einem FVM-Löser kann der Dissertation von Bloxom [74] entnommen werden.

---

18 Der *Artificial Added Mass Effect* beschreibt die Beeinträchtigung der Stabilität der Lösung bei einem partitionierten Kopplungsablauf für stark gekoppelte FSI-Probleme. Er tritt bei großen Dichteverhältnissen ρ_f/ρ_s und der Interaktion von inkompressiblen oder schwach kompressiblen Fluiden mit hochelastischen Strukturen auf und wird bspw. in der Arbeit von Causin *et al.* [75] tiefergehend analysiert.

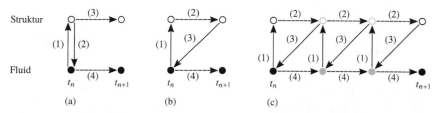

Abbildung 3.3: Schema unterschiedlicher Kopplungsverfahren, angelehnt an Bloxom [74]: (a) Explizit, simultan (*concurrent*); (b) Explizit, sequenziell, strukturgeführt; (c) Implizit, strukturgeführt (drei Kopplungsschritte); die Ziffern (1)–(4) geben jeweils die Reihenfolge der Teilschritte innerhalb eines Kopplungsschrittes an

Im Rahmen der vorliegenden Arbeit wird ein partitioniertes, implizites Kopplungsverfahrung zur Lösung der mechanischen Fluid-Struktur-Interaktion nach ALE-Form angewendet. Dabei wird die kommerzielle CFD-Software *STAR-CCM+* (Version 11.04) mit der kommerziellen FEM-Software *Abaqus/Standard* (Version 6.11) gekoppelt. Die Kopplung der beteiligten CFD- und FEM-Solver erfolgt über die *SIMULIA Co-Simulation Engine* (CSE), welche innerhalb der verwendeten *Abaqus*-Distribution ebenfalls verfügbar ist. Der schematische Ablauf der partitionierten, impliziten Kopplung der verwendeten Fluid- bzw. Strukturlöser ist in Abbildung 3.4 dargestellt.

Sowohl Fluid- als auch Strukturlöser verwenden implizite Zeitintegrationsverfahren, was die Voraussetzung für die Realisierung eines stabilen impliziten Kopplungsablaufes nach Abbildung 3.4 ist. Die Kopplung erfolgt über diejenige Fläche, welche Fluid- und Strukturgebiet miteinander verbindet (*FSI-Interface*). Im Fall des Lamellenventils ist dies die Oberfläche der Ventillamelle. Auf dieser Fläche erfolgt das Mapping der Austauschgrößen (statischer Druck und Schubspannungen sowie Knotenverschiebungen). Dabei wird die Position des *FSI-Interfaces* entsprechend der berechneten Verformung der Geometrie stets aktualisiert (*Interface Tracking*).

3.5 Voruntersuchungen zu ausgewählten methodischen Schwerpunkten

Bevor die in diesem Kapitel beschriebenen Simulationsmethoden zum Aufbau virtueller Ventilprototypen eingesetzt werden, wird deren grundsätzliche Eignung für periodische Strömungs- und Schwingungsprobleme untersucht. Anhand abstrahierter Einzelstudien soll dabei insbesondere die *Overset Mesh*-Methode in für Lamellenventile charakteristischen Strömungsbereichen beleuchtet werden. Dies umfasst wandnahe Scherschichten, Spaltströmungen während der Ventilöffnungs- und Schließphasen sowie die charakteristische Anregung der Ventillamelle durch periodische Ablösestrukturen der Strömung.

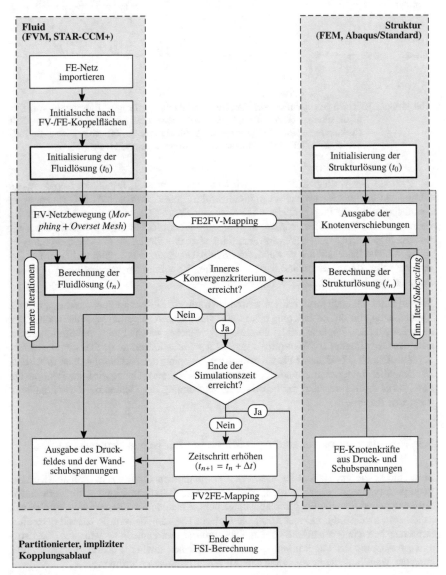

Abbildung 3.4: Schema des verwendeten partitionierten, impliziten Kopplungsverfahrens zur
Berechnung der FSI-Lösung am Lamellenventil (mechanische Zwei-Wege-
Kopplung)

3.5.1 Scherschichtströmung: periodisch bewegte Wand

Um die Anwendbarkeit der *Overset Mesh*-Methode in Bereichen hoher Geschwindigkeitsgradienten beurteilen zu können, wird ein entsprechendes Strömungsproblem mit bekannter
analytischer Lösung gesucht. Folgende Anforderungen sind zu erfüllen:

1. Analogien zu Strömungszuständen am Lamellenventil:

   • instationäres, periodisches Strömungsproblem,

   • Hauptströmungsrichtung tangential zur Oberfläche, dabei hohe Scherung des Fluids.

2. Vergleichbarkeit mit analytisch exakter Lösung:

   • reine Schichtenströmung (laminar, ohne Turbulenz),

   • geometrisch einfach nachzubildender Fall (geringer Aufwand der Modellerstellung).

Der von Spurk und Aksel [22, Abschnitt 6.2.1] als *Die periodisch in ihrer Ebene bewegte Wand* bezeichnete Fall wird als geeignet betrachtet, um eine solche Untersuchung
durchzuführen. Es handelt sich um eine laminare, instationäre, inkompressible Schichtenströmung als Erweiterung der stationären einfachen Scherströmung (*Couette*-Strömung).
Hierbei wird die Strömung zwischen zwei ebenen, unendlich weit voneinander entfernten
Platten betrachtet, wobei eine der beiden Platten in ihrer Ebene periodisch bewegt wird.
Aufgrund der seitlich unendlichen Ausdehnung beider Platten handelt es sich geometrisch
zunächst um ein eindimensionales Problem ($u = u(y,t)$). Hierbei bezeichnet y die Raumko-
ordinate orthogonal zur Wand und u die Geschwindigkeit in x-Richtung, also tangential
zur Wand. Da es sich um eine reine Schichtenströmung in x-Richtung handelt, entfallen
die Geschwindigkeitskomponenten in y- und z-Richtung ($v = w = 0$). Die bewegte Wand
erfährt eine tangentiale Wandgeschwindigkeit u_W der Form

$$u_W = \hat{U} \cos(\omega t). \tag{3.30}$$

Dabei entspricht $\hat{U}$ der Schwingungsamplitude (maximale Wandgeschwindigkeit) und ω
der Schwingungskreisfrequenz. Es ergibt sich eine analytische Lösung der Strömungsgeschwindigkeit in Form einer harmonischen Schwingung zu

$$u = \hat{U} e^{-\sqrt{\frac{\omega}{2\nu}} y} \cos\left(\omega t - \sqrt{\frac{\omega}{2\nu}} y\right), \tag{3.31}$$

welche für den Grenzfall $\frac{\omega h^2}{\nu} \gg 1$ gültig ist. Dies wird im betrachteten Fall dadurch erfüllt,
dass der Abstand h der beiden Platten unendlich groß wird ($h \to \infty$). Die kinematische
Viskosität ν fließt als einzige stoffspezifische Größe in die Lösung ein.

Die sich ausbildenden Strömungsprofile der analytischen Lösung nach Gleichung (3.31)
sind im Anhang in Abschnitt A.2.1 in Abbildung A.6 dargestellt und weiterführend erläutert.
Die Beschreibung der verwendeten Rechengitter, wie in Abbildung 3.5 abgebildet, und
des CFD-Simulationssetups können ebenfalls dem Anhang, Abschnitt A.2.1, entnommen
werden.

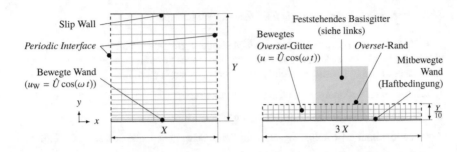

(a) Vernetztes Berechnungsgebiet bei Vorgabe einer tangentialen Wandgeschwindigkeit (Basisgitter)

(b) Anwendung der *Overset Mesh*-Methode (Mittlerer Zustand)

Abbildung 3.5: Schema der in der Voruntersuchung betrachteten Berechnungsgebiete zur numerischen Berechnung der laminaren Schichtenströmung

Vergleich der CFD-Ergebnisse mit der analytischen Lösung

Da das Geschwindigkeitsfeld zeitlich veränderlich ist, werden die Lösungen zu diskreten Zeitpunkten $\omega\, t_k = k\,\frac{\pi}{4}$ mit $k = 0, 1, \ldots, 7$, also zu acht äquidistanten Zeitschritten innerhalb einer Schwingungsperiode, ausgewertet. Zum Vergleich mit der analytischen Lösung wird die CFD-Lösung entlang einer virtuellen Linie in y-Richtung bei $x = X/2$ ausgelesen. Somit haben im Fall der *Overset Mesh*-Methode auch geringfügige Abweichungen im Randbereich keinen relevanten Einfluss auf das CFD-Ergebnis.

Der Vergleich der CFD- mit der analytischen Lösung des Problems ist in Abbildung 3.6 für den wandnahen Bereich dargestellt. Da die Lösung innerhalb einer Periode symmetrisch ist, wird zur besseren Übersichtlichkeit nur eine halbe Periode ($k = 0 \ldots 3$) ausgewertet. Neben der Darstellung der CFD-Ergebnisse mit bewegtem *Overset*-Gitter (vgl. Abbildung 3.5b) wird hier zusätzlich das CFD-Ergebnis ohne *Overset*-Gitter bei Vorgabe einer periodischen Wandgeschwindigkeit am unteren, festen Rand (vgl. Abbildung 3.5a) angegeben.

Beide CFD-Lösungen liegen sehr nah an der analytisch exakten Lösung, wobei kein Unterschied zwischen dem Basisgitter mit Vorgabe einer tangentialen Wandgeschwindigkeit und dem bewegten *Overset*-Gitter erkennbar ist. Auch im Interpolationsbereich bei $\sqrt{\frac{\omega}{2\,\nu}}\, y \approx 1$ trifft die CFD-Lösung der *Overset* Mesh-Methode die exakte analytische Lösung. Dabei sind keine relevanten Unstetigkeiten oder Instabilitäten im Interpolationsbereich zu beobachten. Die *Overset Mesh*-Methode ist somit grundsätzlich für transiente Strömungen mit Bereichen großer Scherung geeignet.

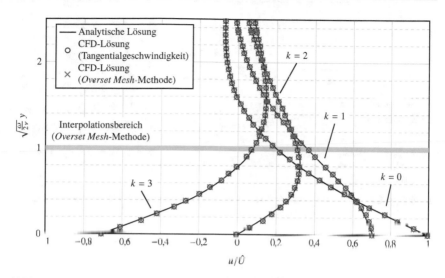

Abbildung 3.6: Vergleich der CFD-Ergebnisse mit der analytischen Lösung nach Gleichung (3.31) für eine halbe Periode ($k = 0, \ldots, 3$)

3.5.2 Spaltströmung: periodisch öffnende und schließende Ventilplatte

Um ein grundsätzliches Verständnis von der Strömungscharakteristik im Ventilspaltbereich und der Kraftwirkung auf die Lamelle zu erlangen, wird ein vereinfachtes zweidimensionales Ventilmodell erstellt. Hierbei wird die Ventillamelle als starre Platte angenommen, welche sich lediglich in einem Freiheitsgrad – entlang der Ventilbohrungsachse, in y-Richtung – bewegen kann. Die Geometrie wird an die Studie von Rigola *et al.* [28] angelehnt, siehe Abbildung 3.7. Dabei gilt für die in Abbildung 3.7a dargestellten Abmessungen: $d_\mathrm{B} = 3{,}5\,\mathrm{mm}$, $D = 1{,}5\,d_\mathrm{B}$, $h_\mathrm{B} = 0{,}24\,d_\mathrm{B}$, $h_\mathrm{V} = 0{,}1\,\mathrm{mm}$. Die Ventilbohrung ist ohne Fasen oder Radien ausgeführt. Der Ventilhub s (Spalthöhe) wird zeitlich variiert und beträgt in seiner Ausgangslage $s_0 = 1{,}0\,\mathrm{mm}$. Die Plattenbewegung wird durch eine harmonische Schwingung der Form

$$s(t) = \frac{s_o}{2} + \frac{s_o}{2} \cdot \cos\left(2\pi \cdot f_\mathrm{char} \cdot t\right) \tag{3.32}$$

beschrieben. Aus d_B und D ergibt sich eine Dichtlänge von $L_\mathrm{dicht} = 0{,}25\,d_\mathrm{B}$ auf beiden Seiten des Ventils. Obwohl die Geometrie entlang der Bohrungsachse achsensymmetrisch ist, werden beide Seiten modelliert, um auch räumlich schwankende, nicht symmetrische Strömungseffekte erfassen zu können.

Die Definition der Ränder und die Lage des *Overset*-Gebietes können Abbildung 3.7b entnommen werden. Weitere Erläuterungen zur Dimensionierung des Modells, der Vernetzung sowie den CFD-Solvereinstellungen sind im Anhang, Abschnitt A.2.2, enthalten.

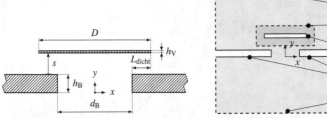

(a) Abmessungen der Ventilplatte und der Ventilbohrung, angelehnt an Rigola *et al.* [28]

(b) Randbedingungen des Berechnungsgebietes (nicht maßstäblich)

Abbildung 3.7: Schema des zweidimensionalen Berechnungsgebietes zur Simulation einer idealisierten Ventilströmung

Das vereinfachte Ventilmodell wird verwendet, um zwei Modellierungsansätze im Bereich des Ventilschlusses ($s \rightarrow 0$) in Hinblick auf durchgesetzte Fluidmasse und Kraftwirkung auf die Ventilplatte zu vergleichen:

1. Definition eines Restspaltes s_Rest am Umkehrpunkt des Ventils: diese Restspaltdefinition wird häufig im Zusammenhang mit *Morphing*-Ansätzen zur Beschreibung der Gitterbewegung verwendet, siehe bspw. Möhl *et al.* [35]. Es entsteht eine künstliche Leckage bei Ventilschluss, zudem ist dadurch der simulierte Spalt kurz vor und kurz nach der Ventilöffnung größer als ohne Restspalt. Der durchgesetzte Fluidmassenstrom wird tendenziell überschätzt.

2. Deaktivierung von Spaltzellen (*Zero Gap*-Option): im Fall der Anwendung der *Overset Mesh*-Methode nach Hadžić [64] können bei Unterschreitung einer minimalen Anzahl von Spaltzellen im Spalt die CFD-Gitterzellen lokal deaktiviert werden. Dies entspricht je nach Feinheit des Rechengitters einer minimal gerade noch abbildbaren Spalthöhe s_ZGL (*Zero Gap Layers*). Somit wird die Strömung kurz vor und kurz nach Ventilschluss blockiert. Der durchgesetzte Fluidmassenstrom wird tendenziell unterschätzt.

Da für diese Studie keine exakten analytischen Vergleichsdaten verfügbar sind, werden als Referenz die Ergebnisse unter Verwendung der *Zero Gap*-Option für eine minimale, noch rechenbare Spalthöhe s_min bei Zelldeaktivierung verwendet. Es wird angenommen, dass diese Ergebnisse dem realen Fall bei idealer Abdichtung am nächsten kommen. Der Minimalspalt ergibt sich bei $n_\text{ZGL} = 3$ mit $s_\text{ZGL} = 4{,}5\,\mu\text{m}$.

In Anlehnung an typische Betriebspunkte und repräsentative Druckverläufe in Indikatordiagrammen vermessener CO_2-Verdichter (siehe bspw. Försterling [9]) wird der Gegendruck (=Auslassdruck) zu $p_2 = 100\,\text{bar} = 1 \cdot 10^7\,\text{Pa}$ und die Druckdifferenz über das Ventil zu $\Delta p_{12} = 5\,\text{bar}$ festgelegt. Die charakteristische Frequenz der Schwingung (siehe Gleichung (3.32)) wird an Ventilprüfstandsmessungen angelehnt (siehe Kapitel 4) und beträgt $f_\text{char} = 1\,\text{kHz}$.

Auswertung der Massenstrom- und Kraftverläufe

Die Berechnungen werden für unterschiedliche Werte für s_{Rest} bzw. s_{ZGL} durchgeführt. Die Darstellung der Referenzverläufe und eine Übersicht der untersuchten Restspalthöhen s_{Rest} bzw. Minimalspalte s_{ZGL} können dem Anhang, Abschnitt A.2.2, entnommen werden (Abbildung A.8 und Tabelle A.1).

Die Auswertung der am Ende einer vollen Schwingung der Ventilplatte (Periodendaucr 1 ms) insgesamt durchgesetzte Fluidmasse erfolgt über den Zusammenhang

$$m_{\mathrm{durch}} = \sum_{i=1}^{n} \dot{m}_{\mathrm{V},i} \cdot \Delta t_i, \tag{3.33}$$

wobei der Massenstrom durch das Ventil $\dot{m}_{\mathrm{V}}$ im Bohrungsquerschnitt auf halber Länge der Ventilbohrung ermittelt wird. Abbildung 3.8 veranschaulicht die relative Änderung der durchgesetzte Fluidmasse gegenüber der Referenz nach

$$\frac{\Delta m_{\mathrm{durch}}}{m_{\mathrm{durch,Ref}}} = \frac{m_{\mathrm{durch}} - m_{\mathrm{durch,Ref}}}{m_{\mathrm{durch,Ref}}} \tag{3.34}$$

bei unterschiedlichen Rest- bzw. Minimalspaltweiten. Es zeigt sich, dass die insgesamt durchgesetzte Fluidmasse bei Verwendung der *Overset Mesh*-Methode mit *Zero Gap*-Option bis zu einem Spalt-zu-Dichtlängen-Verhältnis von $s_{\mathrm{ZGL}}/L_{\mathrm{dicht}} \approx 0{,}05$ um weniger als 1 % von der Referenz abweicht. Wird ein Restspalt zugelassen, wird die gleiche absolute Abweichung von der Referenz bereits bei einem Verhältnis von $s_{\mathrm{Rest}}/L_{\mathrm{dicht}} \approx 0{,}01$ überschritten.

Die in y-Richtung auf die bewegte Ventilplatte wirkende Kraft F_y wird mittels Integration des statischen Druckes über die Oberfläche der Ventilplatte ermittelt. Abbildung 3.9 zeigt den Kraftverlauf für drei Simulationen mit *Zero Gap*-Option, darunter der Referenzverlauf, sowie

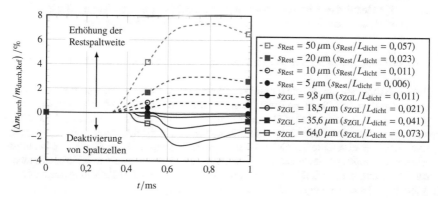

Abbildung 3.8: Abweichung der durchgesetzten Fluidmasse vom Referenzverlauf bei unterschiedlicher Restspaltdefinition

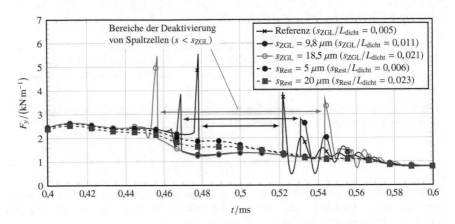

Abbildung 3.9: Kraftverlauf bei unterschiedlicher Minimal- bzw. Restspaltdefinition

für zwei Simulationen mit Restspaltdefinition. Bei allen Simulationen mit Deaktivierung der Spalt-Gitterzellen (*Overset Mesh*-Ansatz) ergeben sich kurzzeitige Kraftspitzen, wobei die Kraftverläufe bis $s_{ZGL}/L_{dicht} \approx 0,04 \ldots 0,05$ insgesamt noch stabil und plausibel sind. Bei Vorgabe eines Restspaltes s_{Rest} am Umkehrpunkt sind weichere Kraftverläufe zu beobachten, da die druckbeaufschlagte Fläche ohne Deaktivierung von Spaltzellen gleich groß bleibt.

Diese Studie der Spaltmodellierung zeigt, dass bei Verwendung der *Overset Mesh*-Methode mit *Zero Gap*-Option auch bei größeren Werten von s_{ZGL} grundsätzlich ausreichende Genauigkeiten erzielt werden können. Bei Spalthöhe-zu-Dichtlängen-Verhältnissen von maximal $s_{ZGL}/L_{dicht} \approx 0,05$ sind vernachlässigbare Fehler in der Massenstromberechnung bei gleichzeitig ausreichender Stabilität der auf die Ventilplatte wirkenden Kraft zu erwarten. Dieser Wert wird daher bei der Erstellung des CFD-Ventilsubmodells in Kapitel 5, Abschnitt 5.1.1, als Richtwert für die Netzfeinheit im Spaltbereich verwendet.

3.5.3 *Strömungsablösung und Strukturanregung: Turek-Hron-Benchmark*

Bevor die Simulationsmethode für die Berechnung realer Ventilgeometrien zur Anwendung kommt, wird die FSI-Simulation unter Verwendung der *Overset Mesh*-Methode anhand eines geeigneter FSI-Benchmarks auf Genauigkeit und Stabilität untersucht. Dazu wird der Benchmark nach Turek und Hron [72] gewählt, da dieser eine Vergleichsdatenbasis für stationäre sowie transiente Lastfälle bei starker Zwei-Wege-Kopplung zwischen Fluid und einer elastischen und kompressiblen, einseitig fixierten Struktur bietet. Zudem hat sich diese Referenz zur Bewertung unterschiedlicher, insbesondere partitionierter FSI-Kopplungsverfahren bewährt, siehe bspw. Breuer *et al.* [76] oder Schlegel [62].

Das Berechnungsgebiet ist in Abbildung 3.10 skizziert. Die dazugehörigen Geometriedaten sind in Tabelle A.2 im Anhang, Abschnitt A.2.3, zusammengefasst.

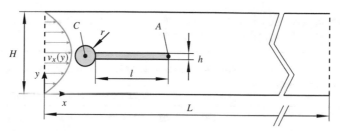

Abbildung 3.10: Geometrischer Aufbau des Berechnungsgebietes im Turek-Hron-Benchmark, nach [72] (Auflistung der Geometriedaten in Tabelle A.2)

Beschreibung des Benchmarkproblems

Das Fluidgebiet wird durch einen zweidimensionalen Kanal der Länge l (x-Ausdehnung) und Höhe H (y-Ausdehnung) beschrieben. Der Kanal wird in $+x$-Richtung durchströmt. Am Einlass (linker Rand) wird ein parabelförmiges Geschwindigkeitsprofil vorgegeben:

$$v_x(y) = 1,5\overline{U} \cdot \frac{y(H-y)}{\left(\frac{H}{2}\right)^2}. \tag{3.35}$$

Hierbei beschreibt $\overline{U}$ die mittlere Einlassgeschwindigkeit. Am Auslass wird eine Druckrandbedingung vorgegeben. Die Wände erhalten eine Haftbedingung (*no slip*).

Der umströmte Körper besteht aus einem starren Zylinder mit dem Mittelpunkt C und dem Radius r, an welchem sich in $+x$-Richtung die elastische Struktur anschließt. Der Balken ist einseitig am Zylinder befestigt, wodurch sich eine leicht gekrümmte, feste Einspannung ergibt. Der Punkt A definiert das Ende der elastischen Fahne (halbe Höhe), folgt der Bewegung der Struktur und wird so zur Auswertung der Strukturdeformation verwendet. Die Struktur ist spiegelsymmetrisch, befindet sich jedoch in y–Richtung leicht versetzt zur Kanalmitte. Somit wird aufgrund der asymmetrischen Umströmung und der daraus folgenden unterschiedlichen Druckverteilung an Ober- und Unterseite eine Auslenkung in y-Richtung verursacht. Zudem wird durch die asymmetrische Geometrie der Einfluss numerischer Ungenauigkeiten auf das Rechenergebnis verringert.

Die neun Einzeltests des Turek-Hron-Benchmarks unterteilen sich in je drei CFD-, CSM- und FSI-Tests, die sich durch veränderte Strömungsrandbedingungen bzw. Stoff- und Materialeigenschaften voneinander unterscheiden, siehe Anhang A.2.3, Tabellen A.3–A.5. Dabei ergeben sich fünf stationäre (CFD1, CFD2, CSM1, CSM2, FSI1) und vier instationäre (periodische) Lösungen (CFD3, CSM3, FSI2, FSI3). Die Periodizität der instationären Strömungslösungen resultiert aus Strömungsablösungen, welche eine entsprechend periodisch schwankende Kraftwirkung in y-Richtung auf die umströmte Struktur bewirken. Die Ablösung der Wirbel am Ende der Fahne erfolgt dabei in Form einer *Kármánschen Wirbelstraße*. Diese bildet sich in laminaren, inkompressiblen, unterkritischen Strömungsregimes bei der Umströmung eines Kreiszylinders in *Re*-Bereichen von $90 < Re < 300$ aus, siehe Schlichting

Tabelle 3.2: Reynolds-Zahlen der CFD- und FSI-Tests und Strouhal-Zahlen der periodischen Strömungslösungen des Turek-Hron-Benchmarks

Dimensionslose Kennzahl	Strömungslösung stationär			Strömungslösung periodisch		
	CFD1	FSI1	CFD2	FSI2	CFD3	FSI3
$Re = \frac{\bar{U} \cdot 2r}{\nu_f}$	20	20	100	100	200	200
$Sr = \frac{f_{F_y} \cdot 2r}{\bar{U}}$	–	–	–	0,20	0,22	0,27

und Gersten [48]. Die CFD- und FSI-Fälle des Turek-Hron-Benchmarks liegen dabei in Re-
Bereichen von 20 bis 200, siehe Tabelle 3.2. Auffällig ist dabei, dass sich im CFD2-Fall eine
stationäre Strömungslösung einstellt, wohingegen sich beim FSI2-Fall bei gleicher Reynolds-
Zahl ($Re = 100$) eine periodische Lösung ergibt. Die starre Fahne in den CFD-Tests führt
somit zu einer Verzögerung laminarer Wirbelablösungen, wohingegen eine flexible Fahne in
den FSI-Fällen die Ausbildung einer Wirbelstraße begünstigt.

Die Frequenz der Ablösewirbel wird durch die Strouhal-Zahl Sr als entdimensionalisierte
Ablösefrequenz angegeben und ergibt in den drei periodischen Strömungslösungen Werte
zwischen $Sr = 0,20$ und $Sr = 0,27$, siehe Tabelle 3.2. Bei der Umströmung eines Kreiszylinders liegt die Strouhal-Zahl bei $Re < 1 \cdot 10^3$ im Bereich von $Sr < 0,2$ und nimmt erst bei
höheren Reynolds-Zahlen ($Re \approx 1 \cdot 10^5$) einen konstanten Wert von $Sr \approx 0,21$ an [48]. Das
Anbringen einer Fahne an den umströmten Zylinder führt somit in den hier betrachteten
niedrigen Re-Bereichen zu einer Anhebung der Strouhal-Zahl und damit der Ablösefrequenz. Auffällig ist zudem, dass bei $Re = 200$ durch die Bewegung der Fahne (FSI3) die
Strouhal-Zahl gegenüber der starren Fahne (CFD3) deutlich ansteigt.

Die einzelnen CFD-, CSM- und FSI-Tests werden im Rahmen der vorliegenden Arbeit mit
der in Abschnitt 3.3.2 beschriebenen *Overset Mesh*-Methode und dem in Abschnitt 3.4.2
skizzierten partitionierten Kopplungsablauf nachgerechnet und mit den Ergebnissen von
Turek und Hron [72] verglichen. Dadurch soll geprüft werden, ob die verwendete FSI-
Methode das beschriebene charakteristische Verhalten stationärer und periodischer Strömungsbedingungen bei der Längsumströmung eines flexiblen Körpers adäquat widergeben
kann. Eine detaillierte Beschreibung des Modellaufbaus und der Durchführung der Simulationen ist im Anhang, Abschnitt A.2.3, gegeben.

Die Autoren Turek und Hron [72] führen ihre Berechnungen mit einem monolithischen Löser
durch, siehe [71]. Dabei werden verschieden feine Gitter verwendet, wobei sich die Referenzwerte auf dem jeweils feinsten Gitter bei annähernder Gitterunabhängigkeit ergeben.

Validierung der einzelnen Tests

Die Auswertung der Simulationsergebnisse basiert bei den CFD- und den FSI-Tests auf den
Kräften in x- (Widerstandskraft F_x, *drag*) und y-Richtung (Auftriebskraft F_y, *lift*) sowie

bei den CSM- und FSI-Tests auf den Auslenkungswerten u_x und u_y des Punktes A (siehe Abbildung 3.10) im FEM-Submodell. Die Vergleichswerte nach Turek und Hron [72] für die transienten Verläufe liegen als Mittelwert und Amplitude unter Angabe der Schwingungsfrequenz in der Form $\Phi = \Phi_m \pm \Phi_a[f_\Phi]$ vor. Amplitude und Mittelwert werden aus den berechneten Minimum- und Maximum-Werten abgeleitet. Maxima und Minima sowie die Periodendauer T zur Berechnung der Frequenz nach $f = 1/T$ werden im eingeschwungenen Zustand ermittelt.

Bei der Quantifizierung der Abweichungen der berechneten mit den Referenzwerten bietet sich je nach betrachtetem Fall der direkte Bezug auf Minima und Maxima der Schwingungsgröße an. Für die Auswertung wird demnach festgelegt, vgl. Abbildung 3.11:

• Bezug auf Minima Φ_{min} und Maxima Φ_{max}, wenn der Mittelwert Φ_m nahe Null liegt und dadurch klein im Vergleich zur Amplitude Φ_a ist (siehe F_y in Abbildung 3.11a, u_y in Abbildung 3.11b). Das gleiche gilt, wenn die Amplitude Φ_a im Vergleich zur Absolutauslenkung klein ist (F_x in Abbildung 3.11a)

• Bezug auf Mittelwert $(\Phi_m - (\Phi_{min} + \Phi_{max})/2)$ und Amplitude $(\Phi_a - (\Phi_{max} - \Phi_{min})/2)$, wenn die Werte für Minima Φ_{min} oder Maxima Φ_{max} nahe Null liegen und somit im Vergleich zur Amplitude klein sind (siehe u_x in Abbildung 3.11b).

Die relative Abweichung wird – gleichermaßen bei den Ergebnissen der stationären und transienten Lastenfälle – über den Zusammenhang

$$\Delta\Phi = \frac{\Phi_{ber} - \Phi_{Ref}}{\Phi_{Ref}} \tag{3.36}$$

ermittelt.

Durch die o.g. Fallunterscheidung wird sichergestellt, dass der Wert des Nenners in Gleichung (3.36) und damit die daraus ermittelten relativen Abweichungen in einer für den Schwingungsverlauf repräsentativen Größenordnung liegen. Die Fehlerüberschätzung beim Teilen durch einen kleinen absoluten Wert des Nenners Φ_{Ref} wird somit vermieden.

Bei der Auswertung der berechneten Daten werden – in Anlehnung an Turek und Hron [72] – jeweils die Ergebnisse bei annähernder Gitterunabhängigkeit dargestellt, wobei aus Rechenkostengründen auf eine vollständige Netzkonvergenzbetrachtung verzichtet wird.

Zusammenfassung der Ergebnisse der FSI-Tests

Alle durch Turek und Hron [72] vorgestellten Einzeltests konnten mit dem hier verwendeten Simulationssetup erfolgreich berechnet werden. Abbildung 3.11c zeigt beispielhaft für den FSI2-Fall das Strömungsfeld im Zustand der maximalen Auslenkung der Fahne. Das zugehörige Druckfeld sowie das Rechengitter im *Overset*-Bereich sind im Anhang in Abbildung A.10 dargestellt. Tabelle 3.3 gibt eine Zusammenfassung der für die drei FSI-Tests berechneten Werte Φ_{ber} im Vergleich zu den Referenzwerten Φ_{Ref} sowie der erzielten Genauigkeiten nach Gleichung (3.36) und der oben erläuterten Fallunterscheidung. Hierzu

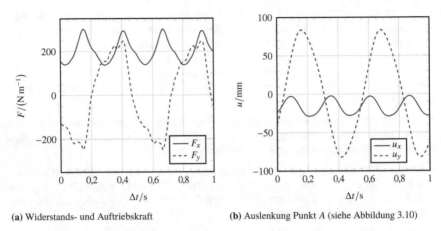

(a) Widerstands- und Auftriebskraft　　　　　　**(b)** Auslenkung Punkt A (siehe Abbildung 3.10)

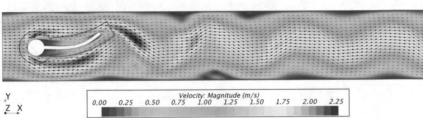

(c) Berechnetes Strömungsfeld (Geschwindigkeitsbetrag und -vektoren) bei Maximalauslenkung der Fahne

Abbildung 3.11: Beispielhafte Darstellung der berechneten Schwingungsverläufe und des Strömungsfeldes für den FSI2-Testfall im eingeschwungenen Zustand

wurden die Rechennetze verwendet, mit denen in den CFD- und FEM-Tests annähernd Netzunabhängigkeit erreicht worden ist. Die Auswertung der Kräfte erfolgt auf Basis der CFD-seitigen Ergebnisse, die berechneten Verschiebungen werden FEM-seitig ausgewertet.

Der stationäre FSI1-Test zeigt eine hohe relative Abweichung von etwa 18 % für die Auftriebskraft F_y. Da der Absolutwert der Auftriebskraft im Vergleich zur Widerstandskraft und zu den Werten der anderen FSI-Tests klein ist und der Fokus der Studie auf der Untersuchung der transienten Schwingungsvorgänge liegt, wird die hohe Abweichung von F_y beim FSI1-Test nicht weiter untersucht.

Die Abweichungen des FSI2- und des FSI3-Tests liegen in vergleichbaren Bereichen, obwohl das Dichteverhältnis beim FSI2-Test bei $\rho_f/\rho_s = 0{,}1$ und beim FSI3-Test bei $\rho_f/\rho_s = 1$ liegt. Auffällig ist, dass die Abweichungen der Kraft- und Auslenkungsverläufe sowie der erreichten Schwingungsfrequenz jeweils größer sind als in den entsprechenden CFD- bzw. FEM-Einzeltests. Daraus ist zu schlussfolgern, dass die FSI-Berechnung eine große Sensitivität

Tabelle 3.3: In den FSI-Tests berechnete Ergebnisse Φ_{ber} und erreichte Genauigkeit $\Delta\Phi$ (Gleichung (3.36)), bezogen auf die Referenzwerte Φ_{Ref} von Turek und Hron [72]

Φ	FSI1			FSI2			FSI3		
	Φ_{Ref}	Φ_{ber}	$\Delta\Phi/\%$	Φ_{Ref}	Φ_{ber}	$\Delta\Phi/\%$	Φ_{Ref}	Φ_{ber}	$\Delta\Phi/\%$
$F_{x,stat}/(\mathrm{N\,m^{-1}})$	14,295	14,279	−0,11	135,08	137,20	1,5⁻	434,64	433,17	−0,34
$F_{x,min}/(\mathrm{N\,m^{-1}})$	—	—	—	282,58	296,75	5,0⁻	479,96	488,19	1,72
$F_{x,max}/(\mathrm{N\,m^{-1}})$	—	—	—	—	—	—	—	—	—
$F_{y,stat}/(\mathrm{N\,m^{-1}})$	0,7638	0,6284	−17,73	−233,32	−248,53	6,5⁻	−147,56	−157,38	6,65
$F_{y,min}/(\mathrm{N\,m^{-1}})$	—	—	—	235,08	250,34	6,4⁻	152,00	157,58	3,67
$F_{y,max}/(\mathrm{N\,m^{-1}})$	—	—	—	—	—	—	—	—	—
f_{F_y}/Hz	0,0227	0,0223	−1,61	2,0	1,931	−3,47	5,3	5,481	3,42
$u_{x,stat}/\mathrm{mm}$	—	—	—	−14,58	−15,35	5,31	−2,69	−2,87	6,62
$u_{x,m}/\mathrm{mm}$	—	—	—	12,44	12,85	3,27	2,53	2,66	5,09
$u_{x,a}/\mathrm{mm}$	—	—	—	—	—	—	—	—	—
$u_{y,stat}/\mathrm{mm}$	0,8209	0,8207	−0,03	−79,37	−81,63	2,70	−32,9	−33,66	2,31
$u_{y,min}/\mathrm{mm}$	—	—	—	81,83	84,14	2,96	35,86	36,63	2,15
$u_{y,max}/\mathrm{mm}$	—	—	—	—	—	—	—	—	—
f_{u_y}/Hz	—	—	—	2,0	1,931	−3,47	5,3	5,481	3,42

gegenüber der zeitlichen Diskretisierung und Netzfeinheit hat und dass der Kopplungsalgorithmus relevant für die Berechnung der Schwingungsgrößen ist.

Schlegel [62] erzielt unter Verwendung des *Morphing*-Ansatzes für die Gitterbewegung eine Abweichung der Schwingungsfrequenz f gegenüber der Referenz von $-3,85\,\%$ (FSI2) bzw. $-4,55\,\%$ (FSI3)[19]. Für die kritischen und zu Instabilitäten neigenden periodischen Testfälle FSI2 und FSI3 konnten in der vorliegenden Arbeit ähnliche, moderate Genauigkeiten erzielt werden, wobei die maximalen relativen Abweichungen zur Referenz im Bereich von $\pm(3\ldots7)\,\%$ liegen. An dieser Stelle ist zudem darauf hinzuweisen, dass die Referenzwerte nach Turek und Hron [72] für die Frequenz der Auslenkung $f(u_y)$ lediglich auf eine Nachkommastelle genau angegeben werden, wodurch sich für den FSI2-Fall bereits eine Unsicherheit von $\pm 2,5\,\%$ ($f_{Ref} = 2,0\,\mathrm{Hz}$) und für den FSI3-Fall von $\pm 0,94\,\%$ ($f_{Ref} = 5,3\,\mathrm{Hz}$) ergibt.

Bei der Nachrechnung der FSI-Testfälle des Turek-Hron-Benchmarks konnte bei akzeptablen Rechenzeiten CFD-seitig keine vollständige Gitterunabhängigkeit erreicht werden. Durch Halbierung der Basiszellgröße des CFD-Gitters an der FSI-Kopplungsfläche von 2,50 mm auf 1,25 mm (feinstes CFD-Gitter) sinkt bei gleichbleibender Zeitschrittweite ($\Delta t = 5 \cdot 10^{-4}\,\mathrm{s}$) der maximale relative Fehler ($F_{y,min}$, siehe Tabelle 3.3) im FSI3-Testfall um etwa die Hälfte (von 13,2 % auf 6,65 %). Im FSI2-Testfall wird bei der gleichen Netzverfeinerung hingegen kaum eine Erhöhung der Genauigkeit erreicht. Der relative Fehler von $F_{y,min}$ sinkt hierbei lediglich von 6,76 % auf 6,52 %. Von einer weiteren Verfeinerung der Rechennetze oder einer Verringerung der Zeitschrittweite gegenüber den CFD- und CSM-Tests wird aufgrund hoher Rechenzeiten der FSI-Simulationen abgesehen, obwohl hierdurch eine Verringerung der Abweichungen zu erwarten wäre. Eine weiterführende Betrachtung der räumlichen Konvergenz unter Zuhilfenahme eines geeigneten Konvergenzkriteriums, wie etwa des *Grid Convergence Index* (GCI, siehe bspw. Schwarze [49]), ist sinnvoll. Eine Studie des Kopplungssetups und der Skalierbarkeit der FSI-Berechnung wird bei der Übertragung der FSI-Methode auf die Anwendung auf die Ventilberechnung vorgenommen, siehe Abschnitt 5.2.4.

Eine detailliertere Auswertung der FSI-Ergebnisse sowie die Darstellung der Ergebnisse der einzelnen CFD- und CSM-Tests sind in Abschnitt A.2.3 und in Tabelle A.6 enthalten.

Übertragbarkeit der Benchmark-Berechnung auf die Ventilsimulation

Anhand des Benchmarks nach Turek und Hron [72] konnte die Eignung sowie Robustheit der verwendeten FSI-Simulationsmethode für ein zeitabhängiges, stabilitätskritisches Kopplungsproblem nachgewiesen werden. Ein Vergleich der erzielten Abweichungen mit den Ergebnissen von Schlegel [62] zeigt zudem, dass die Genauigkeit der Methode unter Verwendung des *Overset Mesh*-Ansatzes mit der unter Anwendung des *Morphing*-Ansatzes für die Gitterbewegung vergleichbar ist und diese sogar übertreffen kann.

---

19 Die Fälle FSI2 und FSI3 werden in [62] nicht bis zum Erreichen der Grenzamplitude berechnet. Dabei wird nur die Frequenz ausgewertet. Ein Vergleich der Auslenkungs- und Kraftverläufe mit denen von Schlegel [62] ist daher nicht möglich.

Somit wird die Methode für die Erstellung der virtuellen Ventilprototypen auf Basis der FSI-Simulation verwendet. Dabei konnten basierend auf der Benchmark-Voruntersuchung folgende Erkenntnisse gewonnen werden, die in die Erstellung der FSI-Ventilmodelle (Abschnitt 5.1) einfließen:

• Die Genauigkeit der transienten Verläufe ist hinsichtlich der räumlichen Diskretisierung vordergründig vom CFD-Gitter abhängig. Das Strukturnetz kann für eine präzise Abbildung gekoppelter Schwingungsvorgänge wesentlich gröber als das CFD-Netz sein. An der Koppelfläche sind somit keine konformen Gitter erforderlich. Für die in Tabelle 3.3 aufgezeigten FSI-Ergebnisse werden FEM- und CFD-Gitter verwendet, die an der Kopplungsfläche ein Zellgrößenverhältnis von $(\Delta x_{CFD}/\Delta x_{CSM}) = (1{,}25\,\mathrm{mm}/5{,}00\,\mathrm{mm}) = 0{,}25$, bezogen auf die Basiszellgröße im unverformten Initialzustand, bilden.

• Für eine adäquate Abbildung der Schwingungseffekte sollte die zeitliche Diskretisierung in der FSI-Simulation so gewählt werden, dass mindestens 100 Zeitschritte pro Periode gerechnet werden.

• Wird der äußere Rand des $Overset$-Gitters – wie im Turek-Hron-Benchmark umgesetzt – mitbewegt, richtet sich der Zeitschritt auch nach der Bewegungsgeschwindigkeit des $Overset$-Gitters im Überlappungsbereich. Wird dieser Rand jedoch weit genug von der bewegten Koppelfläche entfernt definiert, kann dieser bei weitgehender Gewährleistung einer hohen Netzqualität unbewegt bleiben. Somit entfällt dieses Zeitschrittkriterium, was die Berechnung für besonders hohe Frequenzen robuster macht.

• Das Strukturmodell zeigt bei Verwendung von Elementen mit reduzierter Integration ($C3D20R$) gegenüber Elementen mit vollständiger Integration ($C3D20$) eine deutliche Reduktion des Rechenbedarfs bei nahezu gleichbleibender Genauigkeit der Strukturlösung.

• Der gekoppelte CFD-Löser (*Coupled Flow Solver*) ist rechenaufwendiger als ein entkoppelter Strömungslöser mit Druckkorrekturverfahren (*Segregated Flow Solver*), ist jedoch bei transienten Schwingungsproblemen robuster, was eine stabilere FSI-Berechnung erlaubt. Dies deckt sich mit den Erkenntnissen von Schlegel [62].

• Mit zunehmender Kompressibilität des Fluides werden Instabilitäten der gekoppelten Lösung aufgrund des *Artificial Added Mass Effects* verringert. Instabilitäten können zusätzlich durch eine Anpassung der Zeitsteuerung, des Kopplungssetups oder der Relaxationsfaktoren der Koppelgrößen reduziert werden.

• Der Rechenbedarf der FSI-Simulation ist deutlich höher als im Fall der reinen CFD- oder FEM-Berechnungen. Zudem ist eine deutliche Abhängigkeit von der Anzahl der Kopplungsschritte pro Zeitschritt zu verzeichnen. Um einen guten Kompromiss zwischen Genauigkeit der Lösung und Rechenkosten zu erzielen, sollte das Kopplungssetup daher problemspezifisch angepasst werden.

4 Validierungsdatenbasis für die Ventilsimulation

Die Bestimmung eines geeigneten Simulationssetups zur Modellierung des realen Ventilverhaltens erfordert eine experimentelle Validierungsdatenbasis. Hierfür werden experimentelle Messdaten für

1. das stationäre Ventilverhalten (Ventilkennlinie) sowie

2. das transiente Ventilverhalten beim Aufprägen charakteristischer Druckstöße[20]

benötigt. Dabei sollen die experimentellen Daten charakteristisch für das real auftretende Ventilverhalten sein. Weiterhin soll der experimentelle Aufbau eine möglichst niedrige Komplexität haben, sodass sich Messungen unter gleichen oder gezielt veränderten Bedingungen mit verhältnismäßig geringem Aufwand reproduzieren lassen. Vor diesem Hintergrund werden für die Validierung der Ventilmodelle ausschließlich Messungen mit reinem Stickstoff in ölfreiem Betrieb durchgeführt.

Zur Bereitstellung der experimentellen Daten in Form definierter Referenzexperimente wird der in Lemke *et al.* [77] vorgestellte Ventilprüfstand verwendet. In Abschnitt 4.1 werden der Aufbau und das Messprinzip und in Abschnitt 4.2 die zur weiteren Modellvalidierung ausgewählten experimentellen Daten zusammengefasst.

4.1 Beschreibung des Ventilprüfstandes

Der Aufbau des Ventilprüfstandes ist in Abbildung 4.1 schematisch mit seinen wichtigsten Komponenten dargestellt. Der zum Aufprägen einer definierten Druckdifferenz über das Ventil erforderliche Systemdruck wird über eine Stickstoffflasche bereitgestellt. Mittels eines Druckminderungsventils wird der Gasflaschendruck von bis zu 300 bar auf den gewünschten Vordruck (Testdruck) p_V reduziert. Für die Erfassung der (stationären) Ventilkennlinie befindet sich hinter dem Druckminderer ein Massenstrommessgerät, ausgeführt als Coriolis-Durchflussmesser. Zum Aufprägen der Druckstöße für die Untersuchung der Ventildynamik befindet sich hinter der Vordruck-Messstelle ein Magnetventil, welches in seiner Grundposition vollständig geschlossen ist und in einem definierten Zeitfenster (bspw. 0,1 s) vollständig öffnet.

Hinter dem Magnetventil befindet sich die Ventileinheit, bestehend aus Ventilplatte (Ventilsitz und -bohrung), Ventillamelle sowie Hubbegrenzer, siehe Abbildung 4.2. Dabei werden die Ventileinheiten für Saug- und Druckventil, welche im Kältemittelverdichter direkt miteinander interagieren (vgl. Abbildung 2.1) voneinander getrennt untersucht. Die jeweilige

---

[20] Im Rahmen dieser Arbeit werden die als Randbedingungen der Ventilbetrachtung vorgegebenen dynamischen Druckverläufe als *Druckstöße* bezeichnet. Diese Bezeichnung wird hier einheitlich fortgeführt, ist jedoch nicht mit den Begriffen *Druckpuls* (in medizinischen Zusammenhängen) oder *Verdichtungsstoß* (charakteristische Unstetigkeit innerhalb eines Strömungsfeldes bei Überschallströmung) gleichzusetzen.

© Springer Fachmedien Wiesbaden GmbH, ein Teil von Springer Nature 2019
J. Hennig, *Virtuelle Prototypen für Lamellenventile in Pkw-Kältemittelverdichtern*,
AutoUni – Schriftenreihe 135, https://doi.org/10.1007/978-3-658-24846-8_4

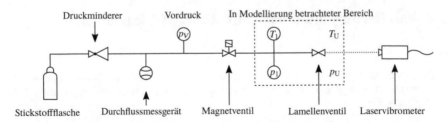

Abbildung 4.1: Schematischer Aufbau des Ventilprüfstandes zur experimentellen Untersuchung des Ventilverhaltens der Lamellenventile, nach Lemke *et al.* [77]

Ventileinheit befindet sich in einer beschwerenden Flanschkonstruktion, welche durch ihre Eigenmasse äußere Schwingungseinflüsse vermindert. Um die Pufferwirkung des kompressiblen Gases auf den Druckstoß zu minimieren, ist der Abstand zwischen Magnetventil und untersuchter Lamellenventileinheit minimal. Zudem befinden sich direkt vor der Lamellenventileinheit Messstellen für Druck (p_1) und Temperatur (T), welche die Zustandsgrößen dynamisch erfassen und gleichzeitig die Randbedingungen für die anschließende Modellierung des Lamellenventils liefern. Umgebungsdruck ($p_U = p_2$) und -temperatur (T_U) hinter dem Ventil werden ebenfalls messtechnisch ermittelt. Die statische bzw. dynamische Auslenkung des Ventils (Ventilhub s bzw. $s(t)$) wird optisch mittels eines Laservibrometers erfasst, siehe Abbildung 4.2. Dabei wird ein Lasersignal auf einen Punkt auf der Ventiloberfläche gerichtet, welcher sich in der Ventilbohrungsachse befindet. Unter Ausnutzung des Doppler-Effektes wird die Bewegung dieses Punktes erfasst und so der nominelle Ventilhub bestimmt.

Der Laserstrahl wird entgegen der Strömungsrichtung des Versuchsmediums entlang der Ventilbohrungsachse auf die Ventillamelle gerichtet. Am Saugventil geschieht dies durch die Laufbuchse, welche gleichzeitig die Ventillamelle einspannt und über einen Anschlag den maximalen Ventilhub vorgibt, siehe Abbildung 4.2a. An der Ventileinheit des Druckventils (Abbildung 4.2b) muss dafür eine Bohrung in den Niederhalter eingebracht werden, welche

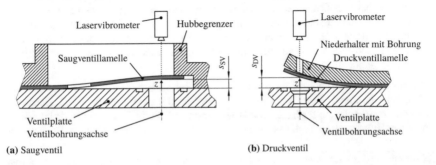

Abbildung 4.2: Schema der Ventilbaugruppe und des optischen Messprinzips zur Ermittlung der Nominal-Ventilauslenkung, nach Lemke *et al.* [77]

ebenfalls entlang der Ventilbohrungsachse verläuft, um den Laser auf die Oberseite der Ventillamelle richten zu können. Von einem optischen Zugang durch die Ventilbohrung entlang der Strömungsrichtung wird abgesehen, da die Dichteunterschiede auf der Druckseite bei der Vorgabe des variablen Druckes p_1 zu veränderten optischen Eigenschaften (Brechungsindex) des Versuchsmediums führen können. Zudem müsste eine optische Zugänglichkeit in der Druckleitung geschaffen werden.

Um die Komplexität des Aufbaus gering zu halten und die Reproduzierbarkeit der Ergebnisse zu gewährleisten, arbeitet die Lamellenventileinheit gegen Umgebungsdruck, d. h. $p_2 = p_U$. Hierbei kommt es zu einem Konflikt zwischen Druckverhältnis und Druckdifferenz bei der Übertragbarkeit der Randbedingungen auf den realen Verdichterbetrieb:

- Druckverhältnis $\pi_V = (p_2/p_1)$: Das Druckverhältnis bestimmt den Strömungszustand und damit Strömungsgeschwindigkeiten sowie den resultierenden Massenstrom durch das Ventil, siehe Gleichungen (2.12)–(2.17). Werden die im Verdichterbetrieb über die Lamellenventile auftretenden Druckdifferenzen auf den Ventilprüfstand übertragen, ergeben sich leicht überkritische Druckverhältnisse ($\pi_V < \pi_{krit}$). Die Strömung am Ventil ist dann stark kompressibel und es ergeben sich typische Überschallerscheinungen wie Verdichtungsstöße.

- Druckdifferenz $\Delta p_V = (p_1 - p_2)$: Die Druckdifferenz definiert die auf die Ventillamelle wirkende Druckkraft und bestimmt so die Anregung der Struktur, siehe Gleichung (2.19). Wird das Druckverhältnis des realen Verdichterbetriebs auf den Gegendruck p_1 bei Umgebungsbedingungen angepasst, resultieren wesentlich geringere Druckdifferenzen. Die Lamelle wird dadurch mit einer resultierenden Kraft angeregt, die einen Bruchteil der real auftretenden Belastung darstellt. Erheblich geringere Werte für mechanische Belastung, Auslenkung und Interaktion der Lamelle mit dem Fluid sind zu erwarten.

Eine adäquate Abbildung repräsentativer Werte für Druckverhältnis und Druckdifferenz ist nur dann möglich, wenn der Gegendruck p_2 auch auf einen repräsentativen Wert angehoben wird. Da dies mit der verwendeten Prüfstandkonfiguration nicht umsetzbar ist, können die Vordruckwerte (p_1) so definiert werden, dass sie entweder repräsentativ für Druckdifferenz oder Druckverhältnis des realen Betriebs sind. Der Fokus der Untersuchungen liegt auf der Analyse des transienten Ventilverhaltens unter Berücksichtigung der starken gegenseitigen Interaktion zwischen Fluid (Gasströmung) und Struktur (Ventillamelle). Da hierfür die Kraftübertragung an der Oberfläche der Ventillamelle ausschlaggeben ist, werden die Werte für den Vordruck p_1 zugunsten einer repräsentativen Druckdifferenz Δp_V vorgegeben.

Als Versuchsmedium wird Stickstoff (N_2) verwendet. Dieses bietet Kosten- und Sicherheitsvorteile. Zudem besteht – im Gegensatz zur Verwendung von Kohlendioxid (CO_2) – keine Gefahr der Kristallbildung (Trockeneis) bei Entspannung des Gases auf Umgebungsdruck. Tabelle 4.1 stellt charakteristische Eigenschaften von N_2 im Betriebsbereich des Ventilprüfstandes (1 bar bis 10 bar bei 300 K) denen von CO_2 gegenüber. Zusätzlich werden darin die Stoffdaten von CO_2 bei 120 bar und 450 K angegeben, um auch den Vergleich mit typischen Auslassbedingungen eines CO_2-Verdichters zu ermöglichen.

Tabelle 4.1: Charakteristische Eigenschaften von Stickstoff (N_2) und Kohlendioxid (CO_2) im Betriebsbereich des Ventilprüfstandes (bei 300 K) sowie als Vergleich für CO_2 im Verdichter-Hochdruckzustand (REFPROP-Stoffdaten [78])

Physikalische Größe	N_2		CO_2		
	(1 bar)	(10 bar)	(1 bar)	(10 bar)	(120 bar, 450 K)
$\rho/(\mathrm{kg\,m^{-3}})$	1,123	11,25	1,773	18,58	161,2
$\eta/(10^{-5}\,\mathrm{Pa\,s})$	1,789	1,801	1,502	1,511	2,442
$a/(\mathrm{m\,s^{-1}})$	353,2	354,6	269,4	262,4	315,0
$\lambda/(10^{-3}\,\mathrm{W\,m^{-1}\,K^{-1}})$	25,97	26,29	16,79	17,25	35,29
$c_p/(10^3\,\mathrm{J\,kg^{-1}\,K^{-1}})$	1,041	1,056	0,853	0,921	1,258
$c_V/(\mathrm{J\,kg^{-1}\,K^{-1}})$	743,2	745,4	659,3	682,2	844,7
$(\kappa = c_p/c_V)/-$	1,401	1,417	1,293	1,350	1,489
$\pi_{\mathrm{krit}}/-$ (Gl. (2.16))	0,528	0,526	0,547	0,537	0,514

Stickstoff besitzt bei den betrachteten Bedingungen eine geringere Dichte ρ, eine höhere dynamische Viskosität η und einen größeren Isentropenkoeffizienten κ, siehe Tabelle 4.1. Daher ist zu erwarten, dass bei gleichen Druckdifferenzen über das Ventil geringere Massenströme als bei CO_2 erreicht werden, vgl. Gleichungen (2.13)–(2.17). Gleichzeitig liegen die Werte für das kritische Druckverhältnis π_{krit} in ähnlichen Bereichen. D. h. das Erreichen kritischer und überkritischer Strömungszustände und damit einhergehende Effekte, wie etwa Druckstöße, werden auch bei der Verwendung von Stickstoff statt Kohlendioxid adäquat wiedergegeben. Auch die Stoffwerte von CO_2 im Verdichter-Hochdruckzustand (bei 120 bar und 450 K) werden durch die Untersuchungen mit Stickstoff bei Umgebungsbedingungen ausreichend repräsentiert. Dies betrifft insbesondere die für kompressible Strömungen charakteristischen, stoffspezifischen Größen wie Schallgeschwindigkeit a, Isentropenkoeffizient κ und kritisches Druckverhältnis π_{krit}.

Der Unterschied zwischen Prüfstands- und realen Verdichterbedingungen ist somit vordergründig auf die unterschiedlichen Druckniveaus – und damit Druckverhältnisse über das Ventil – begrenzt, wodurch sich andere Strömungszustände bei gleichen Druckdifferenzen ergeben. Der Unterschied zwischen den Versuchen mit Stickstoff beim Ausströmen gegen Umgebungsdruck und analogen Versuchen mit CO_2 bei verdichterauslasseitig repräsentativen Druck- und Temperaturwerten wird daher im Anschluss an die Modellvalidierung (Abschnitt 5.3.2) simulativ bewertet. Dabei werden auch die Unterschiede in den lokalen Mach-Zahlen aufgezeigt.

Als weitere Einschränkung des Aufbaus ergibt sich, dass sich die Druckdifferenz stets in Hauptströmungs- und damit Öffnungsrichtung des Ventils einstellt. Eine negative Druckdifferenz, wie sie im realen Verdichterbetrieb durch die Kolbenbewegung von OT-Stellung in Richtung UT entsteht, kann mit der bestehenden Konfiguration nicht ausgeprägt werden. Das Ventil wird somit nicht in den Ventilsitz „gesaugt", sondern schließt allein durch das Abflachen der positiven Druckdifferenz. Die im realen Betrieb beim Schließen des Ventils auftretenden Spätschluss- und Rückströmverluste können am Prüfstand somit nicht erfasst und quantifiziert werden. Zusammenfassend kann festgehalten werden, dass der Prüfaufbau zwar nicht die im Betrieb eines CO_2-Verdichter auftretenden Belastungen der Lamellenventile vollumfänglich abbildet. Allerdings ist er grundsätzlich geeignet, in definierten Referenzexperimenten jene wesentlichen charakteristischen Effekte der Fluid-Struktur-Interaktion an einem Lamellenventil wiederzugeben, die auch im realen Einsatz in einem CO_2-Verdichter auftreten.

Ein ähnlicher Versuchsaufbau zur Charakterisierung der Ventilbewegung des Saugventils eines R134a-Verdichters wird von Möhl *et al.* [79] vorgestellt. Hierbei wird zur Bestimmung des Auslenkungsprofils ein Laser-Profil-Scanner eingesetzt. Die Autoren geben zudem eine Übersicht über Veröffentlichungen zu unterschiedlichen experimentellen Methoden der Ventilhubmessung.

4.2 Auswahl und Aufbereitung der Validierungsdaten

Zur Validierung der Ventilmodelle werden repräsentative Messdaten für jeweils ein Lamellenventil verwendet, die an dem in Abbildung 4.1 dargestellten Prüfstandaufbau ermittelt worden sind. Hierbei werden Messergebnisse für je ein Saug- und ein Druckventil mit gleicher Blechdicke der Lamelle ausgewählt, die ein charakteristisches und reproduzierbares Verhalten zeigen. Wie eingangs erläutert, werden für die Validierung sowohl stationäre als auch dynamische Messdaten benötigt. Diese werden wie folgt bereitgestellt:

4.2.1 Stationäre Ventilkennlinien

Bei Vorgabe eines konstanten Massenstroms am Coriolis-Durchflussmessgerät wird die sich über die Ventileinheit einstellende Druckdifferenz ermittelt. Abbildung 4.3 zeigt die messtechnisch ermittelten $\dot{m}(\Delta p_V)$-Ventilkennlinien für das untersuchte Saug- und das Druckventil. Die Messunsicherheiten, welche aus Messfehlern und der Reproduzierbarkeit einzelner Messpunkte resultieren, belaufen sich auf maximal $\pm 0,3$ bar. Dieser effektive Druckwert umfasst die kombinierten Messunsicherheiten der Massenstrom- und Druckmessung und ist in Abbildung 4.3 als konstanter Unsicherheitsbereich dargestellt.

Beide Ventile zeigen ein ähnliches Verhalten, wobei die Kennlinie des Druckventils insgesamt einen stärker degressiven Verlauf ausweist. Die Form der Kennlinie deutet darauf hin, dass der starre Niederhalter des Druckventils den engsten Querschnitt vorgibt. Im Gegensatz dazu kann sich die Lamelle des Saugventils auch nach dem Kontakt mit dem Hubbegrenzer weiter durchbiegen und so einen sich mit steigender Druckdifferenz vergrößernden Strömungsquerschnitt freigeben, welcher bei hohen Druckdifferenzen über dem des Druckventils liegt.

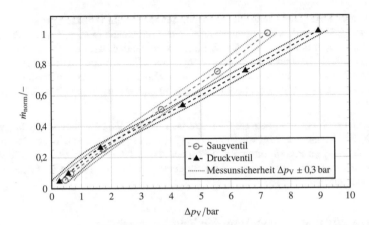

Abbildung 4.3: Am Ventilprüfstand erfasste stationäre Ventilkennlinien des Saug- und des Druckventils

4.2.2 Dynamisches Ventilverhalten

Durch das Öffnen des Magnetventils über eine Dauer von ca. 0,05 s wird ein Druckstoß erzeugt. Sowohl die Druckdifferenz als auch die Ventilauslenkung entlang der Ventilbohrungsachse werden zeitlich hochaufgelöst ermittelt. Die Ventilauslenkung wird mittels des Laservibrometers mit einer Abtastrate von 100 kHz erfasst. Aufgrund von Winkel-
und Ausrichtungsfehlern des Lasers können maximale Abweichungen von ca. 15 % des
nominellen Maximalhubes im gemessenen Auslenkungswert auftreten. Dieser Messfehler
kann durch geometrische Überlegungen korrigiert werden, indem die gemessenen Auslenkungskurven linear auf die theoretischen Auslenkungswerte beim Anliegen an den
Hubbegrenzer skaliert werden. Der Unsicherheitsbereich wird daher als minimal betrachtet
und in den folgenden Abbildungen der messtechnisch erfassten Auslenkungskurven nicht
dargestellt.

Die Abtastrate der Drucksensoren liegt ebenfalls bei 100 kHz. Aufgrund der hohen zeitlichen
Auflösung und des großen Messbereichs der Drucksensoren von 1 bar bis 140 bar sind die
Drucksignale stark verrauscht. Daher werden diese mittels eines *Butterworth*-Tiefpassfilters
zweiter Ordnung bei einer Grenzfrequenz von 1400 Hz gefiltert.

Abbildung 4.4a zeigt die zeitlichen Druckverläufe der Messstelle p_1 (siehe Abbildung 4.1),
welche zur Validierung des dynamischen Ventilverhaltens vorgegeben werden. Diese Druckverläufe werden als Lastfälle $p(t)_{DV,i}$ ($i = 1, 2, 3, 4$) bezeichnet. Tabelle 4.2 fasst die für jeden
Druckstoß $p(t)_{DV,i}$ maximal erreichten Druckdifferenzen $\Delta p_{V,max,i}$ und Druckverhältnisse
$\pi_{V,max,i}$ zusammen, welche sich aus den in Abbildung 4.4a dargestellten Werten bei Bezug
auf den Gegendruck $p_2 = p_U = 1,013$ bar ergeben. Daraus wird ersichtlich, dass bereits ab
dem Lastfall $p(t)_{DV,2}$ das kritische Druckverhältnis unterschritten wird (vgl. Tabelle 4.1),
wodurch Überschalleffekte zu erwarten sind.

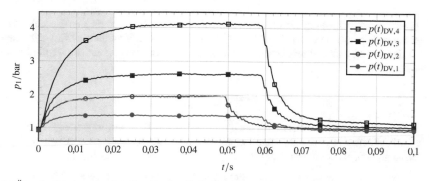

(a) Über das Druckventil aufgeprägte Druckverläufe (Druckmessstelle p_1, siehe Abbildung 4.1)

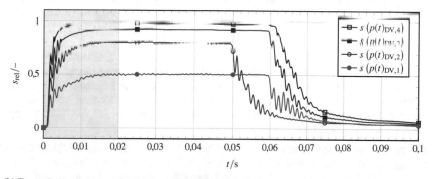

(b) Ermittelte Auslenkungen der Druckventillamelle entlang der Ventilbohrungsachse

Abbildung 4.4: Am Ventilprüfstand erfasste Validierungsdaten zur Erfassung des dynamischen Ventilverhaltens des Druckventils (die graue Fläche markiert den Validierungsbereich)

Tabelle 4.2: In den dynamischen Druckverläufen $p(t)_{DV,i}$ maximal erreichte Druckdifferenzen $\Delta p_{V,max,i}$ und Druckverhältnisse $\pi_{V,max,i}$ über das Druckventil (vgl. Abbildung 4.4a)

Dynamischer Lastfall	$\Delta p_{V,max,i}/$bar	$\pi_{V,max,i}/-$
$p(t)_{DV,1}$	0,47	0,68
$p(t)_{DV,2}$	1,04	0,49
$p(t)_{DV,3}$	1,70	0,37
$p(t)_{DV,4}$	3,19	0,24

Abbildung 4.4b zeigt die synchron zu den dynamischen Druckstößen erfassten Auslenkungen der Lamelle mittig über der Ventilbohrung. Der nominelle Ventilhub s wird dabei auf den theoretisch maximal möglichen Wert $s_{max,theo}$ bezogen und als relativer Ventilhub s_{rel} dargestellt:

$$s_{rel} = \frac{s}{s_{max,theo}}. \tag{4.1}$$

Dies wird sowohl für das Druck- als auch für das Saugventil in den folgenden Abschnitten so beibehalten. Die jeweilige Definition des Zustandes für $s_{max,theo}$ ist in Abschnitt 5.1.3, Abbildung 5.6, näher erläutert.

Charakteristische Schwingungseffekte der Lamelle sind im Öffnungsbereich bis 0,01 s und während des Schließens der Lamelle zu beobachten, siehe Abbildung 4.4b. Diese sind in Lemke *et al.* [77] detailliert beschrieben. Während die Drucksignale erst nach etwa 0,05 s nahezu konstante Werte annehmen, erreichen die Auslenkungswerte bereits nach etwa 0,02 s ein Plateau. Der Öffnungsvorgang der Lamelle ist zudem deutlich kürzer als der Schließvorgang, welcher durch die Pufferwirkung des zwischen dem Magnetventil und dem untersuchtem Lamellenventil eingeschlossenen Gasvolumens charakterisiert wird. Dieses durch den Prüfstandsaufbau bedingte Restgas muss während des Schließvorgangs vollständig über das Lamellenventil entweichen. Für die dynamischen Vorgänge innerhalb des Kältemittelverdichters wird die Öffnungsphase des Lamellenventils als repräsentativ betrachtet. Die Validierung der erstellten Ventilmodelle wird somit für den Zeitbereich 0 s bis 0,02 s durchgeführt, siehe Abbildung 4.4b.

Das Zusammenspiel der Druck-, Massenträgheits-, Feder- und Dämpfungskräfte ist bei der Bewegung des Druckventils – insbesondere durch den Einfluss des gekrümmten Niederhalters – deutlicher erkennbar als bei der dynamischen Belastung des Saugventils. Die Validierung der Ventilmodelle wird daher anhand des dynamischen Öffnungsverhaltens der Drucklamelle vorgenommen, wodurch an dieser Stelle zunächst auf eine detaillierte Darstellung der Druck- und Auslenkungsverläufe der Sauglamelle verzichtet wird.

Verwendung der Druckverläufe als Simulationsrandbedingungen

Die in Abbildung 4.4a dargestellten dynamischen Druckverläufe an Messstelle p_1 werden als Lastfälle auf die FSI-Simulationsmodelle übertragen. Bei der Vorgabe der dynamischen Druckrandbedingung am Einlass des Strömungsgebietes hat sich gezeigt, dass die hochfrequenten Schwankungen der Drucksignale, bedingt durch die hohe Abtastrate, zusätzliche hochfrequente Druckschwankungen in das Strömungsgebiet einbringen. Dadurch kommt es zu Instabilitäten im Strömungsfeld und im Kopplungsablauf, was bis zum Abbruch der FSI-Berechnung führen kann.

Um diese Instabilitäten zu minimieren, werden zusätzlich zur oben beschriebenen Filterung zwei weitere Maßnahmen zur Aufbereitung der gemessenen transienten Druckverläufe für die Weiterverwendung als CFD-Randbedingung ergriffen:

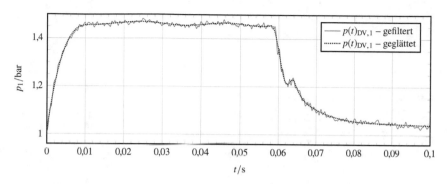

Abbildung 4.5: Spline-Glättung des gefilterten Druckverlaufs, beispielhaft für den Lastfall $p(t)_{DV,1}$ (vgl. Abbildung 4.4a)

1. Glättung: mithilfe von Splines dritten Grades wird ein über den betrachteten Zeitraum geglätteter und stetiger Verlauf des Drucksignals erreicht, siehe Abbildung 4.5. Die Spline-Glättung erfolgt über 30 äquidistant auf die Signaldauer von 0,2 s verteilte Stützstellen.

2. Rampenfunktion: um eine sprunghafte Vorgabe der Druckdifferenz zu Beginn der Simulationszeit zu vermeiden, wird das geglättete Drucksignal mit einer Rampenfunktion multipliziert, welche wie folgt definiert ist:

$$f_{Rampe}(t) = \begin{cases} \frac{1-\cos\left(\pi \cdot t/t_{Rampe}\right)}{2} & (t < t_{Rampe}) \\ 1 & (t \geq t_{Rampe}). \end{cases} \qquad (4.2)$$

Hierbei ist anzumerken, dass durch die Aufbereitung, insbesondere Glättung, der Druckverläufe mögliche Rückwirkungen der dynamischen Ventilbewegung auf den Druckverlauf an der Druckmessstelle vor dem Ventil vermindert werden. Während sich die in der Messung erfassten Werte für Druck und Ventilbewegung gegenseitig beeinflussen können, wird in der FSI-Simulation zugunsten der Stabilität angenommen, dass die Rückwirkung der Ventilbewegung auf den Druckverlauf vernachlässigbar ist.

5 Erstellung und Validierung der virtuellen Ventilprototypen

Die in Kapitel 4 beschriebenen Validierungsdaten werden genutzt, um die virtuellen 3D-Ventilprototypen auf Basis der FSI-Simulation zu erstellen. Dazu wird in Abschnitt 5.1 zunächst der Aufbau eines Basis-FSI-Simulationsmodells beschrieben. Abschnitt 5.2 beschreibt die Verfeinerung des Simulationssetups auf Basis der transienten Validierungsdaten der Drucklamelle und beinhaltet eine Auswertung der Rechenzeiten sowie eine FFT-Analyse der Schwingungsverläufe. In Abschnitt 5.3 wird die Übertragbarkeit des gefundenen FSI-Setups auf die Sauglamelle sowie auf hochdruckseitig typische Verdichter-Betriebsbedingungen eines CO_2-Verdichters überprüft.

5.1 FSI-Basismodell

5.1.1 Geometrie und Rechennetze

CFD-Berechnungsgebiet

Zur simulativen Abbildung des am Ventilprüfstand untersuchten Ventils ist es nicht erforderlich, den gesamten in Abbildung 4.1 dargestellten Aufbau zu modelliert. Da die gemessenen Druckverläufe an der Messstelle p_1 sowie der Gegendruck $p_2 = p_U$ als Randbedingungen verwendet werden, wird ausschließlich der Bereich zwischen diesen Messstellen geometrisch abgebildet, wie in Abbildung 5.1a dargestellt.

Um eine nahezu ruhende Strömung am Einlass und so eine stabile Strömungsberechnung bei Verwendung einer Druck-Druck-Randbedingung zu ermöglichen, wird die reale Rohrgeometrie am Einlass mit einer stetig verlaufenden Kontur trichterförmig aufgeweitet. Der Einlass-Rand besitzt somit eine stark vergrößerte Einströmfläche, wodurch sich geringere Strömungsgeschwindigkeiten und ein stabileres Strömungsprofil einstellen. Zwischen Trichterende und Ventilbohrung befindet sich eine zusätzliche kleine Kammer, welche konstruktiv aus der Anbindung der Rohrleitung an die Ventileinheit resultiert. Verglichen mit dem tatsächlichen Abstand zwischen Druckmessstelle p_1 und Ventilbohrung ist die Trichtervariante leicht verkürzt, um Rechenzellen zu sparen. Dadurch kommt es zwar zu einer minimalen Verkürzung der Laufzeit des Drucksignals von weniger als 0,2 ms, der Einfluss der Verkürzung des Leitungsstückes und der Aufweitung der Trichterform auf den Druckverlust und das Drucksignal ist jedoch vernachlässigbar klein.

Stromabwärts der betrachteten Ventileinheit, bestehend aus Ventilsitz mit Ventilbohrung, Hubbegrenzer und Ventillamelle, siehe Abbildung 5.1b, befindet sich ein großes Ausströmvolumen. Dieses wird seitlich durch feste, zylinderförmige Wände und den Ausströmrand begrenzt, an welchem der Gegendruck p_2 vorgegeben wird.

© Springer Fachmedien Wiesbaden GmbH, ein Teil von Springer Nature 2019
J. Hennig, *Virtuelle Prototypen für Lamellenventile in Pkw-Kältemittelverdichtern*,
AutoUni – Schriftenreihe 135, https://doi.org/10.1007/978-3-658-24846-8_5

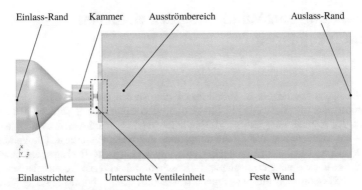

Einlass-Rand   Kammer   Ausströmbereich   Auslass-Rand

Einlasstrichter   Untersuchte Ventileinheit   Feste Wand

(a) Modellierter Bereich des Ventilprüfstandes (vgl. Abbildung 4.1)

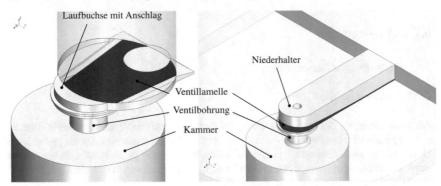

Laufbuchse mit Anschlag

Niederhalter

Ventillamelle
Ventilbohrung
Kammer

(b) Strömungsbereich der Ventilbaugruppe des Saug- (links) und Druckventils (rechts); die FSI-Fläche der
Ventillamelle ist jeweils rot markiert

Abbildung 5.1: CFD-Berechnungsgebiet des Ventilprüfstandes

Analog zum Turek-Hron-Benchmark wird die bewegte Geometrie, also die Ventillamelle,
mit einem *Overset*-Gitter vernetzt. Dieses wird dem unbewegten Hintergrund-Gitter überlagert, welches die Strömungsrandbedingungen und die festen Wände des Strömungsgebietes
definiert. Dabei werden die äußeren Wände des *Overset*-Gitters, an denen das *Overset Interface* gebildet wird, als starr betrachtet, um Interpolationsfehler an einem bewegten *Overset
Interface* zu vermeiden. Die Abmessungen des *Overset*-Bereiches werden so gewählt, dass
selbst bei einer maximal möglichen Verformung der Ventillamelle keine starken Verzerrun-
gen im *Overset*-Gitter entstehen. Eine Darstellung der verwendeten CFD-Rechengitter für
Saug- und Druckventil ist im Anhang in Abbildung A.14 gegeben.

Das Hintergrund-Gitter wird im Ein- und Ausströmbereich sowie im Bereich der Ventilbewegung durch ein in z-Richtung (entlang der Hauptströmungs- und Ventilbewegungsrich-

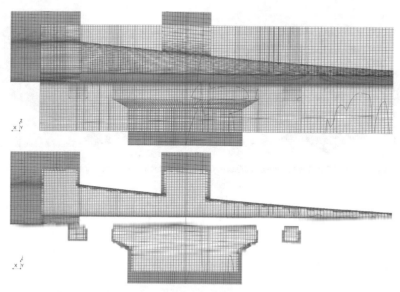

Abbildung 5.2: Schnittdarstellung des CFD-Rechengitters im *Overset*-Bereich: Hintergrund-
(dunkelgrau) und *Overset*-Gitter (hellgrau) des Druckventils vor (oben) und nach
(unten) der *Overset Interface*-Bildung im Initialzustand

tung) extrudiertes Rechengitter vernetzt. Die Extrusionsränder in der x-y-Ebene sind quad-
dominant, wodurch in diesen Bereichen teilstrukturierte Rechengitter entstehen. Die Volumina der kleinen Kammer vor der Ventilbohrung sowie des großen Ausströmbereiches
werden durch Polyederzellen diskretisiert. Damit lehnt sich die Vernetzung an die Arbeit
von Hadžić [64] an, welcher die kombinierte Verwendung von unstrukturierten und sich
überlappenden Rechengittern vorschlägt, um eine adäquate Behandlung komplexer Geometrien bei gleichzeitiger Netzbewegung zu ermöglichen. Das die Ventillamelle umgebende
Overset-Gitter ist ebenfalls in der x-y-Ebene quad-dominant und in z-Richtung extrudiert,
wodurch das *Overset*-Gitter ebenfalls teilstrukturiert ist.

Die Gitterauflösung im Bereich des Ventilsitzes wird an die zweidimensionale Voruntersuchung zur Spaltschlusscharakteristik mit der *Zero Gap*-Option (siehe Abschnitt 3.5.2)
angelehnt. Die minimale Höhe der Rechenzellen h_{min} wird in den Kontakt-/Spaltbereichen
entlang der Extrusionsrichtung auf $h_{min} = 0{,}04\,h_{Lamelle}$ gesetzt. Die Höhe der darüber liegen-
den Rechenzellen nimmt mit einer Wachstumsrate von 1,2 bis zu einem Maximalwert von
$10\,h_{min}$ zu. Bei einer Minimalzahl von drei Zellen im Spalt ($n_{ZGL} = 3$) bis zur Deaktivierung
der Spaltzellen bei $s < s_{ZGL}$ und unter Berücksichtigung der realen Dichtlänge zwischen
Ventilbohrung und Relierung (vgl. Abbildung 2.1) ergibt sich das angestrebte Spalt-zu-
Dichtlängen-Verhältnis von $s_{ZGL}/L_{dicht} = 0{,}05$. Zur Vermeidung von zu kleinen *Aspect Ratios* der spaltnahen Zellen wird die Basiskantenlänge der Rechenzellen in x- und y-Richtung
ebenfalls auf $10\,h_{min} = 0{,}4\,h_{Lamelle}$ gesetzt.

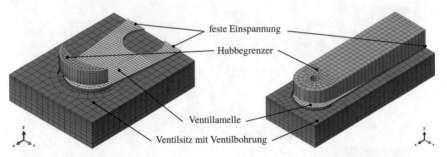

feste Einspannung

Hubbegrenzer

Ventillamelle

Ventilsitz mit Ventilbohrung

Abbildung 5.3: FEM-Strukturnetz des Saug- (links) und des Druckventils (rechts)

Das Hintergrundgitter umfasst insgesamt $2{,}25 \cdot 10^6$ (SV) bzw. $4{,}49 \cdot 10^6$ (DV), das *Overset*-Gitter $2{,}06 \cdot 10^6$ (SV) bzw. $1{,}81 \cdot 10^6$ (DV) Rechenzellen. Durch die Verschneidung der beiden Gitter bei der *Overset Interface*-Bildung, wie in Abbildung 5.2 beispielhaft für das Druckventil dargestellt, reduziert sich die Gesamtzahl der aktiven CFD-Volumenzellen im Initialzustand von $4{,}31 \cdot 10^6$ auf $2{,}18 \cdot 10^6$ (SV) bzw. von $6{,}30 \cdot 10^6$ auf $4{,}38 \cdot 10^6$ (DV).

FEM-Berechnungsgebiet

Das FEM-Netz besteht aus Solid-Elementen für Ventilsitz, Ventillamelle und Hubbegrenzer bzw. Niederhalter, siehe Abbildung 5.3. Die jeweilige Ventillamelle sowie der Niederhalter des Druckventils sind einseitig fest eingespannt (*Encastre*-Randbedingung) und somit beweglich, wohingegen der jeweilige Ventilsitzausschnitt an allen virtuellen Seitenflächen fest eingespannt ist. Der Hubbegrenzer des Saugventils entspricht einem bogenförmigen Ausschnitt aus der Kolben-Laufbuchse und ist an den virtuellen Schnittkanten ebenfalls fest eingespannt. Die Körper sind, analog zum CFD-Netz, in der x-y-Ebene quad-dominant vernetzt und in z-Richtung, also der Richtung der Ventilauslenkung, extrudiert. Es werden C3D20R-Elemente (bei prismatischen Elementen mit dreieckiger Grundfläche C3D15-Elemente) verwendet.

Wie bereits beim Turek-Hron-Benchmark (Abschnitt 3.5.3) festgestellt, reicht FEM-seitig ein gegenüber dem CFD-Submodell gröberes Rechengitter zur Berechnung der dynamischen Biegebewegung der Struktur aus. Dennoch wird die Netzkonvergenz mittels einer Voruntersuchung anhand des Druckventils geprüft, indem die Auslenkung bei Vorgabe einer konstanten Beschleunigung entlang der Ventilbohrungsachse (in z-Richtung) ausgewertet wird. Bei der Gegenüberstellung der erreichten Auslenkungen der Lamelle und des Niederhalters des Druckventils bei Variation der Elementanzahl zwischen jeweils ca. $3 \cdot 10^3$ und $200 \cdot 10^3$ liegen die Abweichungen bei maximal ca. 0,2 %. Daher wird in Hinblick auf die Reduktion der FEM-seitigen Rechenzeit für die Validierungsrechnung ein FEM-Netz verwendet, welches am Saugventil für den Ventilsitzausschnitt $3{,}8 \cdot 10^3$, die Lamelle $2{,}2 \cdot 10^3$ und den Hubbegrenzer $0{,}74 \cdot 10^3$ Elemente enthält. Am Druckventil umfasst das FEM-Gitter für den

Ventilsitzausschnitt $3,5 \cdot 10^3$, die Lamelle $3,0 \cdot 10^3$ und den Niederhalter $2,9 \cdot 10^3$ Elemente, wie in Abbildung 5.3 dargestellt.

In Anlehnung an die Erkenntnisse aus dem Turek-Hron-Benchmark werden die FEM- und CFD-Gitter des Saug- und des Druckventils so gestaltet, dass sich an der FSI-Kopplungsfläche (vorrangig Ventilober- und Unterseite) ein Zellgrößenverhältnis von $(\Delta x_{CFD}/\Delta x_{CSM}) = 0{,}25$ ergibt. Im unverformten Initialzustand entspricht dies bei der o.g. CFD-Basiszellgröße einer FEM-Elementkantenlänge von $1{,}6 \, h_{Lamelle}$ auf der Ventiloberfläche in x- und y-Richtung. In z-Richtung wird die Lamellendicke $h_{Lamelle}$ in drei gleich hohe Schichten unterteilt.

5.1.2 Basis-Simulationseinstellungen

Für einen grundsätzlichen Vergleich mit den Validierungsdaten werden zunächst Basis-Simulationseinstellungen für das CFD-Teilmodell, das FEM-Teilmodell sowie die Kopplung und Zeitsteuerung beider Modelle definiert. Diese bilden die Basis für die weiteren Anpassungen des Simulationssetups in Abschnitt 5.2, um eine größere Übereinstimmung mit den Validierungsdaten zu erzielen. Die im Folgenden erläuterten Parameter des Basis-FSI-Simulationssetups sind in Anhang A.4 in den Tabellen A.8 bis A.10 zusammengefasst.

CFD-Basiseinstellungen

Da es sich bei der Ventilströmung von Stickstoff bei den betrachteten Drücken um eine stark kompressible und beim Ausströmen gegen Umgebungsdruck zudem überkritische Strömung handelt (vgl. Tabelle 4.2), wird zur Berechnung der Strömungslösung der *Coupled*-Löser verwendet. Im Gegensatz zum *Segregated Flow*-Löser, welcher bei der inkompressiblen Strömung des Turek-Hron-Benchmarks angewendet wird und auf dem SIMPLE-Algorithmus nach Patankar und Spalding [80] basiert, werden hier die Gleichungen für Druck und Geschwindigkeit in einem Gleichungssystem gelöst. Die räumliche Diskretisierung wird über das Upwind-Schema zweiter Ordnung realisiert. Die zeitliche Diskretisierung erfolgt implizit, ebenfalls mit zweiter Ordnung. Pro Zeitschritt werden 20 innere Iterationen berechnet.

Die CFL-Zahl wird auf den Initialwert 1 gesetzt, wobei dieser während der ersten 1000 Iterationen linear auf 10 angehoben wird. Als Turbulenzmodell wird das SST-k-ω-Modell [57] verwendet. Das Medium (Stickstoff) wird zunächst als Idealgas betrachtet. Die festen Wände des Berechnungsgebietes erhalten eine leichte Rauigkeit von $2 \, \mu m$[21].

Die über Gleichung (4.2) eingeführte Druckrampe, welche mit dem Druckverlauf am Einlass multipliziert wird, endet nach $t_{Rampe} = 1 \cdot 10^{-3}$ s. Als Gegendruck wird ein Umgebungsdruck von $p_2 = p_U = 101\,325$ Pa vorgegeben.

---

21 Der Wert der hier angegebenen Wandrauigkeit entspricht einer äquivalenten Sandrauigkeit und bewirkt eine Modifikation der für das Turbulenzmodell verwendeten Wandfunktion, siehe Abschnitt 3.1 [66].

FEM-Basiseinstellungen

Das Material wird linearelastisch und isotrop betrachtet, wobei geometrische Nichtlinearitäten berücksichtigt werden. Zum späteren Vergleich mit exakten Werkstoffdaten der Ventillamelle (siehe Abschnitt 5.2.3) erhalten im Basis-FSI-Setup alle an der FEM-Berechnung beteiligten Körper, also Ventilsitz, Ventillamelle und Niederhalter, zunächst die gleichen Materialeigenschaften (Dichte ρ_s = 7850 kg m^{-3}; Elastizitätsmodul E = 210 · 10^9 Pa; Querkontraktionszahl ν_s = 0,29), welche sich an allgemeinen Werkstoffdaten für Federstahl orientieren.

Als FEM-Löser wird *Abaqus/Standard* gewählt, welcher, analog zur CFD-Lösung, einen zeitlich impliziten Lösungsablauf bereitstellt. Somit können Trägheiten und sich überlagernde Schwingungsmoden abgebildet werden, die durch eine rein statische Betrachtung der Biegeformen – wie bspw. in der BVT (vgl. Abschnitt 2.2.3) – nicht erfasst werden.

Zur Darstellung des Kontaktes zwischen Lamelle und Ventilsitz bzw. Lamelle und Niederhalter wird in *Abaqus/Standard* ein *Surface-to-Surface*-Kontakt definiert, siehe Tabelle A.9. Hierbei wird bei der Kontaktpaardefinition nicht der konventionelle *Master-Slave*-Ansatz gewählt, wie bspw. in Klein [61] beschrieben, sondern der sogenannte *Balanced*-Ansatz. Dieser führt bei Kontakt zweier ähnlich stark gekrümmter Oberflächen zu einer gleichmäßigeren Verteilung der Kontaktspannungen [81]. Beim Kontakt der beteiligten Oberflächen wird zudem lokal plastisches Materialverhalten zugelassen, da eine Betrachtung als vollständig elastischer Stoß zu zusätzlichen Instabilitäten führen kann.

Zeitsteuerung und FSI-Kopplung

In Anlehnung an den Turek-Hron-Benchmark wird für die beteiligten CFD- und FEM-Teilmodelle eine Zeitschrittweite gewählt, die etwa 100 Zeitschritte pro aufzulösender Schwingung ermöglicht. Die charakteristischen Frequenzen der Lamellenbewegung liegen betriebspunkt- und auslenkungsabhängig im Bereich von etwa 800 Hz bis 3000 Hz [77]. Daher wird als Basis-Zeitschrittweite ein Wert von Δt = 1 · 10^{-5} s gewählt. Für den FEM-Löser wird ein minimaler Zeitschritt von $\Delta t_{min, FEM}$ = 1 · 10^{-7} s vorgegeben[22]. Für den gekoppelten Löser des CFD-Modells werden zudem 20 innere Iterationen je Zeitschritt vorgegeben.

Für die FSI-Kopplung wird ein implizites, FEM-geführtes Verfahren gewählt, vgl. Abbildung 3.3c. Dabei werden pro Zeitschritt vier Austauschiterationen durchgeführt, was bei 20 inneren Iterationen CFD-seitig jeweils fünf Rechenschritte pro Kopplungsschritt ergibt. Zur Stabilisierung der gekoppelten Berechnung wird für die Austauschgrößen ein URF-Intervall von [0,1; 0,5] vorgegeben.

---

22 Somit wird für den Strukturlöser das sogenannte *Subcycling* zugelassen, bei dem die Zeitschrittweite je nach Konvergenzverhalten innerhalb eines Kopplungszeitschrittes unabhängig vom CFD-Löser automatisch angepasst werden kann (siehe Abbildung 3.4). Dies ist im Strukturmodell v. a. für eine stabile Kontaktberechnung relevant und erhöht ggf. die FEM-Rechenzeit.

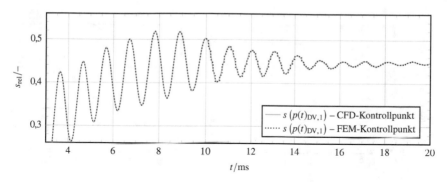

Abbildung 5.4: Vergleich der FSI-Auslenkungen der Kontrollpunkte im CFD- bzw. FEM-Modell (Ausschnitt aus dem für den Lastfall $p(t)_{DV,1}$ berechneten Auslenkungsverlauf)

Auswertung des nominellen Ventilhubs

Die Grundlage zum Vergleich der Simulationsergebnisse mit den Validierungsdaten ist die simulative Erfassung des nominellen Ventilhubes s entlang der Ventilbohrungsachse. Dazu wird im FEM-Modell ein Kontrollpunkt auf die Oberfläche der Lamelle gelegt, welcher sich in Ruhelage exakt auf der Ventilbohrungsachse befindet und so den Abtastpunkt des Laservibrometers nachbildet, vgl. Abbildung 4.2. Dieser Punkt wird während der Berechnung mitbewegt. Eine analoge Vorgehensweise ist CFD-seitig möglich. Der Vergleich beider Auslenkungsverläufe des Druckventils im dynamischen Lastfall $p(t)_{DV,1}$ (freie Schwingung zwischen Ventilsitz und Niederhalter) zeigt eine im Rahmen der zeitlichen Diskretisierung hohe Übereinstimmung, siehe Abbildung 5.4. Die maximale Abweichung der berechneten Auslenkung zwischen CFD- und FEM-Simulation liegt bei <2 %, was auf eine hohe Genauigkeit des *Surface-to-Surface Mapping*-Algorithmus beim Übertragen der Knotenverschiebungen auf das CFD-Modell schließen lässt. Für grundlegende Gegenüberstellungen können somit beide Ergebnisverläufe verwendet werden. Zur detaillierten Quantifizierung von Schwingungsgrößen sollte jedoch die FEM-seitig ermittelte Auslenkung verwendet werden, um einen potenziell höheren Fehler bei anderen Lastfällen zu vermeiden.

5.1.3 Nachrechnung der stationären Ventilkennlinien

Das oben beschriebene Basis-FSI-Modell wird zunächst verwendet, um die stationären Ventilkennlinien des Saug- und des Druckventils (siehe Abbildung 4.3) nachzurechnen. Zwar handelt es sich um eine Abbildung jeweils stationärer Zustände, allerdings erfordert der verwendete implizite Kopplungsablauf die Durchführung einer transienten Simulation. Dazu werden die in Abschnitt 5.1 beschriebenen Simulationseinstellungen der transienten Berechnung beibehalten, die Druckbelastung wird jedoch weitgehend von der Eigendynamik des Lamellenventils entkoppelt, indem eine lineare Druckrampe über eine verhältnismäßig lange

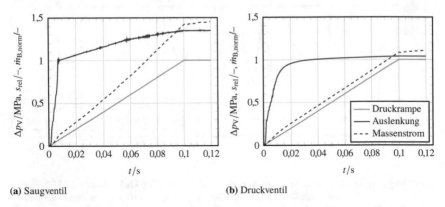

(a) Saugventil   **(b)** Druckventil

Abbildung 5.5: FSI-Berechnung der Ventilkennlinien: vorgegebene Druckrampe und berechnete
Verläufe der Nominalauslenkung und des durch die Ventilbohrung durchgesetzten
Massenstroms

Dauer vorgegeben wird. Die Druckdifferenz über das Ventil wird dabei von 0 bar bis 10 bar
über eine Zeit von 0,1 s angehoben und anschließend bis 0,12 s auf einem konstanten Wert von
10 bar gehalten (siehe Abbildung 5.5), um den quasistationären Zustand am Ende der Rampe
prüfen zu können. Die Dauer der Druckrampe ist ein Kompromiss zwischen erforderlicher
Rechenzeit und der Zielstellung, dynamische Effekte weitestgehend zu unterbinden.

Abbildung 5.5 zeigt neben der vorgegebenen Druckrampe die in der FSI-Simulation berechneten Zeitverläufe der Nominalauslenkung s sowie des durch die Ventilbohrung durchgesetzten Massenstroms $\dot{m}_B$ für das Saugventil und das Druckventil. Bei beiden Ventilen erreicht
die Ventillamelle bereits nach einer Zeit von 0,1 s bis 0,2 s den Hubbegrenzer, wobei der
Kontakt zum hubbegrenzenden Bauteil bei der Sauglamelle schlagartig und bei der Drucklamelle aufgrund der gebogenen Form des Niederhalters allmählich eintritt. Dabei ist ein
leichtes Abknicken des Massenstromverlaufs zu beobachten. Die Sauglamelle kann sich im
weiteren Verlauf über der Ventilbohrung weiter frei durchbiegen, wodurch der Nominalhub
nach dem Erreichen des Anschlags noch um weitere 35 %, bezogen auf die Auslenkung
am Anschlag, steigt (Abbildung 5.5a). Die Drucklamelle hingegen schmiegt sich an den
Niederhalter an, wobei die weitere Durchbiegung von Lamelle und Niederhalter hier nur 4 %
gegenüber der theoretisch maximalen Auslenkung bei ideal starrem Niederhalter beträgt
(Abbildung 5.5b).

Die Verformung der Ventillamelle und die Bewegung des Punktes über der Ventilbohrungsachse zur Ermittlung des Nominalhubes sind, ausgehend vom unbelasteten Initialzustand
($t_{\text{sim}} = 0$ s), für die Zeitpunkte $t_{\text{sim}} = 0,01$ s sowie $t_{\text{sim}} = 0,1$ s für beide Ventile in Abbildung 5.6 dargestellt. Darin sind die geometrischen Besonderheiten beim Anlegen der
Ventillamelle an den Hubbegrenzer bei einer weiteren Erhöhung der Druckbelastung zu
erkennen. Die Sauglamelle wird im Endzustand nahe ihrer Einspannung stark auf Biegung
belastet, was u. a. durch die Aussparung in der Sauglamelle im Bereich der Druckventil-

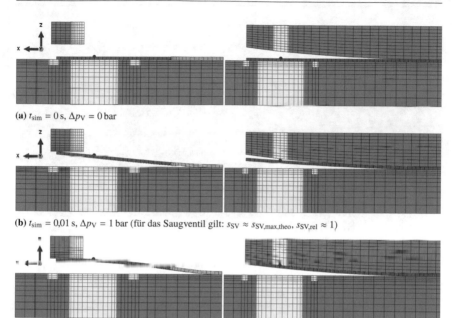

(a) $t_{sim} = 0\,s$, $\Delta p_V = 0\,bar$

(b) $t_{sim} = 0{,}01\,s$, $\Delta p_V = 1\,bar$ (für das Saugventil gilt: $s_{SV} \approx s_{SV,max,theo}$, $s_{SV,rel} \approx 1$)

(c) $t_{sim} = 0{,}12\,s$, $\Delta p_V = 10\,bar$ (für das Druckventil gilt: $s_{DV} \approx s_{DV,max,theo}$, $s_{DV,rel} \approx 1$); in diesem Zustand berechnete Spannungszustände: siehe Abbildung A.15

Abbildung 5.6: Darstellung der Verformungszustände des FEM-Modells der Saug- (links) und der Drucklamelle (rechts) sowie der Bewegung des Kontrollpunktes über der Ventilbohrungsachse zur Ermittlung des jeweiligen Nominalhubes (rot markiert), Schnittdarstellung der X-Z-Mittelebene

bohrung (vgl. Abbildung 2.1) und dem dadurch verringerten Querschnitt verstärkt wird. Die dabei im Endzustand aufgrund der Biegebelastung lokal entstehenden Spannungsmaxima bei gleicher Druckbelastung sind bei der Sauglamelle um eine Größenordnung höher als bei der Drucklamelle, siehe Abbildung A.15.

Nach dem Erreichen des Plateaus der Druckrampe ändert sich der Wert des erreichten Massenstroms nur marginal. Somit wird in jedem Punkt der Ventilkennlinie ein annähernd stationärer Zustand angenommen. Die Auslenkungskurve zeigt im Anfangsbereich ein leichtes Schwingungsverhalten der Lamelle. Dieses könnte durch ein Abflachen der Druckrampe verringert werden. Da jedoch die Gesamt-Rechendauer[23] mit der bestehenden Druckrampe für das Saugventil $1{,}08 \cdot 10^6\,s$ (ca. 13 d) und für die Drucklamelle $2{,}22 \cdot 10^6\,s$ (ca. 26 d) beträgt, wird von einer erneuten Berechnung mit verlängerter Druckrampe abgesehen.

Abbildung 5.7 zeigt das räumliche Strömungsfeld im Bereich der vollständig geöffneten Ventillamelle am Ende der Simulationszeit, entsprechend des in Abbildung 5.6c dargestellten

---

23 Auf einem Industrie-HPC nach aktuellem Stand der Technik mit 128 (CFD) bzw. 16 Rechenkernen (FEM)

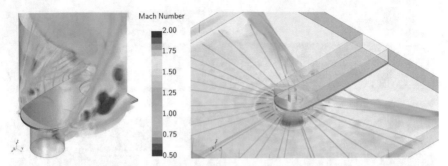

Abbildung 5.7: Räumliche Darstellung des Strömungsfeldes sowie der Stromlinienverläufe im Bereich der geöffneten Ventillamelle des Saug- (links) und des Druckventils (rechts) bei t_{sim} = 0,12 s und Δp_V = 10 bar (Einfärbung der Bereiche hoher Mach-Zahlen ab $Ma > 0,5$)

Zustandes. Darin ist zu erkennen, dass sich am Saugventil eine Überschallströmung beidseitig an der Lamelle sowie im Bereich der mittige Aussparung des Ventilblättchens ausbildet, welche sich an die darüber liegende Wandung der Laufbuchse anlegt. Am Druckventil hingegen entweicht die Strömung gleichmäßiger in der Ebene des Ventilsitzes und bildet dabei einen nahezu kreisförmigen Überschallbereich um die Ventilbohrung aus.

Zur Darstellung der Ventilkennlinie wird der berechnete Massenstrom durch die Ventilbohrung über die vorgegebene Druckdifferenz aufgetragen. Die Gegenüberstellung der gemessenen mit den berechneten Ventilkennlinien ist in Abbildung 5.8 dargestellt. Die Kennlinie des Saugventils zeigt eine hohe Übereinstimmung zwischen Messung und FSI-Simulation, siehe Abbildung 5.8a. Bei der Drucklamelle sind geringfügige Unterschiede zwischen Berechnung und Messung zu beobachten (Abbildung 5.8b), welche im Bereich der Messunsicherheit von ±0,3 bar liegen. Eine mögliche Ursache dieser Abweichung ist, dass der Niederhalter an seiner Einspannstelle im Modell fixiert, in Realität jedoch mit einem größeren Abstand zum Ventil angeschraubt und dadurch insgesamt nachgiebiger ist. Dadurch werden im Versuch ein größerer Ventilhub und ein höherer resultierender Massenstrom erreicht. Der absolute Fehler nimmt bei größeren Drücken nicht zu, d. h. der charakteristische Verlauf der Kennlinie wird gut wiedergegeben. Somit ist festzuhalten, dass die Ventilkennlinien bereits mit dem Basis-FSI-Setup erfolgreich nachgebildet werden können. Von einer Neuberechnung der Ventilkennlinien nach der Anpassung des FSI-Simulationssetups (Abschnitt 5.2) wird daher, auch unter Berücksichtigung der zuvor genannten Rechenkosten, abgesehen.

Die Berechnungsdaten der Ventilkennlinien werden weiterhin verwendet, um Gleichgewichtskurven der Ventile zu erzeugen. Diese stellen die stationäre Momentanauslenkung der Ventillamelle in Abhängigkeit von der anliegenden Druckdifferenz dar und werden benötigt, um das Schwingungsverhalten der Ventile besser auswerten zu können (siehe Abschnitt 5.2.5). Dabei werden, analog zur Ventilkennlinie, die berechneten Nominalauslenkungen (siehe Abbildung 5.5) über die vorgegebene Druckdifferenz aufgetragen. Da die Aus-

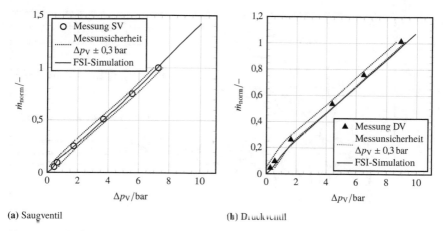

(a) Saugventil

(b) Druckventil

Abbildung 5.8: Gegenüberstellung der mittels FSI (Basis-Setup) berechneten und der experimentell ermittelten Ventilkennlinien, vgl. Abbildung 4.3

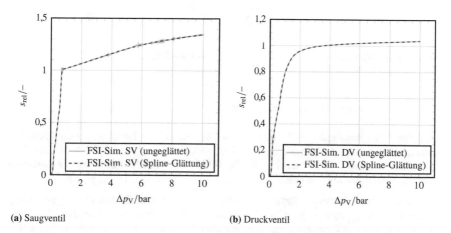

(a) Saugventil

(b) Druckventil

Abbildung 5.9: Mittels FSI berechnete und geglättete Gleichgewichtskurven

lenkungsverläufe – insbesondere im Fall der Sauglamelle – leichte transiente Effekte zeigen, werden die Verläufe geglättet. Hierbei wird erneut eine Spline-Glättung verwendet, wie bereits zur Glättung der transienten Druckverläufe nach Abbildung 4.5. Für die Gleichgewichtskurven werden 100 äquidistant verteilte Stützstellen verwendet. Die ungeglätteten Gleichgewichtskurven der FSI-Ergebnisse aus Abbildung 5.5 sowie die Verläufe nach der Spline-Glättung sind in Abbildung 5.9 gegenübergestellt. Für die weiteren Analysen in Abschnitt 5.2 werden jeweils die geglätteten Verläufe verwendet.

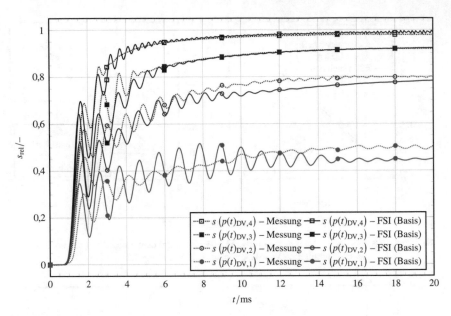

Abbildung 5.10: Vergleich der FSI-Auslenkung (Basis-Einstellungen) mit den Validierungskurven, vgl. Abbildung 4.4b

5.1.4 Nachrechnung der transienten Verläufe

Mit den Basis-Simulationseinstellungen wird am Beispiel des Druckventils eine erste Validierungsrechnung der dynamischen Lastfälle $p(t)_{DV,1}$ bis $p(t)_{DV,4}$ (siehe Abbildung 4.4a, Tabelle 4.2) für den Validierungsbereich $[0; 0,02]\,$s durchgeführt. Die Gegenüberstellung der FSI-Ergebnisse mit den Validierungsdaten ist in Abbildung 5.10 dargestellt.

Der Vergleich der Kurven in Abbildung 5.10 ergibt, dass die Grundform der Ventilauslenkung adäquat wiedergegeben wird. Allerdings bestehen Abweichungen hinsichtlich des Überschwingungs- und Dämpfungsverhaltens, insbesondere im Bereich des Öffnens ($s_{rel} < 0,1$) und beim Anlegen an den Niederhalter ($s_{rel} > 0,8$). Hierfür können sowohl FEM- als auch CFD-seitig unterschiedliche Einflussparameter identifiziert werden. Die unterschiedlichen Simulationsparameter werden daher in Abschnitt 5.2 isoliert betrachtet. Dabei sollen diese nicht empirisch oder über statistische Methoden an die konkreten Validierungskurven angepasst werden. Das Ziel ist vielmehr die Plausibilisierung der einzelnen Einflussfaktoren für eine generelle Übertragbarkeit der Methode auf andere Lastfälle.

5.2 Anpassung der Simulationsparameter anhand der transienten Validierungsdaten des Druckventils

Für die Berechnung der stationären Ventilkennlinien (Abschnitt 5.1.3) wird das FSI-Basissetup als ausreichend betrachtet. Daher werden im Folgenden insbesondere die Simulationseinstellungen detailliert betrachtet, welche einen Einfluss auf die Dynamik der Ventillamelle haben. Dies betrifft sowohl die CFD- und FEM-Submodelle als auch die FSI-Kopplung selbst.

Für die Anpassung des Simulationssetups werden zwei Fälle berücksichtigt:

1. Die Lamelle liegt frei im Fluid zwischen Ventilsitz und Niederhalter; ein Kontakt ist nur im Bereich der Einspannung zu verzeichnen. Hier kann insbesondere der Einfluss der Anpassungen auf die Strömungslösung beurteilt werden.

2. Die Lamelle schwingt vollständig auf und legt sich an den Niederhalter an. Hier kann der Einfluss der Spaltbehandlung und der Kontaktberechnung beurteilt werden.

Somit werden, je nach betrachtetem Aspekt, die Verläufe $s\left(p(t)_{\text{DV,1}}\right)$ (ca. halber Hub) und $s\left(p(t)_{\text{DV,4}}\right)$ (nahezu vollständiges Anlegen an den Niederhalter) als Vergleichsbasis verwendet, vgl. Abbildung 4.4.

Vorbemerkung zu Schwebungseffekten

Bei der Untersuchung unterschiedlicher Simulationsparameter in den folgenden Abschnitten kommt es vereinzelt zu Schwebungseffekten im simulierten Schwingungsverlauf des Lastfalles $p(t)_{\text{DV,1}}$ (annähernd freie Schwingung), siehe bspw. Abbildungen 5.12, 5.14, 5.15 und 5.26. Auch der experimentell ermittelte Auslenkungsverlauf zeigt eine leichte Tendenz einer Schwebungsform, siehe Verlauf $s\left(p(t)_{\text{DV,1}}\right)$ in Abbildung 4.4b.

Der Effekt der Schwebung kann auftreten, wenn sich zwei harmonische Schwingungen mit leicht unterschiedlichen charakteristischen Frequenzen $f_{\text{char,1}}$ und $f_{\text{char,2}}$ überlagern. Im Fall der starken Fluid-Struktur-Interaktion am Lamellenventil kann dies physikalisch durch geringe Unterschiede in der Eigenfrequenz der Lamelle (Strukturverhalten) und der charakteristischen Frequenz der Wirbelablösungen (anregende Frequenz) erklärt werden. Überkritische Stoßwellen werden hierbei als Ursache ausgeschlossen, da die Schwebungseffekte im unterkritischen Lastfall $p(t)_{\text{DV,1}}$ auftreten ($\pi_{\text{V,max,1}} > \pi_{\text{krit}}$, vgl. Tabellen 4.1 und 4.2).

Die Frequenz der resultierenden Einhüllenden der Schwebung f_{Einh} ergibt sich zu:

$$f_{\text{Einh}} = \frac{\left|f_{\text{char,1}} - f_{\text{char,2}}\right|}{2} = \frac{1}{T_{\text{Einh}}}, \tag{5.1}$$

mit T_{Einh} als Periodendauer der Einhüllenden.

Aus der Analyse der Schwingungsverläufe der o.g. Abbildungen geht hervor, dass die Einhüllende im Falle einer auftretenden Schwebung eine Periodendauer von etwa $T_{\text{Einh}} \approx 20\,\text{ms}$

aufweist, was einer Frequenz von $f_{\text{Einh}} \approx 50\,\text{Hz}$ entspricht. Aus Gleichung (5.1) resultiert, dass die Differenz der überlagerten Schwingungen im Bereich von $\left| f_{\text{char},1} - f_{\text{char},2} \right| \approx 100\,\text{Hz}$ liegt.

Um den Effekt der Schwebung detaillierter erfassen und auswerten zu können, ist ein Berechnungszeitraum erforderlich, der deutlich über den hier betrachteten 20 ms liegt. Aufgrund der hierfür bereits hohen erforderlichen Rechenkosten, siehe Abschnitt 5.2.4, wird jedoch davon abgesehen. Da der Effekt der Schwebung zudem im Bereich der freien Schwingung zwischen Ventilsitz und Hubbegrenzer auftritt, wird angenommen, dass dieser im Großteil der realen Verdichter-Betriebspunkte nicht zum Tragen kommt, da das Ventil auf möglichst schnelles und vollständiges Öffnen und Anlegen an das hubbegrenzende Element ausgelegt wird. Denkbar ist ein Auftreten von Schwebungseffekten in Teillastbereichen und Lastwechseln mit niedrigen Drehzahlen und Massenströmen sowie geringen Druckverhältnissen $p_{\text{D}}/p_{\text{S}}$.

5.2.1 CFD-Rechennetz und Randbedingungen

Netzauflösung

Im CFD-Rechengitter des Basismodells beträgt das Verhältnis von minimaler Spalthöhe zu Dichtlänge $s_{\text{ZGL}}/L_{\text{dicht}} = 0{,}05$. Wie aus der Voruntersuchung des Spaltschlussverhaltens am 2D-Ventil (Abschnitt 3.5.2) hervorgeht, könnte ein Verhältnis von $s_{\text{ZGL}}/L_{\text{dicht}} = 0{,}01 \dots 0{,}02$ zu einer höheren Genauigkeit in der Berechnung der Spaltströmung führen. Um dies genauer zu untersuchen, wird die in Abschnitt 5.1.1 beschriebene Netzauflösung in z-Richtung (Hauptbewegungsrichtung der Lamelle) so verfeinert, dass sich ein Spalt-zu-Dichtlängen-Verhältnis von $s_{\text{ZGL}}/L_{\text{dicht}} = 0{,}015$ ergibt. Die Basis-Kantenlänge und somit auch die Breite der Rechenzellen im Spaltbereich bleiben unverändert. Dadurch entstehen im Spaltbereich Zellen mit sehr kleinen Seitenverhältnissen (*Aspect Ratios*). Das minimale Seitenverhältnis der Zellen im Spaltbereich beträgt beim Basisgitter ca. 0,3 und nach der Verfeinerung im Spaltbereich etwa 0,1, siehe Abbildung 5.11. Die Anzahl der Rechenzellen steigt durch die Spaltverfeinerung im Hintergrundgitter von $4{,}49 \cdot 10^6$ auf $5{,}50 \cdot 10^6$ und im *Overset*-Gitter von $1{,}81 \cdot 10^6$ auf $2{,}17 \cdot 10^6$ an. Nach Bildung des *Overset Interface* steigt die Anzahl der initialen aktiven CFD-Volumen-Rechenzellen um 22 % von $4{,}38 \cdot 10^6$ auf $5{,}34 \cdot 10^6$ an.

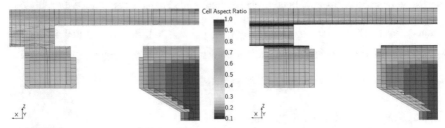

Abbildung 5.11: Schnittdarstellung des CFD-Rechengitters im Bereich der Dichtleiste (links: Basis-Rechengitter; rechts: Verfeinerung im Spaltbereich) mit farbiger Darstellung der *Aspect Ratio* (Initialzustand)

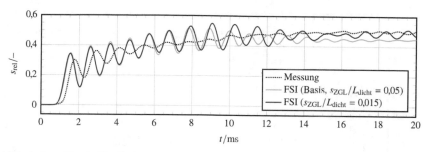

(a) Auslenkung über der Ventilbohrung

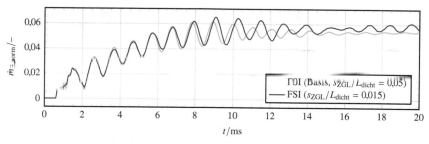

(b) Massenstrom durch die Ventilbohrung

Abbildung 5.12: Einfluss der Feinheit der Spaltauflösung auf die berechneten Auslenkungs- und Massenstromverläufe des Lastfalls $p(t)_{DV,1}$ (vgl. Abbildung 4.4b)

Abbildung 5.12 zeigt die Ergebnisse der Auslenkungs- und Massenstromverläufe bei unterschiedlich feiner Spaltauflösung. Aus dem Vergleich der berechneten Auslenkungsverläufe (Abbildung 5.12a) geht hervor, dass eine feinere Spaltauflösung die Dämpfungswirkung durch die Quetschströmung im Spaltbereich in Bezug auf die Anfangsauslenkung und die ersten Schwingungen kaum beeinflusst. Allerdings wird im weiteren Verlauf (ab ca. 10 ms) durch die Simulation mit feinerer Spaltauflösung eine niedrigere Schwingungsfrequenz erreicht, welche näher an der Messung liegt als die Simulation mit dem FSI-Basissetup.

Obwohl die Feinheit der Spaltauflösung den Zeitpunkt beeinflusst, zu welchem während der Ventilöffnungsphase die Spaltzellen am Ventilsitz reaktiviert werden, ergibt sich keine relevante Verzögerung im durch die Ventilbohrung durchgesetzten Massenstrom, siehe Abbildung 5.12b. Im weiteren Verlauf ist bei Spaltverfeinerung – analog zum Verlauf der Auslenkung – eine Absenkung der Frequenz sowie ein erhöhter Wert des im Endzustand (nach 20 ms) erreichten Massenstroms zu beobachten. Letzteres bietet eine mögliche Erklärung dafür, dass die mit dem Basis-FSI-Simulationssetup ermittelte Ventilkennlinie des Druckventils hinsichtlich des Massenstroms leicht unterhalb der Messdaten liegt, siehe Abbildung 5.8b.

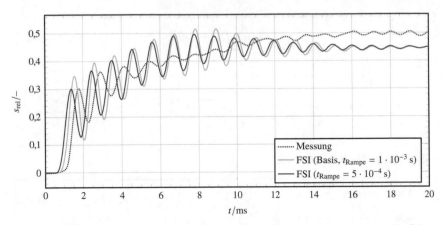

Abbildung 5.13: Einfluss der Dauer der Druckrampe auf den berechneten Auslenkungsverlauf des Lastfalls $p(t)_{DV,1}$ (vgl. Abbildung 4.4b)

Die Rechenzeit steigt durch die Verfeinerung der Höhe der Spaltzellen um 5,4 % an. Zudem führt die Abflachung der Spaltzellen (Abbildung 5.11) zu einer Verschlechterung der Netzqualität mit höherer Tendenz zu divergentem Verhalten in einzelnen Lastfällen. Eine Anpassung der Netzqualität (Anhebung der *Aspect Ratios*) ist mit einer Verfeinerung des Netzes auch in x- und y-Richtung verbunden, wodurch eine erhebliche Vergrößerung der Anzahl der CFD-Rechenzellen und der Rechenzeit zu erwarten ist. Obwohl das Rechenergebnis mit feinerer Spaltauflösung ($s_{ZGL}/L_{dicht} = 0,015$) also näher an der Messung liegt, wird zugunsten der Rechenzeit und -stabilität das Basisgitter mit einem Spalt-zu-Dichtlängen-Verhältnis von $s_{ZGL}/L_{dicht} = 0,05$ für weitere Untersuchungen beibehalten.

Druckrandbedingung und Glättung

Um den Einfluss der Druckrampe (Gleichung (4.2)) auf die Rechengenauigkeit zu beurteilen, wird die Dauer der Rampe von $t_{Rampe} = 1 \cdot 10^{-3}$ s auf $t_{Rampe} = 5 \cdot 10^{-4}$ s verringert. Abbildung 5.13 zeigt den Unterschied der berechneten Auslenkungsverläufe im Vergleich mit dem gemessenen Verlauf. Daraus wird ersichtlich, dass eine Verkürzung der Druckrampe die Anfangsverzögerung der Lamellenbewegung und die ersten Überschwinger verringert. Das Abklingverhalten und die charakteristischen Frequenzen werden weitgehend beibehalten. Eine möglichst kurze Druckrampe ($t_{Rampe} \rightarrow 0$) ist somit anzustreben. Allerdings führen Werte von $t_{Rampe} < 5 \cdot 10^{-4}$ s zu instabilem, teils divergentem Verhalten bei einzelnen Lastfällen. Daher wird für weitere Betrachtungen ein Wert von $t_{Rampe} = 5 \cdot 10^{-4}$ s verwendet.

Weiterhin wird der Einfluss der Druckglättung betrachtet, vgl. Abbildung 4.5. Dabei wird die Anzahl der Stützstellen der Spline-Glättung verzehnfacht (300 Stützstellen auf 0,2 s). Dies führt zu einer genaueren Abbildung des Druckverlaufs, destabilisiert jedoch auch die Berechnung.

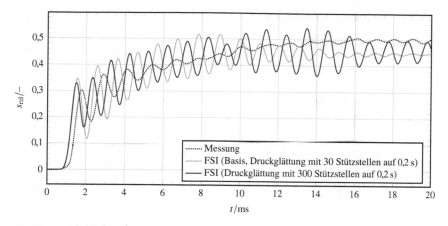

Abbildung 5.14: Einfluss der Anzahl der Stützstellen zur Druckglättung auf den berechneten Auslenkungsverlauf des Lastfalls $p(t)_{DV,1}$ (vgl. Abbildung 4.40)

Abbildung 5.14 zeigt den Unterschied der berechneten Auslenkungsverläufe mit unterschiedlicher Druckglättung im Vergleich mit dem gemessenen Verlauf. Während die Anfangsverzögerung bei beiden Simulationen nahezu identisch ist, weichen die berechneten Schwingungsverläufe ab dem ersten lokalen Auslenkungsmaximum deutlich voneinander ab. Die Erhöhung der Stützstellen führt zu einer Verringerung der Periodendauer der ersten Schwingungen und destabilisiert das weitere Abklingverhalten. Statt eines kontinuierlichen Abklingens der Schwingung, wie in der Messung zu beobachten, kommt es ab ca. 10 ms zu einer Verstärkung der Amplitude. Somit wird die Druckglättung über 30 Stützstellen auf 0,2 s beibehalten.

5.2.2 Fluidseitige Parameter

Zeitauflösung

Bei einer Verfeinerung der Zeitdiskretisierung der CFD-Berechnung stellt sich gegenüber der Basis-Berechnung, siehe Abbildung 5.10, ein anderer zeitlicher Verlauf ein, wie in Abbildung 5.15 abgebildet. Sowohl die Halbierung der Rechenzeit ($\Delta t = 5 \cdot 10^{-6}$ s) als auch die Erhöhung der Anzahl der inneren Iterationen pro Zeitschritt von 20 auf 40 führen zu einem gegenüber dem Basissetup stärker gedämpften Verlauf. Diese Beobachtung ist darauf zurückzuführen, dass bei Verfeinerung der zeitlichen Diskretisierung die Kraftverläufe innerhalb eines Zeitschrittes besser konvergieren. Bei einer Verkleinerung der Zeitschrittweite erhöht sich der Rechenaufwand aufgrund des synchronisierten FSI-Kopplungsablaufs sowohl auf der CFD- als auch auf der FEM-Seite, wodurch die Gesamtrechenzeit um 63 % (von $2{,}38 \cdot 10^5$ s auf $3{,}89 \cdot 10^5$ s) ansteigt. Die Erhöhung der Anzahl der inneren Iterationen

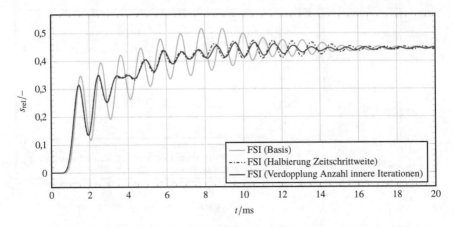

Abbildung 5.15: Einfluss der zeitlichen Diskretisierung auf den berechneten Auslenkungsverlauf des Lastfalls $p(t)_{DV,1}$ (vgl. Abbildung 4.4b)

betrifft nur die CFD-Seite, wodurch die Rechenzeit lediglich um 12 % gegenüber dem Basis-Simulationssetup ansteigt (auf $2{,}67 \cdot 10^5$ s). Da die Verbesserung der Rechengenauigkeit bei beiden Ansätzen ähnlich ist, wird von einer Verringerung der Zeitschrittweite abgesehen und für nachfolgende Untersuchungen die Anzahl der inneren Iterationen angepasst.

Zusätzlich zur Verfeinerung der zeitlichen Diskretisierung wird untersucht, inwiefern die Berechnung beschleunigt werden kann. Dies wird anhand der Erhöhung der Courant-Zahl sowie durch die Vorgabe einer variablen Zeitschrittweite realisiert. Wird die Courant-Zahl von 10 auf 25 angehoben, kommt es zu einem deutlichen Verwischen des zeitlichen Auslenkungsverlaufs. Trotz einer Rechenzeitersparnis von 16 % wird daher von dieser Art der Beschleunigung der Berechnung abgesehen. Bei Vorgabe eines variablen Zeitschrittes, der bei einer Ziel-Courantzahl zwischen 0,5 und 5,0 ausgehend vom Startwert von $\Delta t = 1 \cdot 10^{-5}$ s automatisch angehoben werden kann, ergibt sich eine Zeitersparnis von 5 % ohne Genauigkeitsverlust. Somit wird diese Methode der Zeitsteuerung für weitere Untersuchungen eingesetzt.

Realgas und Turbulenzmodell

Insbesondere bei der Übertragung der Ventilmodelle auf reale Betriebsbedingungen eines CO_2-Verdichters ist die Annahme des Idealgasverhaltens nicht mehr zulässig. Daher wird bereits bei der Validierung am Ventilprüfstand mit Stickstoff bei Umgebungsbedingungen untersucht, inwiefern die Verwendung eines Realgasmodells die Genauigkeit und Rechenzeit beeinflusst. Der Vergleich der berechneten Auslenkungsverläufe bei Verwendung eines Ideal- bzw. Realgasmodells (Peng-Robinson-Modell) mit dem gemessenen Verlauf ist in Abbildung 5.16 abgebildet. Darin ist zu erkennen, dass die Auslenkungsverläufe nahezu

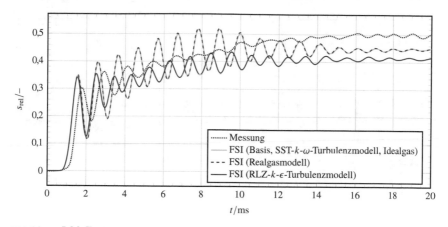

Abbildung 5.16: Einfluss der Realgas- und Turbulenzmodellierung auf den berechneten Auslenkungsverlauf des Lastfalls $F(t)_{DV,1}$ (vgl. Abbildung 4.4b)

identisch sind, wobei sich die Rechenzeit gegenüber dem Basis-Modell geringfügig um
0,8 % erhöht. Vor dem Hintergrund der Verwendbarkeit validierter Ventilmodelle auf die
Simulation von Verdichtungsprozessen, bspw. in CO_2-Verdichtern, wird somit das Realgas-
modell weiterführend verwendet.

Abbildung 5.16 zeigt zusätzlich die Ergebnisse bei Verwendung des RLZ-k-ϵ-Turbulenz-
modells anstelle des SST-k-ω-Turbulenzmodells. Dabei wird deutlich, dass das RLZ-k-ϵ-
Turbulenzmodell einen größeren dämpfenden Effekt auf die Ventilschwingung ausübt. Zudem wird die gemessene absolute Auslenkung durch das SST-k-ω-Turbulenzmodell besser
wiedergegeben, was auch auf eine unterschiedliche Kraftverteilung auf der Lamellenoberfläche schließen lässt. Der zum Ende der Simulationszeit (bei $t = 0,02$ s) erreichte Massenstrom liegt dadurch bei Verwendung des RLZ-k-ϵ-Turbulenzmodells 3,7 % unterhalb des
mit dem SST-k-ω-Turbulenzmodell erreichten Wertes. Aufgrund der kleineren Abweichung
der Auslenkung zur Messung wird daher das SST-k-ω-Turbulenzmodell beibehalten.

5.2.3 Strukturseitige Parameter

Exakte Werkstoffdaten

Zum Vergleich mit dem Basis-FSI-Setup (vgl. Abschnitt 5.1.2) werden für die Ventillamelle
im angepassten FSI-Simulationssetup die exakten Werkstoffdaten (Dichte, Elastizitätsmodul
und Querkontraktionszahl) des verarbeiteten Federstahls verwendet. Gegenüber den Basis-
Werkstoffdaten ist das Ventilblättchen leichter und steifer. Entsprechend der Eigenkreisfrequenz eines Einmasseschwingers ($\omega_0 = \sqrt{c/m}$) ist somit zu erwarten, dass dadurch eine
höhere Schwingungsfrequenz erreicht wird.

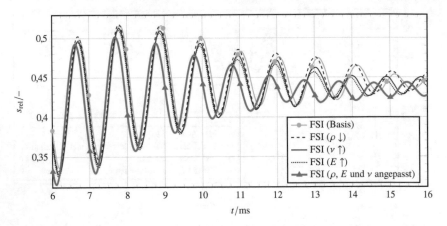

Abbildung 5.17: Einfluss der Werkstoffdaten des Strukturmodells auf den berechneten Auslenkungsverlauf des Lastfalls $p(t)_{DV,1}$ (vgl. Abbildung 4.4b)

Der Einfluss der einzelnen, zunächst isoliert angepassten Materialdaten auf den berechneten
Auslenkungsverlauf des Lastfalles $p(t)_{DV,1}$ ist in Abbildung 5.17 für ein repräsentatives
Zeitfenster dargestellt. Daraus ist erkennbar, dass alle drei Stoffparameter (Dichte, Elastizitätsmodul und Querkontraktionszahl) zu einer Erhöhung der Schwingungsfrequenz führen.
Zudem verursachen der höhere Elastizitätsmodul und die höhere Querkontraktionszahl eine
höhere Dämpfung. Die Kombination aller drei angepasster Stoffdaten resultiert somit neben
der Erhöhung der Schwingungsfrequenz auch in einer verstärkten Dämpfung, wie in Abbildung 5.17 dargestellt. Zusätzlich ist zu beobachten, dass aufgrund der höheren Steifigkeit
der Lamelle auch der Absolutwert der erreichten Auslenkung gegen Ende der Berechnung
gegenüber der Basissimulation sinkt.

Materialdämpfung

Um das Dämpfungsverhalten des Materials und der nicht-idealen Einspannung abzubilden,
wird das Strukturmodell mit einem virtuellen Dämpfungsansatz, der so genannten *Rayleigh*-
Dämpfung versehen. Dieser Ansatz ist in *Abaqus/Standard* wie folgt implementiert [81]:

$$\xi_n = \underbrace{\frac{\alpha_R}{2\omega_n}}_{\xi_{n,\alpha}} + \underbrace{\frac{\beta_R\omega_n}{2}}_{\xi_{n,\beta}}, \tag{5.2}$$

mit den *Rayleigh*-Koeffizienten α_R und β_R sowie der Eigenkreisfrequenz ω_n der Mode n. Der
Dämpfungsgrad ξ_n der n-ten Eigenform unterteilt sich in eine eine steifigkeitsproportionale
Dämpfung $\xi_{n,\alpha}$, welche eine hochfrequente Dämpfungswirkung hat, und eine masseropor-
tionale Dämpfung $\xi_{n,\beta}$ für den niederfrequenten Anteil.

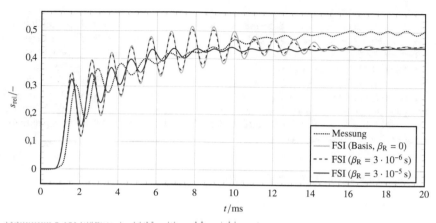

Abbildung 5.18: Einfluss der FEM-seitigen Materialdämpfung auf den berechneten Auslenkungsverlauf des Lastfalls $p(t)_{DV,1}$ (vgl. Abbildung 4.4b)

Es handelt sich hierbei um einen rein mathematischen, gesamtheitlichen Ansatz, d. h. eine
Rückführung der Dämpfungsparameter auf physikalische Gesetzmäßigkeiten ist nur bedingt möglich. Allerdings kann der Term $\xi_{n,\alpha}$ als viskose Fluiddämpfung betrachtet werden.
Diese wird anhand der Kopplung mit dem Strömungsfeld im Rahmen der FSI-Berechnung
aufgelöst, wodurch dieser Dämpfungsanteil in der *Rayleigh*-Dämpfung vernachlässigt werden kann ($\alpha_R = 0$). Die Definition des Parameters β_R ist Teil der Materialbeschreibung
des Strukturmodells. Dadurch wird dem FEM-Gleichungssystem (vgl. Abschnitt 3.2) ein
zusätzlicher Dämpfungs-Spannungsterm σ_ξ hinzugefügt, welcher proportional zur Schergeschwindigkeit $\dot{\gamma}$ ist [81]:

$$\sigma_\xi = \beta_R k_{\text{elast}} \dot{\gamma}. \tag{5.3}$$

Die Wirkung unterschiedlicher Werte für β_R auf das Abklingverhalten bei Lastfall $p(t)_{DV,1}$
(Lamelle schwingt frei zwischen Sitz und Niederhalter, vgl. Abbildung 4.4b) ist in Abbildung 5.18 dargestellt. Die Materialdämpfung beeinflusst nur unwesentlich die auftretenden Schwingungsfrequenzen, wirkt sich jedoch wesentlich das Abklingverhalten der
Schwingung der Lamelle aus. Die Einbeziehung einer Materialdämpfung im FEM-Modell
führt zudem zu einer Reduktion der Rechenzeit. So sinkt bei einem Dämpfungswert von
$\beta_R = 1 \cdot 10^{-6}$ s die Gesamt-Rechenzeit gegenüber der Simulation ohne Materialdämpfung
um 3,6 %, bei $\beta_R = 3 \cdot 10^{-6}$ s um 21 % und bei einem vergleichsweise hohen Dämpfungswert
von $\beta_R = 3 \cdot 10^{-5}$ s um 19 %. Dies deutet auf eine Stabilisierung der Berechnung hin, was
generell für die Einführung eines Materialdämpfungswertes spricht. Der Wert für β_R sollte
durch eine adäquate Abschätzung bestimmt werden, wie im Folgenden beschrieben.

Aus Gleichung (5.2) folgt mit $\xi_{n,\alpha} = 0$ und $\omega_n = 2\pi/T_n$:

$$\beta_R = \frac{\xi_n T_n}{\pi}. \tag{5.4}$$

Die Eigenfrequenz der ersten Schwingungsmode der betrachteten Ventillamelle liegt im eingespannten Zustand bei f_1 = 829 Hz [77]. Ein repräsentativer Wert für die Periodendauer der dominanten Schwingung liegt somit bei T_1 = $1/f_1$ = 0,0012 s. In Anlehnung an die experimentellen Untersuchungen von Lohn *et al.* [37] zum Dämpfungsverhalten von Verdichter-Lamellenventilen wird entsprechend einer schwach gedämpften Schwingung ein Dämpfungsgrad von ξ_1 = 0,002 gewählt, welcher den Einfluss von Materialdämpfung und Einspannung zusammenfasst. Aus Gleichung (5.4) folgt daraus mit n = 1 ein Wert von β_R = 7,68 · 10^{-7} s. Somit wird für alle weiteren Berechnungen ein Dämpfungsparameter von β_R = 1 · 10^{-6} s vorgegeben.

Kontaktdämpfung durch Quetschströmungseffekte

Durch die Nutzung der *Overset Mesh*-Methode unter Verwendung der *Zero Gap*-Option wird die Strömung beim Unterschreiten einer minimalen Spalthöhe aufgrund der Zellaktivierung der Spaltzellen nicht mehr gelöst. Die Strömungsgrößen des letzten aktiven Zustandes werden gespeichert. Dies betrifft somit auch die entsprechenden Randwerte, die in der Ventilsimulation an der FSI-Fläche an das Strukturmodell übergeben werden. Erst bei Reaktivierung der Zellen werden die Strömungsgrößen neu berechnet und die Werte des letzten aktiven Zustandes überschrieben. Eine detaillierte CFD-seitige Berechnung der Quetschströmung im Spaltbereich ist daher nicht möglich. Diese hat jedoch aufgrund des dämpfenden Charakters eine ausschlaggebende Wirkung auf das transiente Verhalten des Ventils [11]. Somit ist eine adäquate Ersatzmodellierung der Dämpfungswirkung durch die Quetschströmung im Spaltbereich erforderlich.

Böswirth [11] schlägt zur Berechnung des Dämpfungsfaktors infolge der Quetschströmung b_Q folgende Beziehung vor, welche bspw. auch in der Dissertation von Baumgart [7] aufgegriffen wird:

$$b_Q(s) = k_d \cdot \left(\frac{b_V}{s}\right)^3 \cdot \eta \cdot l_V. \qquad (5.5)$$

Hierbei beschreiben b_V und l_V die Breite respektive Länge der bewegten Ventillamelle, s den nominellen Ventilhub und η die dynamische Viskosität des Fluids. k_d ist ein dimensionsloser Erfahrungswert, welcher nach Böswirth [11] über experimentelle Untersuchungen ermittelt worden ist. Zudem werden zur Herleitung von Gleichung (5.5) einige Vereinfachungen getroffen, darunter die Annahme, dass die Quetschströmung nur in Ebenen verläuft und dass das Gas als inkompressibel betrachtet werden kann [11].

Der Ansatz der vorliegenden Arbeit ist es, auf empirische Parameter zu verzichten und erforderliche Parameter mittels virtueller Versuche unter Abbildung eines realitätsnahen Verhaltens zu ermitteln. Im Folgenden wird daher ein Ansatz gewählt, die Dämpfungswirkung der Quetschströmung FEM-seitig zu modellieren, wobei der hierfür erforderliche Dämpfungsparameter μ_0 der FEM-Kontaktdämpfung mithilfe einer separaten CFD-Studie ermittelt wird.

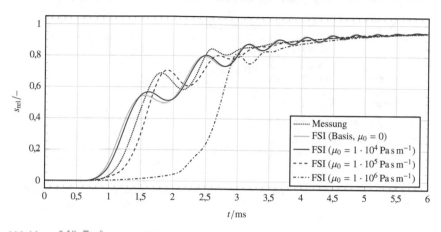

Abbildung 5.19: Einfluss der FEM-seitigen Kontaktdämpfung im Spaltbereich auf den berechneten Auslenkungsverlauf des Lastfalls $p(t)_{DV,4}$ (vgl. Abbildung 4.40) linearer Ansatz mit $c = 0$ und $s_0 = 0{,}2\,h_{Lamelle}$

Abbildung 5.19 zeigt beispielhaft für den Lastfall $p(t)_{DV,4}$ die Auslenkungsverläufe bei der Verwendung unterschiedlicher Werte für μ_0 im Vergleich mit der Messung. Hierbei wird jeweils der lineare Ansatz ($c = 0$) verwendet und eine Spaltweite von $s_0 = 0{,}2\,h_{Lamelle}$ angenommen. Es wird deutlich, dass die Kontaktdämpfung einen entscheidenden Einfluss auf die Anfangsverzögerung des Öffnungsvorganges, auf die Amplitude der ersten Schwingungen sowie auf das Abklingverhalten beim Anlegen an den Niederhalter hat. Bei Vernachlässigung oder Unterschätzung des Dämpfungswertes öffnet das Ventil zu schnell und zeigt ein ausgeprägtes Nachschwingverhalten beim Anlegen an den Hubbegrenzer. Ein zu hoher Dämpfungswert führt zu einem stark verzögerten Öffnen und einem sehr starken Abdämpfen der Bewegung am Niederhalter. Näheres zur Implementierung des (bi-)linearen Dämpfungsansatzes in *Abaqus/Standard* kann dem Anhang, Abschnitt A.2.4, entnommen werden.

Um den Dämpfungsparameter μ_0 des Strukturmodells zu ermitteln, wird ein repräsentatives Kontaktflächenpaar betrachtet, welches sich mit einer charakteristischen normalen Relativgeschwindigkeit bewegt. Die Dämpfungswirkung der Quetschströmung hat insbesondere einen Einfluss auf das Verhalten des Druckventils, da dadurch das Anlegen der Ventillamelle an den gekrümmten Niederhalter beeinflusst wird. Somit wird die Studie geometrisch an das Druckventil angelehnt. Dazu werden zwei Zylinder mit dem Durchmesser D betrachtet, siehe Abbildung 5.20. Dieser Durchmesser entspricht der Breite der realen Ventillamelle b_V. Es wird angenommen, dass das im Spalt verdrängte Fluid im realen Ventil stets durch einen sich entlang der Biegerichtung des Ventils öffnenden Spalt strömt. Aus diesem Grund wird die Stirnfläche des oberen Zylinders in der x-y-Ebene mit einem Radius R versehen. Als repräsentativer Wert für R wird der Radius des realen Niederhalters R_{NH} verwendet. Während die Kontaktfläche des unteren Zylinders also vollständig plan ist, ist die Kontaktfläche des

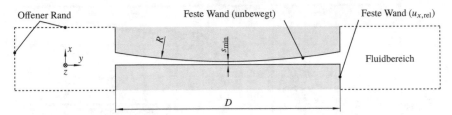

Abbildung 5.20: Schema der modellierten Geometrie zur CFD-basierten Untersuchung der Quetschströmung in Spaltbereichen

oberen Zylinders in der x-z-Ebene plan und in der x-y-Ebene gekrümmt. Der Abstand der beiden Kontaktflächen am engsten Punkt wird durch s_{min} definiert. Näheres zur Vernetzung und zum CFD-Simulationssetup kann ebenfalls Abschnitt A.2.4 im Anhang entnommen werden.

Zur Auswertung der Studie wird die Druckverteilung auf der Oberseite des unteren, bewegten Zylinders betrachtet, siehe Abbildung 5.21. Die Integration der Druckdifferenz zum Referenzdruck von $p_{Ref} = 101\,325$ Pa über die Stirnfläche des Zylinders ergibt die in x-Richtung resultierende Kraft auf den Zylinder F_x:

$$F_x = \int_A (p_i - p_{Ref})\,dA. \tag{5.6}$$

Mittels Division des mittleren Drucks p_m durch die Fläche auf der Stirnseite des Zylinders wird der Dämpfungsparameter in Pa s m^{-1} zurückgeführt:

$$p_m = \frac{F_x}{\frac{\pi}{4}D^2}. \tag{5.7}$$

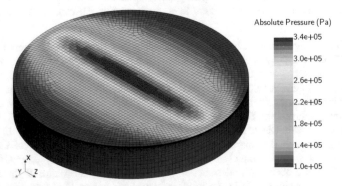

Abbildung 5.21: Druckverteilung auf der Oberfläche des unteren, bewegten Zylinders im Endzustand bei $u_{x,rel} = 1\,\mathrm{m\,s^{-1}}$

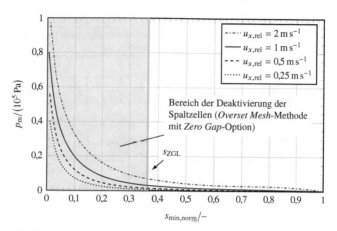

Abbildung 5.22: Ermittelte $p_\mathrm{m}(s_\mathrm{min})$-Verläufe für unterschiedliche repräsentative Geschwindig-keiten $u_{x,\mathrm{rel}}$ zur Charakterisierung der Quetschströmung im Spaltbereich

Die ermittelten $p_\mathrm{m}(s_\mathrm{min})$-Verläufe für unterschiedliche repräsentative Geschwindigkeiten $u_{x,\mathrm{rel}}$ sind in Abbildung 5.22 dargestellt. Daraus ist ersichtlich, dass ein wesentlicher Anstieg der dämpfenden Kraft im Spaltbereich liegt, welcher im FSI-Ventilmodell aufgrund der Deaktivierung der Spaltzellen nicht abgebildet wird.

Um einen adäquaten Dämpfungswert für den linearen Kontaktdämpfungsansatz in *Abaqus/ Standard* zu ermitteln, wird die im Spaltbereich verrichtete Arbeit W_Spalt im Bereich der Gitterdeaktivierung (zwischen $s = 0$ und s_ZGL) bilanziert:

$$W_\mathrm{Spalt} = \int_0^{s_\mathrm{ZGL}} F_x \, \mathrm{d}s_\mathrm{min} = \frac{\pi}{4}D^2 \cdot \int_0^{s_\mathrm{ZGL}} p_\mathrm{m} \, \mathrm{d}s_\mathrm{min}. \tag{5.8}$$

Dabei soll gelten, dass diese Arbeit für beide Betrachtungsweisen gleich groß ist, siehe Abbildung 5.23:

$$W_\mathrm{Spalt,CFD} = W_\mathrm{Spalt,lin}. \tag{5.9}$$

Aus Gleichungen (5.8) und (5.9) folgt unter Anwendung der Sehnentrapezregel zur nu-merischen Integration des Terms $\int_0^{s_\mathrm{ZGL}} p_\mathrm{m} \, \mathrm{d}s_\mathrm{min}$ und Herauskürzen der Kreisfläche $\frac{\pi}{4}D^2$ auf beiden Seiten der Gleichung:

$$\sum_{i=2}^{n} \left(\frac{p_{\mathrm{m},i} + p_{\mathrm{m},i-1}}{2} \right) \cdot (s_{\mathrm{min},i} - s_{\mathrm{min},i-1}) = \frac{1}{2} p_{\mathrm{m,lin},0} \cdot s_\mathrm{ZGL}. \tag{5.10}$$

Gesucht wird der Achsenabschnitt $p_\mathrm{m,lin,0}$ des linearen Ansatzes. Zusammen mit der zuge-hörigen Relativgeschwindigkeit $u_{x,\mathrm{rel}}$ wird daraus der Dämpfungsparameter μ_0 berechnet:

$$\mu_0 = \frac{p_\mathrm{m,lin,0}}{u_{x,\mathrm{rel}}}. \tag{5.11}$$

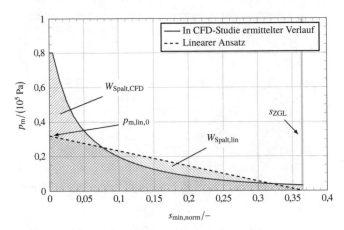

Abbildung 5.23: Bilanzierung der im Spaltbereich verrichteten Arbeit W_{Spalt} (beispielhaft für eine Relativgeschwindigkeit von $u_{x,\text{rel}} = 1 \, \text{m s}^{-1}$, vgl. Abbildung 5.22)

Tabelle 5.1 fasst die anhand der Studie ermittelten Werte für μ_0 für unterschiedliche repräsentative Relativgeschwindigkeiten $u_{x,\text{rel}}$ zusammen. Dabei nimmt der Dämpfungsparameter typische Werte im Bereich von $2{,}5 \cdot 10^4 \, \text{Pa s m}^{-1}$ bis $5 \cdot 10^4 \, \text{Pa s m}^{-1}$ an. Aus dem Verlauf der berechneten Nominalhübe der FSI-Simulation ohne Kontaktdämpfung (vgl. Abbildung 5.10) wird im Kontaktbereich eine repräsentative Geschwindigkeit von $u_{\text{Lamelle,rep}} \approx 0{,}5 \, \text{m s}^{-1}$ ermittelt. Somit wird für die weiteren Validierungsberechnungen der Saug- und der Drucklamelle ein FEM-Dämpfungsparameter von $\mu_0 = 4 \cdot 10^4 \, \text{Pa s m}^{-1}$ verwendet.

Es zeigt sich, dass eine adäquate FEM-seitige Modellierung der Kontaktdämpfung im Spaltbereich einen wesentlich höheren Einfluss auf das dynamische Verhalten der Ventillamelle hat als die Feinheit des CFD-Rechennetzes im Spaltbereich bis zur Deaktivierung der Spaltzellen (siehe Abbildung 5.12). Die Einführung einer FEM-seitigen Kontaktdämpfung führt allerdings zu einer deutlichen Anhebung der Rechendauer. So steigt die Gesamtrechendauer der FSI-Simulation gegenüber einer analogen Berechnung ohne Kontaktdämpfung um bis zu 16 % an. Während die CFD-Prozessorzeit annähernd konstant bleibt, steigt hierbei die FEM-Prozessorzeit um bis zu 60 % an. Die Anhebung der Rechendauer wird zugunsten der genaueren Berechnung der Dämpfungseffekte im Spaltbereich akzeptiert.

Tabelle 5.1: Ermittelte Dämpfungsparameter μ_0 für unterschiedliche repräsentative Relativgeschwindigkeiten $u_{x,\text{rel}}$

$u_{x,\text{rel}}/(\text{m s}^{-1})$	$p_{\text{m,lin,0}}/(10^4 \, \text{Pa})$	$\mu_0/(10^4 \, \text{Pa s m}^{-1})$
0,25	1,23	4,92
0,5	1,98	3,95
1	3,21	3,21
2	4,98	2,49

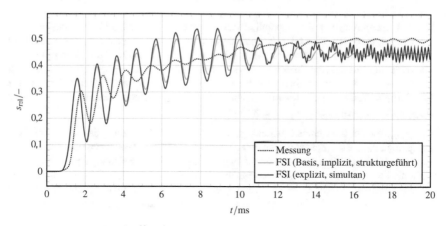

Abbildung 5.24: Einfluss des Kopplungsablaufs auf den berechneten Auslenkungsverlauf des Lastfalls $p(t)_{DV,1}$ (vgl. Abbildung 4.4b)

5.2.4 Kopplung und Skalierbarkeit

Implizite versus explizite Kopplung

Neben der impliziten, FEM-geführten Kopplung des Basissetups wird bei sonst identischen Simulationseinstellungen eine explizite, simultane Kopplung (*concurrent*) durchgeführt, vgl. Abbildung 3.3. Die Koppelgrößen werden hierbei nur einmal pro Zeitschritt ausgetauscht und die beiden Löser nutzen jeweils die Werte des letzten Zeitschrittes.

Abbildung 5.24 zeigt den mit beiden Kopplungsansätzen berechneten Auslenkungsverlauf für den Lastfall $p(t)_{DV,1}$. Hinsichtlich der Berechnung der generischen Auslenkungskurve, der dominanten Frequenzen und der Anfangsverzögerung liefern beide ähnliche Ergebnisse. Allerdings führt der explizite, simultane Kopplungsansatz im weiteren Verlauf zu stärkeren Amplituden. Zudem wird die charakteristische Schwingungsfrequenz ab ca. 10 ms von einer höherfrequenten Schwingung überlagert. Dabei steigt der Gesamt-Rechenaufwand gegenüber der impliziten Kopplung um 74 % an. Beides deutet auf eine instabile Berechnung hin. Zur Stabilisierung der expliziten Kopplung wäre eine deutliche Reduktion der Zeitschrittweite erforderlich, was mit einer erneuten Anhebung der Rechenzeit einhergeht. Für weitere Betrachtungen wird daher der implizite, sequentielle Kopplungsansatz beibehalten.

Anzahl der Kopplungsschritte

Die Anzahl der Kopplungsschritte der Austauschgrößen im impliziten Kopplungsablauf bestimmt Stabilität, Genauigkeit und Rechendauer der FSI-Simulation. Anhand des Lastfalles $p(t)_{DV,4}$ (beidseitiger Kontakt der Lamelle) werden die Kopplungsschritte variiert und das Ergebnis in Hinblick auf Rechenzeit und Genauigkeit der berechneten Auslenkung bewertet.

Die FSI-Berechnungen erfolgen parallelisiert auf einem industriellen Hochleistungsrechner (HPC) nach aktuellem Stand der Technik. Es wird angenommen, dass die Rechendauer bei gleichen Simulationseinstellungen aufgrund unterschiedlich starker HPC-Auslastung, der Überlagerung mit anderen Prozessen sowie der variablen Verteilung der Simulationen auf den einzelnen HPC-Kernen einer Grundschwankung im Bereich von 5 % bis 10 % unterliegt. Die Rechenzeiten werden daher in Stunden grafisch ausgewertet, wobei auf die detaillierte Angabe der exakten Rechenzeiten verzichtet wird.

Der Vergleich der berechneten Auslenkungen (Abbildung 5.25a) zeigt, dass die Anzahl der Kopplungsschritte pro Zeitschritt nur einen geringen Einfluss auf die Rechengenauigkeit hat. Im Bereich lokaler Maxima oder Minima liegt die maximale Abweichung des Auslenkungs-verlaufes bei einem Kopplungsschritt gegenüber zehn Kopplungsschritten bei 0,3 %, bezogen auf den Maximalhub. Der Unterschied zwischen zwei, fünf und zehn Kopplungsschritten ist marginal. Hinsichtlich der Genauigkeit werden daher zwei Kopplungsschritte pro Zeitschritt als ausreichend erachtet.

Die Erhöhung der Anzahl der Kopplungsschritte führt zu einer entsprechend höheren Gesamt-Rechenzeit, siehe Abbildung 5.25b. Auffällig ist dabei, dass die normierte CFD-Prozessor-zeit[24] bei einer Erhöhung von einer auf zwei Kopplungsschritten leicht abfällt, was auf eine Stabilisierung der Berechnung hindeutet. Da die Gesamtberechnungszeit bei zwei Kopplungsschritten gegenüber einem einzelnen Kopplungsschritt bei Erhöhung der Stabilität und Genauigkeit um < 2 % ansteigt, werden für nachfolgende Betrachtungen zwei Kopplungsschritte pro Zeitschritt festgelegt.

Variation der Anzahl verwendeter Rechenkerne

Die Skalierbarkeit der Rechenzeit mit der Anzahl der CFD- bzw. FEM-Kerne ist in Abbildung 5.25c und Abbildung 5.25d dargestellt. Dabei werden als Referenz 128 CFD- bzw. 16 FEM-Kerne verwendet. Die Rechendauer zeigt eine deutliche Abhängigkeit von der Anzahl der CFD-Kerne. Eine Erhöhung der Anzahl der CFD-Kerne von 128 auf 240 senkt die Gesamt-Rechendauer um 21 % und die normierte CFD-Prozessorzeit um 42 %. Eine weitere Erhöhung von 240 auf 480 Kerne führt zu einer deutlich geringeren Reduktion der Gesamt-Rechendauer um 0,2 %, was im Bereich der Grundschwankung der Rechendauer liegt und somit als nicht zielführend erachtet wird.

Hinsichtlich der Anzahl der FEM-Kerne zeigt die Gesamt-Rechendauer eine geringere Sensitivität. Bei einer Erhöhung der Anzahl der FEM-Kerne von 12 auf 16 sinkt die Gesamt-Rechendauer um 7 %, die normierte FEM-Prozessorzeit um 10 %. Eine deutliche Absenkung der Gesamt-Rechenzeit durch eine weitere Erhöhung der FEM-Rechenkerne ist nicht zu erwarten. Für weitere FSI-Berechnungen werden somit 240 CFD-Kerne und 16 FEM-Kerne bei zwei Kopplungsschritten pro Zeitschritt verwendet.

---

24 Die normierte Prozessorzeit ist definiert als die Gesamt-Prozessorzeit (*total CPU time*) geteilt durch die Anzahl der jeweiligen CFD- bzw. FEM-Kerne.

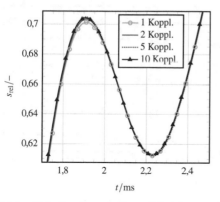

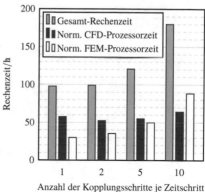

(a) Anzahl der Kopplungsschritte pro Zeitschritt; Auslenkungsverlauf (erstes Rückschwingen)

(b) Anzahl der Kopplungsschritte: Rechenzeiten (mit 128 CFD- und 16 FEM-Kernen)

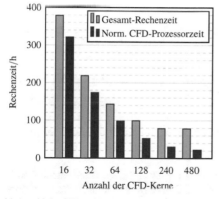

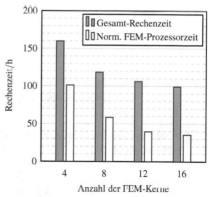

(c) Anzahl der CFD-seitig verwendeten Kerne (mit 16 FEM-Kernen)

(d) Anzahl der FEM-seitig verwendeten Kerne (mit 128 CFD-Kernen)

Abbildung 5.25: Variation der Anzahl der Kopplungsschritte pro Zeitschritt und der Anzahl der CFD- bzw. FEM-Rechenkerne (Lastfall $p(t)_{DV,4}$, $t_{sim,end} = 20\,\text{ms}$)

Die CFD- und FEM-seitigen Anpassungen im FSI-Simulationssetup, die in Kapitel 5.2 diskutiert werden, führen in Summe zu einer Anhebung der Gesamt-Rechenzeit gegenüber dem Basis-Simulationssetup. Je nach betrachtetem Lastfall beträgt diese Rechenzeiterhöhung 9 % (Lastfall $p(t)_{DV,4}$) bis 57 % (Lastfall $p(t)_{DV,1}$). Dabei wird deutlich, dass für den Fall der annähernd freien Schwingung die Gesamtrechendauer maßgeblich durch die Verfeinerungen im CFD-Setup beeinflusst wird, wohingegen bei hoher Druckbelastung (schnelles Anlegen der Lamelle) die FEM-Kontaktberechnung entscheidend für die Rechenzeit ist. Hierbei zeigt sich, dass die adäquate Abbildung der FEM-Kontaktdämpfung im Spaltbereich zu einer Stabilisierung der gekoppelten Berechnung bei sinkender FEM-Prozessorzeit führt.

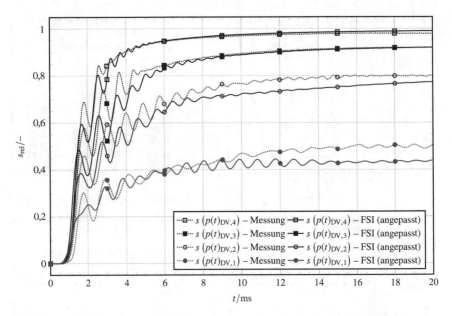

Legend (inside plot):

···□··· $s\left(p(t)_{DV,4}\right)$ – Messung —□— $s\left(p(t)_{DV,4}\right)$ – FSI (angepasst)
···■··· $s\left(p(t)_{DV,3}\right)$ – Messung —■— $s\left(p(t)_{DV,3}\right)$ – FSI (angepasst)
···○··· $s\left(p(t)_{DV,2}\right)$ – Messung —○— $s\left(p(t)_{DV,2}\right)$ – FSI (angepasst)
···●··· $s\left(p(t)_{DV,1}\right)$ – Messung —●— $s\left(p(t)_{DV,1}\right)$ – FSI (angepasst)

Abbildung 5.26: Vergleich der FSI-Auslenkung (angepasstes Simulationssetup) mit den Validierungskurven, vgl. Abbildung 4.4b

5.2.5 Festlegung des angepassten FSI-Simulationssetups und Bewertung bestehender Abweichungen

Basierend auf den in Abschnitt 5.2 durchgeführten Einzelstudien zu unterschiedlichen Simulationseinstellungen hinsichtlich Strömungs- und Strukturmodellierung sowie der Kopplungsmethode wird ein angepasstes FSI-Simulationssetup festgelegt. Die unterschiedlichen Parameter des angepassten FSI-Simulationssetups sind in Anhang A.4 in den Tabellen A.8 bis A.10 zusammengetragen und dem Basis-Simulationssetup (siehe Abschnitt 5.1.2) gegenübergestellt.

Die unter Verwendung dieses angepassten FSI-Simulationssetups berechneten Auslenkungskurven sind in Abbildung 5.26 dargestellt. Der qualitative Vergleich mit den berechneten Verläufen unter Verwendung der Basiseinstellungen (siehe Abbildung 5.10) zeigt, dass das Schwingungsverhalten, insbesondere die Amplituden und das Abklingverhalten, mit dem angepassten FSI-Setup wesentlich besser wiedergegeben werden.

Wie aus Abbildung 5.26 ersichtlich wird, bestehen insbesondere bei den niedrigen Lastfällen $p(t)_{DV,1}$ und $p(t)_{DV,2}$ Abweichungen in der erreichten Absolutauslenkung im Plateaubereich gegen Ende der Simulationszeit. Wie die Studie zur Spaltauflösung (siehe Abbildung 5.12a) gezeigt hat, kann diese Differenz simulationsseitig durch eine Verfeinerung der Höhe der Spaltzelle reduziert werden. Zugunsten der Stabilität und Rechendauer wird allerdings von der Netzverfeinerung abgesehen. Zudem ist zu erwarten, dass die nicht-ideale Einspannung am Fuß der Ventillamelle im Experiment dazu führt, dass insbesondere beim freien Schwingen zwischen Ventilsitz und Niederhalter größere Unterschiede bestehen bleiben.

Weitere Abweichungen zwischen Messung und FSI-Simulation ergeben sich durch die Art der Modellierung. Nach der Anpassung des Simulationssetups können die verbleibenden Hauptfehlerquellen im FSI-Modell wie folgt zusammengefasst werden:

1. Die Druckrandbedingung lässt keine Rückkopplung der Ventilbewegung auf das Drucksignal zu.

2. Der gemessene Druckverlauf wird gefiltert und geglättet, bevor er im CFD-Modell als Randbedingung vorgegeben wird.

3. Das Drucksignal am Einströmrand wird mit einer zusätzlichen Rampenfunktion versehen.

Es ist somit nicht zu erwarten, dass durch eine weitere Verfeinerung des FSI-Simulationssetups eine wesentlich bessere Übereinstimmung der FSI- mit den gemessenen Auslenkungskurven erreicht werden kann. Zugunsten der Realisierbarkeit, Rechenzeit und Stabilität der FSI-Berechnung werden somit die o. g. verbleibenden Fehlerquellen toleriert.

Auswertung des Schwingungsverhaltens mittels FFT

Um das Schwingungsverhalten der Lamelle besser beurteilen und die experimentellen mit den simulierten Ergebnissen quantitativ besser vergleichen zu können, werden die Auslenkungsverläufe aus Abbildung 5.26 vom Zeit- in den Frequenzraum transformiert. Dazu wird die diskrete Fourier-Transformation (DFT) mittels schneller Fourier-Transformation (*fast Fourier transform*, FFT) verwendet. Die DFT wird hierbei numerisch unter Zuhilfenahme der Software-Bibliothek nach Frigo und Johnson [82] umgesetzt. Näheres zu den darin implementierten funktionellen Zusammenhängen können Abschnitt A.3 im Anhang entnommen werden.

Bei der Auswertung der FFT-Spektren ergeben sich zwei Schwierigkeiten:

1. Das Auslenkungssignal ist verhältnismäßig kurz und zeigt daher eine geringe Anzahl von Schwingungsperioden im betrachteten Zeitfenster. Somit ist eine exakte Separation der dominanten Frequenzen schwierig, woraus ein „verwischtes" Frequenzspektrum resultiert.

2. Die einzelnen charakteristischen Schwingungen der Lamelle werden durch eine niederfrequente Schwingung überlagert, welche am unteren Rand der Frequenzspektren liegt und den größten Anteil des Spektrums darstellt. Diese niederfrequente Schwingung entspricht der Grundbewegung der Lamelle – im Folgenden als *generische Bewegung* bezeichnet.

Das erstgenannte Problem könnte durch eine Verlängerung der Simulationszeit behoben werden, da die Validierungsdaten für einen größeren Zeitraum vorliegen, siehe Abbildung 4.4. Allerdings erreichen die Auslenkungswerte im weiteren Verlauf ein Plateau mit gedämpftem Schwingungsverhalten, wohingegen die charakteristischen Frequenzen v. a. im Bereich des

Öffnens zu beobachten sind. Da die Rechendauer für die hier simulierte physikalische Zeit von 20 ms bereits im Bereich um 100 h liegt (siehe Abschnitt 5.2.4), wird von der Vergrößerung des Simulationszeitraums in Hinblick auf Rechenkosten abgesehen.

Das zweitgenannte Problem kann reduziert werden, indem die generische Bewegung der Lamelle vor Anwendung der FFT aus dem Auslenkungsverlauf abgezogen wird. Diese generische Ventilbewegung entspricht der Ventilauslenkung bei einem quasistationären Zustand zu jedem betrachteten Zeitpunkt. Hierzu wird die Gleichgewichtskurve verwendet, welche sich aus der Berechnung der stationären Ventilkennlinie ergibt (vgl. Abbildung 5.9). Mittels linearer Interpolation werden die zum betrachteten Druckverlauf (Abbildung 4.4a) zugehörigen Auslenkungswerte $s_{GG}(t)$ der generischen Kurve aus der Gleichgewichtskurve ermittelt. Durch Subtraktion der generischen Kurve vom Gesamtverlauf $s(t)$ entsteht eine Differenz-Auslenkungskurve $s_{Diff}(t)$, welche vorrangig die höherfrequenten Schwingungen enthält:

$$s_{Diff}(t) = s(t) - s_{GG}(t). \tag{5.12}$$

Eine beispielhafte Darstellung zur Ermittlung der Differenz-Auslenkungskurve nach Gleichung (5.12) ist weiterhin im Anhang, Abschnitt A.3 (Abbildung A.13), enthalten.

Die Ergebnisse der FFT der gemessenen und der simulierten Differenz-Auslenkungen nach Abzug der generischen Bewegungskurven für die vier betrachteten Lastfälle des Druckventils sind in Abbildung 5.27 dargestellt. Zusätzlich zu den FSI-Ergebnissen mit angepasstem Simulationssetup sind darin die Ergebnisse des Basis-Simulationssetups dargestellt.

Es sind charakteristische, dominante Frequenzen oberhalb der Eigenfrequenz (erste Mode) der eingespannten Lamelle mit niedrigeren Amplituden zu erkennen. Dies entspricht den Beobachtungen nach Lemke et al. [77], wonach die Schwingungsfrequenz der Lamelle beim Anlegen an den gekrümmten Niederhalter ansteigt. Die dominante Frequenz liegt leicht oberhalb der ersten Eigenfrequenz der Lamelle, im Bereich um 1 kHz. Auffällig ist hierbei, dass die Frequenz der dominanten Schwingung durch die FSI-Simulationen gegenüber der Messung leicht überschätzt wird. Mit dem FSI-Basissetup wird dabei die Amplitude, insbesondere bei den kleineren Lastfällen, deutlich überschätzt, mit dem angepassten FSI-Setup leicht unterschätzt.

Die Unterschiede der FFT-Amplitudenspektren der gemessenen und der FSI-simulierten Differenz-Auslenkungsverläufe nehmen mit zunehmender Druckbelastung tendenziell ab. Da die exakten Werkstoffdaten bekannt sind, wird eine unpassende Materialbeschreibung als Fehlerquelle ausgeschlossen. Als potenzielle Fehlerursache wird erneut die nicht-ideale Einspannung der Ventillamelle im Experiment betrachtet. Diese führt insbesondere bei dem freien Schwingen der Lamelle zwischen Ventilsitz und Niederhalter (Lastfall $p(t)_{DV,1}$) gegenüber der idealen Einspannung im FSI-Modell zu einer abweichenden (größeren) effektiven Schwingungslänge der Lamelle und somit zu einer abweichenden (kleineren) Schwingungsfrequenz.

Im realen Verdichterbetrieb sind allerdings keine relevanten Zustände zu erwarten, bei denen die Ventile wie bei den Lastfällen $p(t)_{DV,1}$ und $p(t)_{DV,2}$ frei zwischen Ventilsitz und

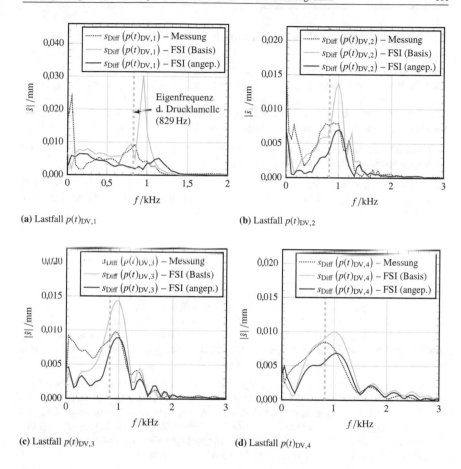

Abbildung 5.27: FFT-Analyse der FSI-simulierten Differenz-Auslenkungsverläufe (Basis-FSI-Setup und angepasstes Simulationssetup) und der Differenz-Validierungskurven des Druckventils

Niederhalter schwingen. Stattdessen werden die Ventillamellen so ausgelegt, dass sie für den Großteil der relevanten Betriebspunkte vollständig öffnen, was eher den Lastfällen $p(t)_{DV,3}$ und $p(t)_{DV,4}$ entspricht, bei denen eine hohe Übereinstimmung in den FFT-Amplitudenspektren erreicht wird. Somit wird das angepasste FSI-Setup als geeignet betrachtet, um die Ventilbewegung im realen Verdichtungsprozess detailliert modellieren zu können.

5.3 Übertragung der validierten Simulationseinstellungen

Die Simulationseinstellungen des FSI-Setups wurden anhand von Validierungsdaten auf Grundlage einer vereinfachten Prüfstandskonfiguration (Ausströmen gegen Umgebungs-druck) validiert und für das dynamische Verhalten der Druckventillamelle weiter verfeinert. Um zu überprüfen, ob die Simulation auch für weitere relevante Zustände plausible Ergebnisse liefert, wird das angepasste FSI-Simulationssetup für zwei weitere Fälle verwendet:

1. Nachrechnung der dynamischen Auslenkungsverläufe der Sauglamelle, um die Anwendbarkeit auf eine andere Geometrie zu überprüfen.

2. Nachrechnung eines anderen Betriebspunktes, der für den Betrieb eines CO_2-Kältemittelverdichters typisch ist, um die Übertragbarkeit der Simulationseinstellungen von Prüfstands- auf reale Betriebsbedingungen zu prüfen.

5.3.1 Nachrechnung der transienten Validierungsdaten des Saugventils

Für die Berechnung der stationären Ventilkennlinie des Saugventils ist die Verwendung des Basis-FSI-Setups bereits ausreichend, siehe Abschnitt 5.1.3. Das in Abschnitt 5.2.5 beschriebene angepasste FSI-Setups (siehe Tabelle A.8) wird nun ohne weitere Modifikationen auf die Geometrie der Sauglamelle übertragen, siehe Abbildungen 5.1 und 5.3, um auch die Anwendbarkeit auf dynamische Belastungen bewerten zu können. Die Auswertung erfolgt – analog zum Druckventil – basierend auf dem nominellen Ventilhub der Lamelle entlang der Ventilbohrungsachse, vgl. Abbildung 5.6.

Als Validierungsdatenbasis wurden vier repräsentative und reproduzierbare Messungen ausgewählt, die mit dem gleichen Messprinzip wie bei den Validierungsmessungen am Druckventil (Abschnitt 4.1) ermittelt worden sind. Die dabei verwendeten dynamischen Lastfälle $p(t)_{SV,1}$ bis $p(t)_{SV,4}$ sind in Tabelle 5.2 hinsichtlich maximaler Druckdifferenz $\Delta p_{V,max,i}$ und maximalem Druckverhältnis $\pi_{V,max,i}$ zusammengefasst und die Zeitverläufe des Eingangs-druckes p_1 stromaufwärts des Ventils in Abbildung 5.28 dargestellt.

Die vier Lastfälle beinhalten dabei Zustände mit unterkritischem Druckverhältnis ($Ma < 1$, Lastfälle $p(t)_{SV,1}$ und $p(t)_{SV,2}$), überkritischen Druckverhältnis ($Ma > 1$, Überschallströmung, Lastfälle $p(t)_{SV,3}$ und $p(t)_{SV,4}$) sowie unterschiedlichen Druckverhältnissen, die eine

Tabelle 5.2: In den dynamischen Druckverläufen $p(t)_{SV,i}$ maximal erreichte Druckdifferenzen $\Delta p_{V,max,i}$ und Druckverhältnisse $\pi_{V,max,i}$ über das Saugventil (vgl. Abbildung 5.28)

Dynamischer Lastfall	$\Delta p_{V,max,i}$/bar	$\pi_{V,max,i}$/−
$p(t)_{SV,1}$	0,44	0,70
$p(t)_{SV,2}$	0,66	0,61
$p(t)_{SV,3}$	1,09	0,48
$p(t)_{SV,4}$	3,41	0,23

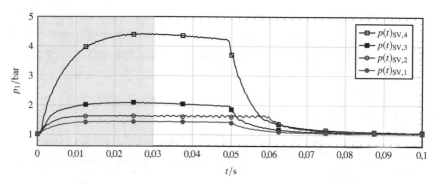

Abbildung 5.28: Über das Saugventil aufgeprägte Druckverläufe (Druckmessstelle p_1, siehe Abbildung 4.1), die graue Fläche markiert den in der FSI-Simulation berechneten Zeitbereich

Auslenkung der Lamelle in nahezu freier Schwingung ($p(t)_{SV,1}$ und $p(t)_{SV,2}$), mit leichtem Anlegen an den Hubbegrenzer ($p(t)_{SV,3}$) und mit starker Durchbiegung im Kontakt mit dem Hubbegrenzer ($p(t)_{SV,4}$) bewirken. Die Verarbeitung der Druckdaten zur Verwendung als Randbedingung in der FSI-Simulation erfolgt wie in Abschnitt 4.2.2 beschrieben.

Abbildung 5.29 zeigt den Vergleich der FSI-simulierten nominellen Auslenkungsverläufe mit den am Ventilprüfstand gemessenen Auslenkungen für die vier in Tabelle 5.2 aufgeführten und in Abbildung 5.28 dargestellten Lastfälle. Daraus wird ersichtlich, dass die Anfangsverzögerung und der Anstieg der Auslenkungskurve sowie die degressive Grundform der Auslenkungskurve durch die FSI-Simulation adäquat wiedergegeben werden. Insbesondere das plötzliche Abknicken der Kurve beim Anlegen der Sauglamelle an den Hubbegrenzer (Lastfälle $p(t)_{SV,3}$ und $p(t)_{SV,4}$) und das weitere Durchbiegung der Sauglamelle nach dem Anlegen werden gut abgebildet, ohne dabei Stabilitätsprobleme aufzuweisen.

Um eine Aussage über die charakteristischen Frequenzen zu erhalten, wird eine FFT-Analyse der Differenz-Auslenkungskurven der experimentellen Validierungskurven und der mit dem angepassten FSI-Simulationssetup berechneten Auslenkungskurven durchgeführt, wie in Abschnitt 5.2.5 für das Druckventil detailliert erläutert. Die für das Saugventil berechneten Frequenzspektren sind in Abbildung 5.30 dargestellt.

Die berechneten Frequenzen und Amplituden der Lamelle bei annähernd freier Schwingung zwischen Ventilsitz und Hubbegrenzer (Lastfall $p(t)_{SV,1}$) weisen insbesondere im Bereich um 0,5 kHz bis 1 kHz eine hohe Übereinstimmung mit der Messung auf, siehe Abbildung 5.30a. Die Frequenzspektren der Lastfälle $p(t)_{SV,1}$ $p(t)_{SV,2}$ zeigen sowohl in der Messung als auch in der FSI-Simulation eine dominante Frequenz bei etwa 700 Hz, welche im Bereich der Eigenfrequenz der ersten Schwingungsmode der Sauglamelle im eingespannten Zustand (803 Hz) liegt. Während die dominante Frequenz der Drucklamelle durch das Anlegen der Lamelle an den Niederhalter über ihrer Eigenfrequenz liegt (vgl. Abbildung 5.27), ist im Fall der Sauglamelle ein umgekehrtes Verhalten zu beobachten. Die Dämpfung durch das umgebende Fluid führt zu einem Absinken der Schwingungsfrequenz der Sauglamelle.

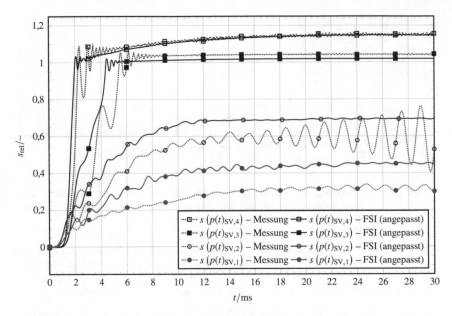

Abbildung 5.29: Nachrechnung der experimentell ermittelten Auslenkungskurven des Saugventils
mittels des validierten FSI-Simulationssetups

Die Frequenzen beim Aufschlagen der Lamelle auf den Hubbegrenzer sowie die anschließende Dämpfung der Schwingung bei den Lastfällen $p(t)_{SV,3}$ und $p(t)_{SV,4}$ werden adäquat
abgebildet. Die Frequenzspektren zeigen deutliche Anteile im Bereich oberhalb von 2 kHz,
wobei insbesondere beim Lastfall $p(t)_{SV,4}$ größere Frequenzanteile im Bereich um 3 kHz bis
4 kHz experimentell beobachtet und durch die FSI abgebildet werden können. Diese höherfrequenten Anteile zeigen, dass die Schwingungsfrequenz der Lamelle nach dem Anlegen
an den Hubbegrenzer gegenüber der dominanten Frequenz in der freien Schwingung bei
einseitiger Einspannung deutlich ansteigt.

Da das FSI-Simulationssetup an die dynamischen Auslenkungsverläufe der Drucklamelle
angepasst worden ist, sind am Saugventil im Vergleich zum Druckventil größere Unterschiede zwischen Messung und FSI-Simulation zu erwarten. Die bestehenden Abweichungen zwischen FSI-Berechnung und Messung lassen sich dabei zu folgenden drei Aspekten
zusammenfassen:

1. Die Auslenkung der Sauglamelle wird bei niedrigen Druckdifferenzen simulativ tendenziell überschätzt. Zu beachten ist hierbei, dass Fertigungstoleranzen und die nicht-
   ideale Einspannung am Ventilfuß in diesen Lastfällen einen relevanten Einfluss auf das
   gemessene Verhalten der Sauglamelle haben.

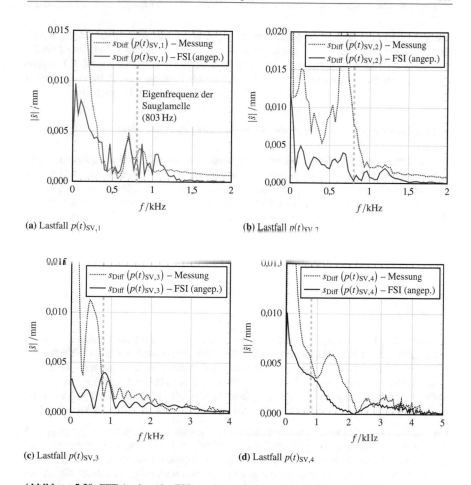

(a) Lastfall $p(t)_{SV,1}$

(b) Lastfall $p(t)_{SV,2}$

(c) Lastfall $p(t)_{SV,3}$

(d) Lastfall $p(t)_{SV,4}$

Abbildung 5.30: FFT-Analyse der FSI-simulierten Differenz-Auslenkungsverläufe (angepasstes Simulationssetup) und der Differenz-Validierungskurven des Saugventils

2. Die Dämpfung der Ventilschwingung wird in der Öffnungsphase sowie bei Aufprallen an den Hubbegrenzer simulativ tendenziell überschätzt, wodurch sich insgesamt niedrigere Amplituden im Frequenzband ergeben.

3. In der Messung auftretende Aufschwing- und Schwebungseffekte, wie speziell im Lastfall $p(t)_{SV,2}$ zu beobachten, werden durch die Definition der Simulationsrandbedingungen unzureichend widergegeben. Dies spiegelt die simulationsseitigen Einschränkungen wider, welche in den Abschnitten 4.2.2 und 5.2 bereits diskutiert worden sind.

Da die Grunddynamik der Saugventillamelle adäquat abgebildet wird, keine Stabilitätsprob-leme in der Berechnung zu beobachten sind und vor dem Hintergrund, dass die stationäre Ventilkennlinie des Saugventils hinreichend abgebildet wird (siehe Abbildung 5.8a), werden die Abweichungen im Rahmen der Modell- und Messunsicherheiten als akzeptabel bewertet. Von einer weiterführenden Anpassung des FSI-Simulationssetups wird abgesehen.

5.3.2 Übertragbarkeit auf Betriebsbedingungen eines CO_2-Verdichters

Wie in Abschnitt 4.1 erläutert, bilden die Versuche am Ventilprüfstand charakteristische Druckdifferenzen Δp_V ab, jedoch nicht die im Betrieb eines CO_2-Verdichters – insbeson-dere am Druckventil – auftretenden Druckverhältnisse π_V. Dies führt dazu, dass in den Lastfällen $p(t)_{DV,2}$ bis $p(t)_{DV,4}$ das kritische Druckverhältnis π_{krit} unterschritten wird, vgl. Tabelle 4.2. Daher soll im Folgenden simulativ untersucht werden, inwiefern sich die Strömungs- und Schwingungsvorgänge zwischen Prüfstands- und Betriebsbedingungen un-terscheiden. Weiterhin wird überprüft, ob die Ventilberechnung mittels der auf Basis der Prüfstands-Validierungsdaten gefundenen FSI-Simulationseinstellungen realisierbar ist und plausible Ergebnisse liefert.

Simulationssetup

Zur Abbildung betriebstypischer Bedingungen werden die CFD-Randbedingungen so ange-passt, dass sie für den Ausschiebevorgang über das Druckventil eines CO_2-Verdichters repräsentativ sind. Dazu werden der Referenzdruck, welcher dem Gegendruck hinter der Ventileinheit entspricht, von 1,01 bar auf 120 bar und die Einlasstemperatur von 297,5 K auf 450 K angehoben. Als repräsentativer Druckverlauf wird der Lastfall $p(t)_{DV,4}$ mit einer maximalen Druckdifferenz von etwa 3 bar gewählt, vgl. Abbildung 4.4a und Tabelle 4.2.

Das Medium im CFD-Modell wird von Stickstoff (N_2) auf Kohlendioxid (CO_2) umgestellt. Um die Berechnung trotz des geringen Druckverhältnisses bei 120 bar zu stabilisieren, wird im *Coupled Flow*-Strömungslöser ein zusätzlicher Prekonditionierer für niedrige Mach-Zahlen aktiviert. Diese *Unsteady Low-Mach Preconditioning*-Option erhöht die Stabili-tät und Genauigkeit bei der Schallausbreitung in kompressiblen Strömungen bei niedri-gen Geschwindigkeiten [66]. Weiterhin wird die dynamische Viskosität des Gases von $\eta = 1,50 \cdot 10^{-5}$ Pa s (CO_2 bei Umgebungsbedingungen) auf $\eta = 2,44 \cdot 10^{-5}$ Pa s ange-hoben, um die Druck- und Temperaturabhängigkeit der Stoffdaten zu berücksichtigen (vgl. Tabelle 4.1). Die Dämpfungsparameter des Strukturmodells – und damit die Beschreibung der Quetschströmung im Spalt – bleiben gegenüber dem Validierungs-Simulationssetup zunächst unverändert, um den alleinigen Einfluss der Strömungsbedingungen auf das Ven-tilverhalten zu betrachten. Gleiches gilt für die Materialeigenschaften (ρ_s, E, ν_s) der Ventil-lamelle, welche gegenüber den Prüfstandsbedingungen unverändert bleiben. Die Wände des Strömungsgebietes sowie die FSI-Koppelflächen der Lamelle werden weiterhin als adiabat betrachtet.

Simulationsergebnisse

Die Auswertung der im Querschnitt der Ventilbohrung (halbe Bohrungslänge) flächengemittelten Strömungsgrößen ergibt trotz wesentlich unterschiedlicher Bedingungen ähnliche Reynolds-Zahlen. Diese liegen für die Simulation von N_2 unter Prüfstandsbedingungen bei $Re = 3{,}54 \cdot 10^5$ und für CO_2 unter realen Betriebsbedingungen bei $Re = 1{,}10 \cdot 10^6$. Obwohl es sich bei der Prüfstandskonfiguration nicht um ein Ähnlichkeitsexperiment handelt, wie bereits in Kapitel 4 diskutiert, liegen ähnliche, turbulente Strömungsregimes vor, was für die grundsätzliche Eignung des gewählten FSI-Simulationssetups sowie die Übertragbarkeit der Simulationsergebnisse spricht.

Die FSI-berechneten Auslenkungs- und Massenstromverläufe sind in Abbildung 5.31 gegenübergestellt. Abbildung 5.31a zeigt zusätzlich den Verlauf der gemessenen Auslenkungskurve, anhand dessen die FSI-Parameter angepasst worden sind. Der Vergleich der Auslenkungs- und Massenstromverläufe in Abbildung 5.31 veranschaulicht, dass sich bei Vorgabe der realen Betriebsbedingungen mit CO_2 gegenüber den Prüfstandsbedingungen mit N_2 die folgenden Besonderheiten ergeben:

• Der Auslenkungsverlauf weist eine größere Anfangsverzögerung auf.

• Der Absolutwert der Nominalauslenkung ist durchgängig geringer.

• Der Auslenkungsverlauf zeigt weniger Schwingungen und niedrigere charakteristische Frequenzen.

• Der durch die Ventilbohrung durchgesetzte Massenstrom liegt gegen Ende der Simulation um eine Größenordnung höher und steigt mit dem Druck kontinuierlich an, ohne ein Plateau zu erreichen.

Diese Beobachtungen lassen sich im Wesentlichen auf die Unterschiede in den Betriebsbedingungen und Stoffdaten zurückführen, welche in Tabelle 4.1 aufgeführt sind. So ist die vergrößerte Anfangsverzögerung im Auslenkungsverlauf mit der niedrigeren Schallgeschwindigkeit zu begründen, welche dazu führt, dass sich die Druckinformation langsamer vom Einlassrand bis zum Ventil fortbewegt. Der insgesamt stärker gedämpfte Verlauf ist auf die erhöhte Dichte und größere Viskosität – und somit eine deutlich größere viskose Fluiddämpfung – zurückzuführen.

Die Unterschiede in der erreichten Absolutauslenkung sowie dem durchgesetzten Massenstrom werden durch die Analyse der Felder der Strömungsgrößen und Knotenlasten ersichtlich (siehe Abbildung 5.32). Wie Abbildung 5.32a (links) veranschaulicht, werden bei N_2 unter Prüfstandsbedingungen Überschallzustände erreicht, was insbesondere durch den Stoßwellenzug hinter dem Ventilaustritt deutlich wird. Die Mach-Zahl nimmt dabei lokal Werte von $Ma > 2$ ($Ma_{max} = 2{,}16$) an. Somit wird am Prüfstand der Massenstrom im kritischen Zustand erreicht (Gleichung (2.17)). Die maximale lokale Strömungsgeschwindigkeit beträgt am Ende der Simulation $u_{max} \approx 600\,\text{m s}^{-1}$. Im Betriebszustand mit CO_2 liegt hingegen Unterschallströmung vor ($Ma < 0{,}3$, $u_{max} \approx 70\,\text{m s}^{-1}$), wodurch der Massenstrom im unterkritischen Zustand nach Gleichung (2.13) mit steigendem Druckverhältnis weiter ansteigt.

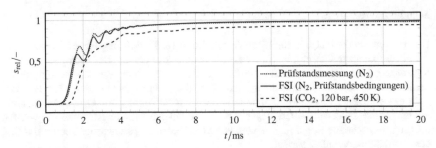

(a) Auslenkung über der Ventilbohrung

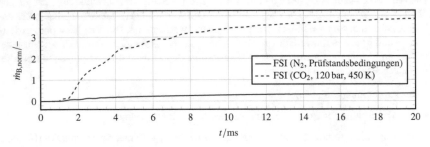

(b) Massenstrom durch die Ventilbohrung

Abbildung 5.31: FSI-Simulationsergebnisse für den Lastfall $p(t)_{DV,4}$ mit Stickstoff (N_2) bei Prüfstandsbedingungen und mit Kohlendioxid (CO_2) unter typischen Betriebsbedingungen am Druckventil

Somit wird aufgrund der wesentlich höheren Dichte und der Unterschallcharakteristik im Betriebszustand mit CO_2 trotz der geringeren Strömungsgeschwindigkeiten ein deutlich höherer Massenstrom durchgesetzt. Das Strömungsfeld bei CO_2 unter Betriebsbedingungen ist insgesamt gleichmäßiger, siehe Abbildung 5.32a (rechts).

Die geringere Endauslenkung (Abbildung 5.31a) lässt darauf schließen, dass die Druckbelastung auf die Lamelle trotz gleicher Druckdifferenz niedriger ist. Abbildung 5.32b (links) zeigt, dass die Hauptdrosselstelle der N_2-Überschallströmung an der Mantelfläche zwischen Ventillamelle und Ventilsitz lokalisiert ist, an welcher der Stoßwellenzug entsteht. Bei CO_2-Betriebsbedingungen, Abbildung 5.32b (rechts), ist das Druckfeld insgesamt gleichmäßiger. Die Drosselung findet aufgrund der höheren Dichte und Viskosität über einen größeren Strömungsbereich statt. Durch die Unterschiede in der Verteilung des statischen Relativdrucks in der Ventilbohrung ändert sich das Druckfeld im Bereich des Staupunktes an der Unterseite der Lamelle.

Abbildung 5.32c zeigt die aus dem Druck- und Schubspannungen der CFD-Lösung auf das FEM-Modell übertragenen konzentrierten Knotenlasten (*concentrated forces*, CF) auf der Oberfläche der Ventillamelle. Während die CF-Maximalwerte bei beiden Berechnung mit

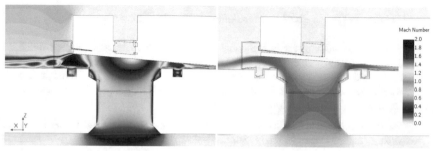

(a) Mach-Zahl

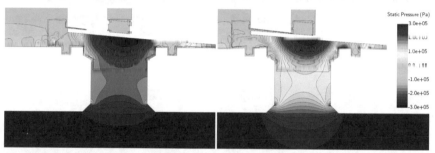

(b) Statischer Relativdruck (bezogen auf Referenzdruck p_0) mit 0,2 bar-Isobaren

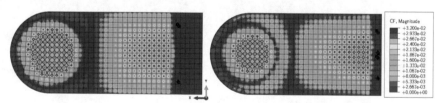

(c) FEM-Knotenlasten (*concentrated forces*, CF/N)

Abbildung 5.32: Vergleich der berechneten Felder (links: N_2 bei Prüfstandsbedingungen, $p_0 = 1,01$ bar; rechts: CO_2 bei Verdichter-Betriebsbedingungen, $p_0 = 120$ bar) am Ende der Simulation ($t_{sim} = 0,02$ s)

$CF_{max} \approx 3,2 \cdot 10^{-2}$ N ähnlich hoch sind, ist die effektiv druckbeaufschlagte Fläche $A_{p,eff}$, vgl. Gleichung (2.8), im Fall der Berechnung mit CO_2 kleiner. Bei gleicher Druckdifferenz Δp_{12} sinkt somit die insgesamt auf die Ventillamelle wirkende Druckkraft F_p, siehe Gleichung (2.7), woraus eine geringere Nominalauslenkung resultiert.

Zwischenfazit zur Übertragbarkeit des validierten FSI-Simulationssetups

Wie die Gegenüberstellung der Berechnungsergebnisse in den Abbildungen 5.31 und 5.32 zeigt, ist die FSI-Simulation in der Lage, die Unterschiede der Betriebsbedingungen zwischen Prüfstands- und realem Verdichterbetrieb plausibel zu beschreiben. Die Prüfstandskonfiguration für die Validierung mit Stickstoff bei Umgebungsbedingungen zeichnet sich dabei durch zwei wesentliche Herausforderungen für die FSI-Simulation aus:

1. Es handelt sich um eine überkritische, hochkompressible Strömung mit $Ma \gg 1$, woraus charakteristische Unstetigkeiten im Strömungsfeld resultieren.

2. Die Ventilbewegung ist wesentlich dynamischer und stellt dadurch höhere Anforderungen an die räumliche und zeitliche Diskretisierung sowie den FSI-Kopplungsablauf.

Das in Abschnitt 5.2 gefundene und an die Prüfstandsbedingungen angepasste FSI-Simulationssetup zeigt hierbei die erforderliche Stabilität und Genauigkeit und wird somit als geeignet betrachtet, um die dynamischen Vorgänge am Ventil auch im realen Betrieb mit CO_2 adäquat abzubilden.

6 1D-Modellkalibrierung mittels virtueller Prototypen

Die in der Literatur beschriebenen und in Verdichter-Gesamtmodellen häufig eingesetzten 1D-Ventilmodelle erfordern eine adäquate Anpassung der Ventilparameter. Dies betrifft die Federrate, die Ventilmasse und das Dämpfungsverhalten zur Abbildung des Schwingungsverhaltens sowie die effektiven Druck- und Strömungsflächen, um die anregende Kraft der Ventilbewegung und den durch das Ventil durchgesetzten Massenstrom korrekt abzubilden.

Der in diesem Kapitel dargestellte Ansatz beschreibt eine alternative Methode zur Ermittlung der 1D-Ventilparameter. Hierbei wird ein validierter virtueller Ventilprototyp auf Basis der 3D-FSI-Simulation verwendet, um ein 1D-Ventilmodell zu parametrisieren und somit virtuell zu kalibrieren. Die Rückführung von Ventilparametern wird dadurch auch für komplexere Geometrien und Sonderlastfälle möglich, die im Rahmen der 3D-FSI-Simulation abgebildet werden können.

Die Methode zur virtuellen Kalibrierung der 1D-Ventilmodelle wird anhand einer vergleichsweise einfachen Lamellenventil-Geometrie umgesetzt, für welche die Berechnung von 1D-Referenz-Ventilparametern nach aktuellem Stand des Wissens auch mittels vereinfachter Ansätze möglich ist (Abschnitte 6.1 und 6.2). Die Basis dafür bilden die in Kapitel 5 detailliert beschriebenen und umfangreich validierten Ventilprototypen. Hierbei wird die virtuelle Ventilmodellkalibrierung zunächst auf das Druckventil beschränkt, da dieses ein komplexeres Zusammenspiel mit dem hubbegrenzenden Bauteil (Niederhalter) aufweist und für unterschiedliche Verdichtertypen, wie Axialkolben- und Scrollverdichter, relevant ist.

Abschnitt 6.3 zeigt das Potenzial der Methode der virtuellen Ventilmodellkalibrierung unter Prüfstandsbedingungen auf. Daran anknüpfend werden die 1D-Ventilparameter in Abschnitt 6.4 für das Saug- und das Druckventil eines CO_2-Axialkolbenverdichters in Taumelscheibenbauform ermittelt. Durch deren Einbindung in ein 0D/1D-Verdichtermodell soll die Anwendbarkeit der Methode auf das Gesamtsystem verdeutlicht werden.

6.1 1D-Referenz-Ventilmodell

Um das Potenzial der Methode der Ventilmodellkalibrierung anhand der virtuellen Ventilprototypen zu verdeutlichen, werden zunächst Referenz-Ventilparameter für die Nutzung in einem 1D-Ventilmodell benötigt. Hierzu werden die Ventilparameter nach Baumgart [7] berechnet, welcher in seiner Dissertation die Ventilparameter als Erweiterung der bestehenden Gleichungen von Touber [20] und Böswirth [11] wegabhängig ermittelt.

Die zugrundeliegende Biegebewegung der Lamelle, welche die Federkraft, die Massenträgheit sowie die durchströmte Spaltfläche bestimmt, wird nach Baumgart [7] mittels einer Längsdiskretisierung der Lamelle und einer Superposition von Biegelinien bei der Interaktion mit dem Hubbegrenzer beschrieben. Die Ermittlung der bewegten Masse des Ersatzsystems erfolgt ebenfalls über die Längsdiskretisierung der Lamelle und die Bilanzierung der

© Springer Fachmedien Wiesbaden GmbH, ein Teil von Springer Nature 2019
J. Hennig, *Virtuelle Prototypen für Lamellenventile in Pkw-Kältemittelverdichtern*,
AutoUni – Schriftenreihe 135, https://doi.org/10.1007/978-3-658-24846-8_6

kinetischen Energie der diskreten Massenelemente. Zur Berechnung der Dämpfungswirkung nutzt Baumgart [7] den semiempirischen Ansatz nach Böswirth [11], wie bereits in Abschnitt 5.2.3 (Gleichung (5.5)) diskutiert.

Zur Berechnung der 1D-Ventildynamik wird die Bewegungsdifferentialgleichung, wie in Gleichung (2.18) und Gleichung (2.19) beschrieben, mit den vom nominellen Hub s abhängigen Parametern wie folgt formuliert [7]:

$$\frac{d^2 s}{dt^2} = \frac{1}{m_{\text{ers}}(s)} \left[C_{p,V}(s) \cdot \frac{\pi}{4} \cdot d_{\text{B}}^2 \, (p_1 - p_2) - b(s) \cdot \frac{ds}{dt} - F_{\text{F}}(s) \right]. \tag{6.1}$$

Der durch das Ventil durchgesetzte Massenstrom $\dot{m}$ berechnet sich nach dem Blendenansatz (Gleichung (2.11)), wobei hier der geometrische Strömungsquerschnitt $A_{u,\text{geo}}$ als Spaltfläche A_{Spalt} und die Durchflusszahl C_D als Durchflusskennzahl α_{Durch} bezeichnet werden [7]. Der Parameter c zur Berechnung der Expansionszahl ε nach Touber [20] in Gleichung (2.10) wird hier mit $c = 0{,}55$ angenommen.

Somit werden zur Berechnung der Ventilbewegung die Ventilparameter Ersatzmasse $m_{\text{ers}}(s)$, korrigierter Kraftbeiwert $C_{p,V}(s)$, Dämpfungsparameter $b(s)$ und Federkraft $F_{\text{F}}(s)$ sowie zur Ermittlung des Massenstroms die Parameter Spaltfläche $A_{\text{Spalt}}(s)$ und Durchflusskennzahl $\alpha_{\text{Durch}}(s)$, jeweils in Abhängigkeit von der Nominalauslenkung des Ventils s, und zusätzlich die Expansionszahl $\varepsilon(\kappa, p_1, p_2)$ benötigt. Der detaillierte Weg zur Berechnung der einzelnen Ventilparameter kann der Dissertation von Baumgart [7] entnommen werden.

Aus Gründen der Vergleichbarkeit von Messung und FSI-Simulation werden einzelne Ventilparameter zu effektiven Größen zusammengefasst. Dabei werden die effektiv druckbeaufschlagte Fläche $A_{p,\text{eff}}$ und der effektive Strömungsquerschnitt $A_{u,\text{eff}}$ nach Gleichungen (2.2) und (2.8) verwendet. Hierbei ist zu beachten, dass nach Baumgart [7] zur Berechnung der effektiv druckbeaufschlagten Fläche der Bohrungsquerschnitt A_{B} mit dem konstanten Bohrungsdurchmesser d_{B} (Gleichung (2.3)) verwendet wird. Eine Fase oder Verrundung der Ventilbohrung am Ventilsitz führt in Realität zu einer größeren druckbeaufschlagten Fläche, welche der Sitzfläche A_{Sitz} entspricht, siehe Gleichung (2.9). Der Übergang von A_{Sitz} zu A_{B} wird somit im Referenzmodell nach Baumgart [7] vernachlässigt.

Eine Darstellung der Wegabhängigkeit der nach Baumgart [7] ermittelten Referenz-Ventilparameter φ für das im Rahmen der vorliegenden Arbeit untersuchte Auslassventil ist in normierter Form im Anhang, Abbildung A.16, gegeben. Unter Vorgabe der experimentell ermittelten, ungeglätteten Druckkurven (siehe Abbildung 4.4a) und unter Verwendung der Referenz-Ventilparameter nach Baumgart [7] werden die in Kapitel 4 beschriebenen Validierungsmessungen nachgerechnet. Zur Lösung der gewöhnlichen, nichtlinearen Bewegungs-Differentialgleichung zweiter Ordnung wird ein implizites Runge-Kutta-Verfahren nach Hosea und Shampine [83] verwendet. Die Bewegungsgleichung wird zeitabhängig im Bereich $t = [0; 0{,}02] \, s$ mit einer Zeitschrittweite von $\Delta t = 1 \cdot 10^{-8} \, s$ gelöst. Die zeitliche Diskretisierung wird bewusst sehr fein gewählt, da die Rechenzeit nicht im Fokus steht und eine stabile Lösung erreicht werden soll, bei der der Einfluss des numerischen Verfahrens auf die Genauigkeit der Lösung gegenüber dem Modellfehler vernachlässigbar ist. Nach

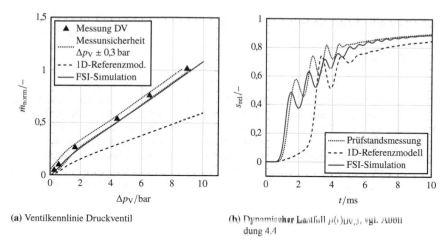

(a) Ventilkennlinie Druckventil

(b) Dynamischer Lastfall $p(t)_{DV,3}$, vgl. Abbildung 4.4

Abbildung 6.1: Vergleich der FSI-Ventilkennlinie und der dynamischen FSI-Auslenkung (angepasstes FSI-Simulationssetup) mit den Validierungsdaten und dem 1D-Modell

der Berechnung der zeitabhängigen Lösung der Ventilbewegung $s(t)$ folgt in einem zweiten Schritt die Ermittlung des Massenstroms nach Gleichung (2.11).

Abbildung 6.1 zeigt den Vergleich der gemessenen mit der mittels FSI-Simulation (virtueller Prototyp) und dem 1D-Ventilmodell berechneten Ventilkennlinie sowie beispielhaft für den dynamischen Lastfall $p(t)_{DV,3}$ die berechneten Lamellenauslenkungen. Das 1D-Referenzmodell zeigt, verglichen mit der FSI-Berechnung, folgende größere Abweichungen:

- Der durchgesetzte Massenstrom wird unterschätzt.
- Die Anfangsverzögerung der Ventilauslenkung ist größer.
- Die erste Auslenkung zeigt ein stärkeres Überschwingen, d. h. eine größere Schwingungsamplitude.
- Die Schwingung klingt schneller ab, daher ist die Zahl ausgeprägter Schwingungen kleiner.
- Die absolute Auslenkung wird unterschätzt.

Die beobachteten Abweichungen im Auslenkungsverlauf deuten darauf hin, dass insbesondere das Dämpfungsverhalten sowie die Kraftwirkung auf das Ventil durch die 1D-Ventilparameter ungenügend abgebildet werden. Die Unterschätzung des Massenstroms der Ventilkennlinie lässt auf eine unzureichende Genauigkeit des Referenzmodells hinsichtlich der Berechnung des Durchflusskoeffizienten bzw. des effektiven Strömungsquerschnittes schließen. Um die Güte der 1D-Ventilberechnung zu erhöhen, wird im Folgenden die *virtuelle 1D-Ventilmodellkalibrierung* vorgestellt, d. h. die wegabhängigen Ventilparameter $\varphi_i(s)$ werden auf Basis der FSI-Simulationen mit den validierten 3D-Ventilprototypen aus Kapitel 5 bestimmt.

6.2 Virtuelle Ermittlung der 1D-Ventilparameter

6.2.1 Federkraft

In der Berechnung der Federkennlinie (Federkraft F_F über Nominalauslenkung s) nach Baumgart [7] wird angenommen, dass der Niederhalter starr ist und sich die Lamelle somit auch bei hohen Druckbelastungen nicht über den theoretisch möglichen Maximalhub hinaus bewegen kann. Da die Ventilbaugruppe jedoch insgesamt nicht ideal eingespannt ist und der Niederhalter eine gewisse Verformung zulässt, kann diese Annahme – insbesondere bei Lastpunkten mit hohen Druckdifferenzen – zu einer Unterschätzung der realen Ventilauslenkung und damit des durchgesetzten Massenstroms führen [77]. Die nach Baumgart [7] berechnete Federkennlinie wird daher einer Vergleichsmessung und einer FEM-Federkennlinie gegenübergestellt, siehe Abbildung 6.2.

Die gemessene Federkennlinie hat aufgrund des vergleichsweise großen Messbereichs der Messapparatur eine hohe Unsicherheit, die sich durch einen entlang der Auslenkung gezerrten Verlauf darstellt, siehe Abbildung 6.2a. Dadurch tritt der Übergang vom linearen in den nichtlinearen Bereich der Kennlinie erst bei einem Ventilhub ein, welcher weit über dem theoretisch möglichen Nominalhub liegt. Diese Abweichung wird durch einen Wegfaktor korrigiert, welcher so gewählt wird, dass der Anstieg der Kennlinie im linearen Bereich dem der Kennlinien aus der 1D- bzw. 3D-Berechnung entspricht. In diesem Fall ergibt sich ein Wegfaktor von 0,83.

Zur Berechnung der Federkennlinie aus dem 3D-Modell wird das in Abschnitt 5.1 (Abbildung 5.3) vorgestellte FEM-Modell verwendet und in einer stationären, impliziten Berechnung mit einer punktuell entlang der Ventilbohrungsachse wirkenden Kraft belastet, welche schrittweise von 0 N auf 20 N erhöht wird. Um den Einfluss der Niederhaltersteifigkeit auf den nichtlinearen Bereich der Federkennlinie zu verdeutlichen, werden die FEM-Ergebnisse für die reale Dicke h_{NH} des Niederhalters sowie für eine reduzierte Niederhalterdicke mit $h_{NH,red} = \frac{2}{3} h_{NH}$ dargestellt, siehe Abbildung 6.2b.

Wie Abbildung 6.2b zu entnehmen ist, verlaufen die gemessene und die berechneten Kennlinien bis zu einem normierten Hub von $s_{rel} = 0,96$ nahezu identisch. Im Bereich des theoretisch maximalen Nominalhubs, d. h. bei $s_{rel} \approx 1,0$, ergeben sich größere Diskrepanzen. Der anhand des Ansatzes nach Baumgart [7] berechnete Verlauf überschätzt den Anstieg der Federkennlinie im Bereich des Maximalhubes. Da der Niederhalter als ideal steif angenommen wird, wird eine verhältnismäßig hohe Kraft benötigt, um die Ventillamelle vollständig an den Niederhalter anzulegen. Im Falle der Extrapolation der Werte der Federkennlinie für Zustände von $(s/s_{max}) > 1,0$ wird daher eine zu hohe Federkraft berechnet.

Das Ergebnis der 3D-FEM weist einen abgeschwächten Anstieg der Federkennlinie im Bereich um $s_{rel} \approx 1$ auf, da die Niederhalterdurchbiegung im Modell berücksichtigt wird. Der Verlauf der gemessenen Kennlinie zeigt einen noch geringeren Anstieg im Bereich des vollständigen Anlegens der Lamelle an den Niederhalter. Dies ist darauf zurückzuführen, dass die Einspannung der Ventileinheit gegenüber dem FEM-Modell nicht ideal ist, woraus eine weitere Nachgiebigkeit der Struktur resultiert. Für den Bereich $s_{rel} \approx 1,0$ ist allerdings zu

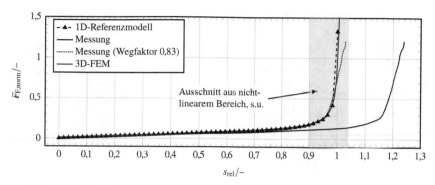

(a) Gesamte Federkennlinie

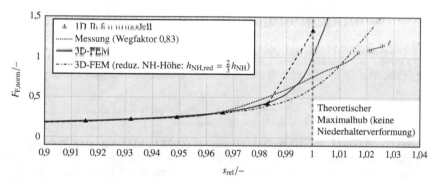

(b) Nichtlinearer Bereich der Federkennlinie (Ausschnitt aus Abbildung 6.2a)

Abbildung 6.2: Gemessene und berechnete Federkennlinien des Druckventils

erwarten, dass das reale Verhalten der Ventileinheit durch die 3D-FEM-Berechnung, welche als Submodell der FSI-Simulation Teil des virtuellen Prototypen ist, adäquat abgebildet wird.

6.2.2 Ersatzmasse

Zur Beschreibung der Massenträgheit des eindimensionalen Ersatzsystems wird die entlang der Ventilbohrungsachse bewegte Ersatzmasse benötigt. In Anlehnung an den Ansatz von Baumgart [7] wird die kinetische Energie des Ersatzsystems der des realen Systems gegenübergestellt. Das reale System wird hierbei durch den virtuellen Ventilprototypen repräsentiert:

$$E_{\text{kin,ers}} = E_{\text{kin,real}}. \tag{6.2}$$

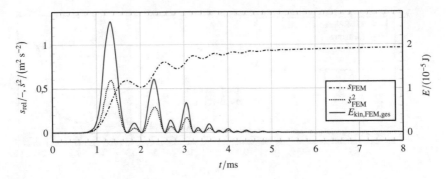

Abbildung 6.3: Zeitverlauf der simulierten Nominalauslenkung s_{FEM}, der quadratischen Nominal-
geschwindigkeit $\dot{s}^2_{FEM}$ und der gesamten kinetischen Energie des FEM-Submodells
$E_{kin,FEM,ges}$ für den Lastfall $p(t)_{DV,4}$ bis zum Anlegen an den Niederhalter

Auf Grundlage der dynamischen Lastfälle kann die kinetische Energie des realen Systems
dem FEM-Modell des virtuellen Prototypen mit n Elementen entnommen werden:

$$\frac{1}{2}m_{ers} \cdot \dot{s}^2 = \sum_{i=0}^{n} \left(\frac{1}{2}m_i \cdot v_{z,i}^2\right) = \sum_{i=0}^{n} E_{kin,FEM,i} = E_{kin,FEM,ges}. \tag{6.3}$$

Hierbei bezeichnet $v_{z,i}$ die lokale Geschwindigkeit des FEM-Elements i in z-Richtung. Für
die vier Validierungs-Lastfälle $p(t)_{DV,1}$ bis $p(t)_{DV,4}$, vgl. Abbildung 4.4, werden für jeden
Zeitpunkt t die in der FSI-Simulation berechnete und aus dem FEM-Submodell ausgele-
sene kinetische Energie $E_{kin,FEM,ges}(t)$ und die dazugehörige Geschwindigkeit des FEM-
Bezugspunktes über der Ventilbohrungsachse $\dot{s}_{FEM}(t)$ verwendet, um die jeweilige Ersatzmasse $m_{ers}(t)$ zu bestimmen. Aus Gleichung (6.3) folgt:

$$m_{ers}(t) = \frac{2 \cdot E_{kin,FEM,ges}(t)}{\dot{s}_{FEM}(t)^2}. \tag{6.4}$$

Abbildung 6.3 zeigt beispielhaft für den Lastfall $p(t)_{DV,4}$ den Zeitverlauf der simulierten
Nominalauslenkung s_{FEM} und der gesamten kinetischen Energie des FEM-Submodells
$E_{kin,FEM,ges}$. Daraus wird ersichtlich, dass die Größen $\dot{s}^2_{FEM}$ und $E_{kin,FEM,ges}$ an den Umkehr-
punkten und beim Erreichen eines nahezu schwingungsfreien Zustandes Werte nahe Null
annehmen, woraus nach Gleichung (6.4) unphysikalische Werte für die berechnete Ersatzmasse m_{ers} resultieren. Diese Bereiche werden für die weitere Berechnung ausgeschlossen,
indem m_{ers} nur für

$$\dot{s}^2_{FEM} > \zeta \tag{6.5}$$

berechnet wird, wobei der Schwellenwert hier auf $\zeta = 1 \cdot 10^{-6}\,\mathrm{m^2\,s^{-2}}$ gesetzt wird.

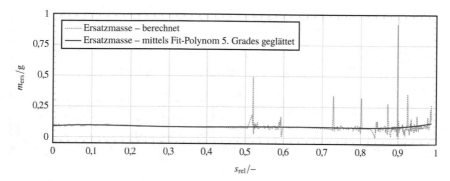

Abbildung 6.4: Berechnete und geglättete Ersatzmasse m_{ers} in Abhängigkeit von der Nominalauslenkung s für den Lastfall $p(t)_{\text{DV},4}$

Mittels Auftragung von $m_{\text{ers}}(t)$ über die nominelle Momentanauslenkung $s(t)$ wird der gesuchte Zusammenhang $m_{\text{ers}}(s)$ beschrieben und gleichzeitig von der Zeit entkoppelt. Der hierdurch berechnete Verlauf zeigt ein unstetiges Verhalten in den Bereichen nahe $\dot{s}^2_{\text{FEM}} \approx \zeta$, siehe Abbildung 6.4. Daher wird eine Glättung des m_{ers}-über-s-Verlaufs mittels eines Polynomfits vorgenommen. Hierzu wird ein Polynom fünfter Ordnung nach folgender Form verwendet:

$$y_{\text{Fit}}(x) = \sum_{i=0}^{n} \text{p}_i \cdot x^i \ (n = 5). \tag{6.6}$$

Die geglättete Kurve ist ebenfalls in Abbildung 6.4 dargestellt.

Zu beachten ist weiterhin, dass für eine vollständige Darstellung des Zusammenhangs $m_{\text{ers}}(s)$ ein dynamischer Lastfall betrachtet werden muss, der auch den gesamten Auslenkungsbereich der Lamelle umfasst. Abbildung 6.5 zeigt die aus der FSI-Simulation ermittelten und mittels Polynom-Fit geglätteten $m_{\text{ers}}(s)$-Verläufe der Lastfälle $p(t)_{\text{DV},1}$ bis $p(t)_{\text{DV},4}$ im Vergleich zum 1D-Referenzmodell. Da die berechnete Kurve des Lastfalles $p(t)_{\text{DV},4}$ den größten Auslenkungsbereich umfasst, wird diese für die weitere Berechnung verwendet.

6.2.3 Dämpfung

Zur Abbildung der Dämpfungswirkung der Quetschströmung wird der im Rahmen der Einzelstudie in Abschnitt 5.2.3 ermittelte Dämpfungsverlauf im Spaltbereich verwendet. Der Verlauf $p_{\text{m}}(s)$ (vgl. Abbildung 5.22) wird hierbei auf die zugehörige Relativgeschwindigkeit $u_{x,\text{rel}}$ bezogen. Zudem erfolgt die Multiplikation mit der jeweiligen Kontaktfläche zwischen Ventillamelle und Ventilsitz bzw. Ventilsitz und Niederhalter, um den absoluten Dämpfungswert zu erhalten. Die Materialdämpfung b_{M} wird als konstant (wegunabhängig) be-

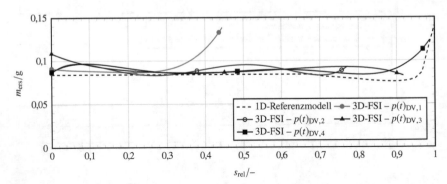

Abbildung 6.5: Mittels Fit-Polynom 5. Grades geglättete Ersatzmasse m_{ers} in Abhängigkeit von der Nominalauslenkung s für die Lastfälle $p(t)_{DV,1} - p(t)_{DV,4}$

trachtet und zur Kurve der Quetschströmung $b_Q(s)$ addiert. Der wegabhängige Dämpfungsparameter ergibt sich somit wie folgt:

$$b(s) = b_M + b_Q(s) = b_M + \begin{cases} \dfrac{p_m(s) \cdot A_{Kontakt,u}}{u_{x,rel}} & \text{(Kontakt Lamelle-Ventilsitz)} \\[3mm] \dfrac{p_m(s_{max} - s) \cdot A_{Kontakt,o}}{u_{x,rel}} & \text{(Kontakt Lamelle-Hubbegrenzer)}. \end{cases} \quad (6.7)$$

Hierbei bezeichnet s_{max} den theoretisch maximal möglichen Nominalhub bei starrem Hubbegrenzer.

Im Gegensatz zur vollständig gekoppelten FSI-Berechnung wird im 1D-Modell die Dämpfungswirkung des Fluids im Bereich der freien Schwingung durch die Kopplung nicht abgebildet. Der in Abschnitt 5.2.3 verwendete Wert des Dämpfungsgrades der Materialdämpfung von $D = \xi_1 = 0,002$ ist daher unzureichend. Für die korrekte Parametrisierung des 1D-Ventilmodells muss b_M somit zusätzlich die Fluiddämpfung im Bereich zwischen den Rändern beinhalten.

Zur Ermittlung der Materialdämpfung b_M des 1D-Modells in Gleichung (6.7) wird der Auslenkungsverlauf des dreidimensionalen virtuellen Prototypen verwendet. Dabei wird die Dämpfungswirkung unterschiedlicher Werte für b_M auf den berechneten Verlauf für den Lastfall $p(t)_{DV,1}$ betrachtet, bei dem die Lamelle frei zwischen Ventilsitz und Niederhalter schwingt, siehe Abbildung 6.6. Die Auslenkung wird hier auf die jeweils mittlere Endauslenkung normiert, um die Schwingungsamplituden bei Bezug auf die gleiche Absolutauslenkung bewerten zu können.

Die Größenordnung von b_M kann dabei mittels Gleichung (2.21) durch Umstellen nach b (hier b_M) abgeschätzt werden:

$$b_M = 2D \cdot \omega_0 \cdot m_{ers} = \frac{4\pi \cdot m_{ers}}{T_0} \cdot D. \quad (6.8)$$

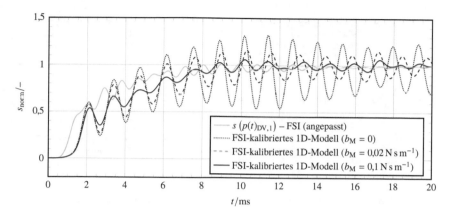

Abbildung 6.6: Anpassung der Materialdämpfung b_M mithilfe der FSI-Berechnung des virtuellen Prototypen für den Lastfall $p(t)_{DV,1}$ (Auslenkung auf die jeweils mittlere Endauslenkung normiert)

Es zeigt sich, dass der Wert für b_M in der gleichen Größenordnung liegt wie der Dämpfungsgrad D. Wie aus den in Abbildung 6.6 dargestellten Schwingungsverläufen erkennbar ist, führt eine Vernachlässigung des Materialdämpfungswertes b_M zu einem starken Auf- und Überschwingen der Lamelle. Bei einem Wert von $b_M = 0{,}1\,\mathrm{N\,s\,m^{-1}}$ bildet das 1D-Modell das Schwingungsverhalten des virtuellen Prototypen adäquat ab. Dies entspricht dem Fall einer schwach gedämpften Schwingung mit $D \approx 0{,}1$.

Abbildung 6.7 zeigt die mithilfe des virtuellen Prototypen und der in Abschnitt 5.2.3 zusammengefassten CFD-Studie ermittelte Dämpfungskurve nach Gleichung (6.7) im Vergleich zur Dämpfungskurve des Referenzmodells nach Baumgart [7]. Beide Kurven zeigen einen typischen Verlauf mit ähnlichen Absolutwerten an den Rändern. Während allerdings im Referenzmodell der Dämpfungswert für $0 \leq s_{rel} < s_{rel,Grenz}$ und $0 \leq (1 - s_{rel}) < s_{rel,Grenz}$ konstant gehalten wird [7], zeigt der auf Basis der virtuellen Prototypenstudie ermittelte Verlauf einen starken Abfall im Bereich der Ränder. Dies erklärt das verzögerte Öffnungsverhalten des Referenzmodells (vgl. Abbildung 6.1b).

6.2.4 Effektive Kraft- und Strömungsflächen

Die effektiv druckbeaufschlagte Fläche $A_{p,\mathrm{eff}}$ sowie der effektive Strömungsquerschnitt $A_{u,\mathrm{eff}}$ werden von der Ventildynamik losgelöst betrachtet und aus der quasi-stationären FSI-Berechnung der Ventilkennlinie, vgl. Abschnitt 5.1.3, zurückgeführt. Hierbei ist zu beachten, dass Trägheitseffekte bei der Beschleunigung respektive Verzögerung der im Ventilbohrungsbereich befindlichen Fluidmasse vernachlässigt werden. Die hierbei auftretenden Hysterese-effekte werden bspw. von Habing und Peters [84] sowie Link und Deschamps [15] diskutiert. Bei der Anwendung auf Hubkolbenverdichter ergibt sich zudem eine zusätzliche Ab-

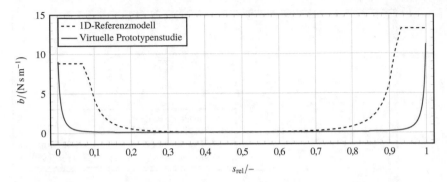

Abbildung 6.7: Dämpfungsparameter b in Abhängigkeit von der Nominalauslenkung s

hängigkeit durch die Kolbenbewegung im OT-Bereich, siehe Pereira und Deschamps [85]. Je nach konkreter Problemstellung bietet sich daher eine Erweiterung der hier beschriebenen Methodik analog der von Habing und Peters [84] eingesetzten *Extended Valve Theory* an.

Abbildung 6.8 stellt die Zeitverläufe der zur Berechnung der effektiven Flächen benötigten Größen zusammen, welche aus den FSI-Ergebnissen extrahiert worden sind. Obwohl der Massenstrom nach Erreichen des Plateaus der Druckrampe (zwischen $t = 0,1$ s und $t = 0,12$ s) leicht weiter ansteigt, siehe Abbildung 6.8b, wird aus Rechenkostengründen von einer Neuberechnung bei Vorgabe einer längeren, flacheren Druckrampe abgesehen.

Aus Gleichung (2.7) folgt für die Ermittlung der effektiv druckbeaufschlagten Fläche $A_{p,\text{eff}}$:

$$A_{p,\text{eff}}(t) = \frac{F_{p,z,\text{CFD}}(t)}{\Delta p_{12,\text{CFD}}(t)}. \tag{6.9}$$

$\Delta p_{12,\text{CFD}}$ entspricht der im CFD-Modell ausgelesenen Differenz der statischen Drücke direkt stromaufwärts der Ventilbohrung und direkt stromabwärts der Ventileinheit. $F_{p,z,\text{CFD}}$ wird mittels Integration der statischen Druckkräfte und der Scherkräfte über die Oberfläche der Ventillamelle in Richtung der Ventilbohrungsachse (z-Richtung) bilanziert und CFD-seitig ausgewertet. Abbildung 6.9 zeigt die Druckverteilung auf der Oberfläche der Ventillamelle im Endzustand der FSI-Berechnung. Hierbei ist zu erkennen, dass es neben der kreisförmigen Druckverteilung im Bereich der Ventilbohrung zusätzliche relevante Druckanteile in Richtung Einspannstelle gibt, welche eine Druckbelastung in z-Richtung bewirken[25].

Bei Verwendung der effektiv druckbeaufschlagten Fläche $A_{p,\text{eff}}$ nach Gleichung (6.9) wird im 1D-Modell die Auslenkung s überschätzt. Dies ist damit zu erklären, dass die einzelnen Kraftanteile in der 3D-FSI-Berechnung eine Biegebewegung der Lamelle um die Einspannachse bewirken, im 1D-Modell jedoch eine Punktmasse entlang der Ventilbohrungsachse

---

25 Im Bereich der Ventileinspannung wird die Druckbelastung nur für aktive Zellen berechnet. Auf die Wände deaktivierter *Overset*-Zellen wirkt der Referenzdruck ($p_0 = 101\,325$ Pa).

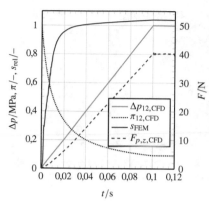

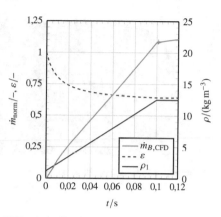

(a) Druckdifferenz $\Delta p_{12,CFD}$, Druckverhältnis $\pi_{12,CFD}$, Nominalauslenkung der Ventillamelle im FEM-Modell s_{FEM} und in z-Richtung auf die Ventillamelle wirkenden Kraft $F_{p,z,CFD}$

(b) Durch die Ventilbohrung durchgesetzter Massenstrom $\dot{m}_{B,CFD}$, Dichte vor dem Ventil ρ_1 und Expansionszahl ε

Abbildung 6.8: Auf Basis der FSI-berechneten Druckventil-Kennlinie ermittelte Zeitverläufe zur Berechnung der effektiven Flächen

translatorisch bewegt wird. Um diese Überschätzung zu korrigieren, wird ein Momentenansatz zur Berechnung der entlang der Ventilbohrungsachse effektiv wirkenden Kraft $F_{z,M}$ gewählt, siehe Abbildung 6.10.

Anstelle der Integration der einzelnen Kraftanteile in z-Richtung werden die einzelnen Momentenanteile der Druckkräfte f_i^p und Scherkräfte f_i^s, gewichtet durch ihre jeweiligen Hebelarme zur Einspannachse $(x_i - x_P)$, aufsummiert [66]:

$$M_y = \sum_i (x_i - x_P) \times (f_i^p + f_i^s).$$ (6.10)

Die Einspannachse wird durch das Ende des gekrümmten Bereiches des Niederhalters definiert und liegt in Höhe der Ventildichtfläche, in Abbildung 6.10 durch den Punkt P_M markiert und entlang der y-Achse verlaufend.

Die Ermittlung der entlang der Ventilbohrungsachse effektiv wirkenden Kraft erfolgt über die effektive Biegelänge $l_{B,x} = (x_B - x_P)$, wobei die Ventilbewegung als Rotation einer starren Platte und der zugehörige rotatorische Öffnungswinkel θ aufgrund kleiner Hübe s als klein betrachtet werden[26]:

$$F_{z,M} = \frac{M_y}{l_{B,x}}.$$ (6.11)

---

26 Bei der maximalen Auslenkung des Ventils ergibt sich ein Rotationswinkel der starren Platte von $\theta = 2,8°$. Der maximale Fehler bei der translatorischen gegenüber der rotatorischen Bewegung liegt bei 0,1 %, bezogen auf die berechnete Kraft $F_{z,M}$.

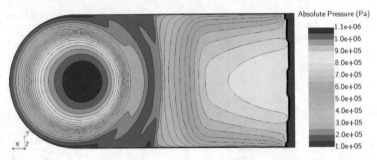

Abbildung 6.9: Druckverteilung auf der dem Ventilsitz zugewandten, druckbelasteten Oberfläche
der Ventillamelle im Endzustand (bei $t = t_{end} = 0{,}12$ s) mit 0,5 bar-Isobaren

Die Berechnung der effektiv druckbeaufschlagten Fläche $A_{p,\text{eff}}^{+}$ nach dem Momentenansatz
erfolgt analog Gleichung (6.9):

$$A_{p,\text{eff}}^{+}(t) = \frac{F_{z,M}(t)}{\Delta p_{12,\text{CFD}}(t)}. \tag{6.12}$$

Der in Gleichung (6.10) dargestellte Momentenansatz zur Berechnung von $A_{p,\text{eff}}^{+}$ wird CFD-
seitig ausgewertet. Um die Konservativität der Kraftübertragung zwischen CFD- und FEM-
Modell auf der Lamellenoberfläche zu überprüfen und um die zweidimensionale Betrachtungsweise unter Vernachlässigung der y-Komponente zu bestätigen, werden die einzelnen
Kraftanteile CFD- und FEM-seitig bilanziert und in Tabelle 6.1 am Ende der FSI-Berechnung
(bei $t = t_{end} = 0{,}12$ s) gegenübergestellt.

Aus Tabelle 6.1 geht hervor, dass der Kraftanteil in y-Richtung vernachlässigbar ist. Zudem
liegt der relative Fehler zwischen CFD und FEM (bezogen auf das CFD-Ergebnis) bei den
relevanten Kraftanteilen in x- und z-Richtung unter 0,1 %, wodurch die rein CFD-seitige
Anwendung der Momentenbilanz ausreichend genau ist.

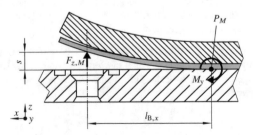

Abbildung 6.10: Darstellung des Momentenansatzes zur Berechnung der effektiv druckbeaufschlagten Fläche $A_{p,\text{eff}}^{+}$

Tabelle 6.1: Gegenüberstellung der CFD- und FEM-seitig berechneten Kraftanteile auf der Oberfläche der Ventillamelle (vgl. Abbildung 6.10) bei $t = t_{end} = 0,12$ s

	F_x/N	F_y/N	F_z/N
CFD	$-2,599$	$3,814 \cdot 10^{-3}$	$40,067$
FEM	$-2,601$	$3,721 \cdot 10^{-3}$	$40,049$
Abw. FEM v. CFD	$0,08\,\%$	$-2,44\,\%$	$-0,04\,\%$

Für den effektiven Strömungsquerschnitt $A_{u,\mathrm{eff}}$ nach dem Blendenansatz folgt aus Gleichung (2.11):

$$A_{u,\mathrm{eff}}(t) = \frac{\dot{m}_{\mathrm{B,CFD}}(t)}{\varepsilon(p_1(t), p_2(t)) \cdot \sqrt{\Delta p_{12,\mathrm{CFD}}(t) \cdot 2\rho_1(t)}}. \tag{6.13}$$

Der Massenstrom $\dot{m}_{\mathrm{B,CFD}}(t)$ wird CFD-seitig zeitabhängig in der Mitte der Ventilbohrung ausgelesen. Die Dichte ρ_1 entspricht dem Zustand direkt stromaufwärts der Ventilbohrung. Analog des 1D-Modells nach Baumgart [7] (Gleichung (2.10)) wird der Zeitverlauf der Expansionszahl ε wie folgt berechnet:

$$\varepsilon(p_1(t), p_2(t)) = 1 - \frac{c}{\kappa} \cdot \frac{\Delta p_{12,\mathrm{CFD}}(t)}{p_{1,\mathrm{CFD}}(t)}, \tag{6.14}$$

mit $c = 0,55$ und $\kappa = 1,4$. Der Isentropenkoeffizient κ ist zwar druck- und temperaturabhängig, wird für den hier betrachteten Wertebereich jedoch als konstant betrachtet.

Soll die Berechnung der Expansionszahl ε vermieden werden, bietet sich die Verwendung der Ausflussformel nach *de Saint-Venant und Wantzel* an. Hierbei ist zu beachten, dass die Berechnung abhängig vom Druckverhältnis erfolgt und somit eine Unterscheidung in unter- und überkritische Druckverhältnisse erfolgen muss. Bei typischen Betriebsbedingungen mit CO_2 treten solche überkritischen Druckverhältnisse an den Lamellenventilen nicht auf. Werden die Ventile jedoch – wie hier – an einem Prüfstand gegen Umgebungsdruck belastet, müssen Überschalleffekte berücksichtigt werden, vgl. Tabelle 4.2. Aus den Gleichungen (2.2), (2.13) und (2.17) folgt für den effektiven Strömungsquerschnitt $A_{u,\mathrm{eff}}^*$ nach dem isentrop-kompressiblen Ansatz:

$$A_{u,\mathrm{eff}}^*(t) = \begin{cases} \dfrac{\dot{m}_{\mathrm{B,CFD}}(t)}{p_1(t) \cdot \sqrt{\dfrac{2}{\mathrm{R_s}\, T_1(t)}} \cdot \sqrt{\dfrac{\kappa}{\kappa - 1} \cdot \left[\left(\dfrac{p_2(t)}{p_1(t)}\right)^{\frac{2}{\kappa}} - \left(\dfrac{p_2(t)}{p_1(t)}\right)^{\frac{\kappa+1}{\kappa}} \right]}} & \left(\dfrac{p_2}{p_1} > \pi_{\mathrm{krit}}\right) \\[4ex] \dfrac{\dot{m}_{\mathrm{B,CFD}}(t)}{p_1(t) \cdot \sqrt{\dfrac{2}{\mathrm{R_s}\, T_1(t)}} \cdot \sqrt{\dfrac{\kappa}{\kappa - 1} \cdot \left[\pi_{\mathrm{krit}}^{\frac{2}{\kappa}} - \pi_{\mathrm{krit}}^{\frac{\kappa+1}{\kappa}} \right]}} & \left(\dfrac{p_2}{p_1} \leq \pi_{\mathrm{krit}}\right). \end{cases} \tag{6.15}$$

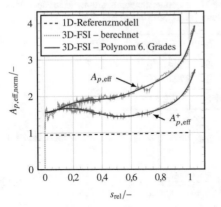 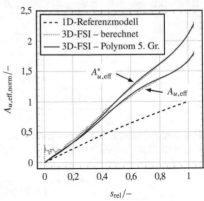

(a) Effektiv druckbeaufschlagte Fläche $A_{p,\text{eff}}$ bzw. $A_{p,\text{eff}}^+$

(b) Effektiver Strömungsquerschnitt $A_{u,\text{eff}}$ bzw. $A_{u,\text{eff}}^*$

Abbildung 6.11: Berechnete effektive Kraft- und Strömungsflächen in Abhängigkeit von der Nominalauslenkung s

Die Verläufe von $A_{p,\text{eff}}(t)$ bzw. $A_{p,\text{eff}}^+$ und $A_{u,\text{eff}}(t)$ bzw. $A_{u,\text{eff}}^*(t)$ werden – analog zur Ersatzmasse m_{ers} – über die nominelle Momentanauslenkung $s(t)$ (siehe Abbildung 6.8a) aufgetragen, wodurch der Zusammenhang zwischen effektiver Fläche und Ventilauslenkung von der Zeit entkoppelt wird, siehe Abbildung 6.11.

Um Instabilitäten bei der Lösung der Bewegungsdifferentialgleichung des 1D-Modells durch eine sprunghafte Änderungen der anregenden Druckkraft zu vermeiden, wird der Verlauf der effektiv druckbeaufschlagten Fläche geglättet. Hierfür wird ein Polynom sechsten Grades verwendet (siehe Abbildung 6.11a):

$$y_{\text{Fit}}(x) = \sum_{i=0}^{n} p_i \cdot x^i \ (n = 6). \tag{6.16}$$

Der Wert des Achsenabschnittes p_0 wird durch die Ventilsitzfläche A_{Sitz} (Gleichung (2.9)) festgesetzt, welche im Fall einer Fase oder Verrundung der Ventilbohrung größer ist als der Bohrungsquerschnitt A_B (Gleichung (2.3)). Wie in Abbildung 6.11a zu erkennen ist, liegt der mithilfe des virtuellen Prototypen ermittelte Wert der effektiv druckbeaufschlagten Fläche im gesamten Auslenkungsbereich oberhalb des Wertes des Referenzmodells. Aufgrund der Überschätzung der Auslenkung bei Verwendung von $A_{p,\text{eff}}$ nach Gleichung (6.9) wird für die weiteren Betrachtungen der geglättete Verlauf von $A_{p,\text{eff}}^+$ nach dem Momentenansatz (Gleichung (6.12)) verwendet.

Der effektive Strömungsquerschnitt $A_{u,\text{eff}}$ bzw. $A_{u,\text{eff}}^*$ wird ebenfalls geglättet, wobei ein Fit-Polynom fünften Grades nach Gleichung (6.6) als ausreichend bewertet wird, siehe Abbildung 6.11b. Der Achsenabschnittswert wird hierbei auf $p_0 = 0$ gesetzt, da die Strömungsfläche bei geschlossenem Ventil ($s = 0$) zu Null wird. Wie aus Abbildung 6.11b deutlich wird, liegen die Werte der mittels virtuellem Prototypen ermittelten effektiven Strömungsquerschnitte bei beiden Ansätzen oberhalb der Werte des Referenzmodells. Zudem ist zu beobachten, dass die effektive Strömungsfläche $A^*_{u,\text{eff}}$ nach dem isentrop-kompressiblen Ansatz von *de Saint-Venant und Wantzel* bei größeren Auslenkungen (und Druckverhältnissen) oberhalb der Kurve von $A_{u,\text{eff}}$ nach dem inkompressiblen Blendenansatz unter Verwendung der Expansionszahl liegt, was bei den betrachteten Druckverhältnissen auf den Übergang in den Überschallbereich zurückzuführen ist.

Anwendung und Bewertung der virtuell kalibrierten 1D-Ventilmodelle

Mit den in Abschnitt 6.2 angepassten Ventilparametern aus der FSI-Simulation (virtueller Ventilprototyp) wird das Referenz-Ventilmodell (Abschnitt 6.1) neu kalibriert. Die in Abbildung 6.1 dargestellten Verläufe der Validierungsmessungen werden in Abschnitt 6.3 erneut nachgerechnet, um das Potential der virtuellen Ventilmodellkalibrierung zu verdeutlichen. Daran anknüpfend werden in Abschnitt 6.4 die 1D-Ventilparameter für das Saug- und das Druckventil eines CO₂ Axialkolbenverdichters ermittelt und anschließend in ein 0D/1D-Verdichtermodell eingebunden.

6.3 Nachrechnung der Validierungsmessungen am Ventilprüfstand für das Druckventil

Abbildung 6.12 zeigt die berechnete Ventilkennlinie und die berechneten dynamischen Auslenkungsverläufe des 1D-Referenzmodells und des 1D-Ventilmodells mit virtuell kalibrierten Ventilparametern im Vergleich zum experimentell ermittelten Verlauf für das betrachtete Druckventil. Die berechneten Verläufe werden im Folgenden ausgewertet und die bestehenden Abweichungen bewertet.

6.3.1 Stationäre Ventilkennlinie

Wie aus Abbildung 6.12a hervorgeht, liegt die mit dem FSI-kalibrierten 1D-Ventilmodell berechnete Ventilkennlinie näher an den Messdaten als das 1D-Referenzmodell. Analog zur Ventilkennlinie des 3D-FSI-Modells (vgl. Abbildung 5.8b) liegt die berechnete Kurve am unteren Rand des Unsicherheitsbereiches der Messdaten. Bis etwa $\Delta p_V = (0,5 \ldots 1)$ bar verlaufen die berechneten Kurven des FSI-kalibrierten 1D-Modells unter Verwendung von $A_{u,\text{eff}}$ bzw. $A^*_{u,\text{eff}}$ nahezu identisch. Bei Annäherung an das kritische Druckverhältnis $\pi_{\text{krit}} = 0,528$ (siehe Tabelle 4.1) verläuft die Kurve unter Verwendung von $A^*_{u,\text{eff}}$ (kompressibler Ansatz nach *de Saint-Venant und Wantzel*) oberhalb der Kurve unter Verwendung von $A_{u,\text{eff}}$ (inkompressibler Blendenansatz mit Expansionszahl). Im weiteren Verlauf liegt die Kurve unter Verwendung von $A^*_{u,\text{eff}}$ vollständig innerhalb des Unsicherheitsbereiches der Messdaten, während die Kurve nach dem Blendenansatz zu einer leichten Unterschätzung des Massenstroms führt. Die Unterschiede beider Ansätze sind jedoch, verglichen zur Abweichung des Referenzmodells von den Messdaten, marginal. Somit bilden beide Ansätze der virtuellen Ventilmodellkalibrierung den Massenstromverlauf hinreichend genau ab, wobei bei Erreichen oder Unterschreiten des kritischen Druckverhältnisses der Ansatz unter Verwendung von $A^*_{u,\text{eff}}$ zu bevorzugen ist.

Die Tendenz zur Unterschätzung des Massenstroms des virtuell kalibrierten 1D-Modells ist auf die quasi-stationäre FSI-Berechnung zurückzuführen. Wie in Abbildung 6.8b deutlich wird, steigt der Massenstrom nach dem Erreichen des Druckplateaus weiter leicht an. Dies lässt darauf schließen, dass die Druckrampe noch zu steil ist, um zu jedem Zeitpunkt einen quasi-stationären Zustand abzubilden. Eine höhere Genauigkeit der berechneten Ventilkennlinie ist daher zu erwarten, wenn die Druckrampe unter Inkaufnahme einer größeren Rechendauer der 3D-FSI-Berechnung flacher gestaltet wird. Alternativ kann statt einer quasi-stationären Berechnung unter Vorgabe einer zeitabhängigen Druckrampe – analog der experimentell ermittelten Messdaten – die Berechnung anhand stationärer Punkte erfolgt. Dies erfordert jedoch den Umbau der CFD- und FEM-Teilmodelle hin zu einem stationären Gesamtmodell, wobei das in Kapitel 5 verwendete FSI-Simulationssetup sowie die dabei verwendete Kopplungsmethode angepasst und anhand geeigneter Messdaten oder Benchmarks hinsichtlich seiner Eignung für stationäre Zustände überprüft werden sollte.

6.3.2 Dynamische Auslenkungsverläufe

Wie aus dem Vergleich der 1D-berechneten und gemessenen Auslenkungsverläufe der vier dynamischen Lastfälle in Abbildung 6.12b – 6.12e hervorgeht, wird durch die virtuelle Kalibrierung des 1D-Modells lastfallabhängig eine moderate bis deutliche Erhöhung der Genauigkeit gegenüber dem Referenzmodell erreicht. Verbesserungen der Ventildynamik gegenüber dem Referenzmodell sind in der Anfangsverzögerung und der zeitlichen Lage der ersten Rückschwinger zu verzeichnen. Weiterhin werden die charakteristischen Schwingungsamplituden sowie das Abklingverhalten im Plateaubereich genauer wiedergegeben. Die größte Übereinstimmung zwischen virtuell kalibriertem 1D-Modell und Messung ist bei geringeren Auslenkungen (Lastfall $p(t)_{\text{DV},1}$, Abbildung 6.12b) zu verzeichnen.

Die wesentlichen Verbesserungen gegenüber dem Referenzmodell sind auf die genauere Abbildung des Dämpfungsverhaltens (vgl. auch Abbildung 6.7) zurückzuführen. Bei der Übertragung von Ventilmodellen auf Verdichter-Gesamtmodelle ergeben sich hierdurch Vorteile, da die Ventildämpfung einen erheblichen Einfluss auf die Überverdichtungs-, Unterexpansions- und Rückexpansionsverluste sowie die mechanische Belastung der Bauteile durch Aufschlageffekte im realen Verdichterbetrieb hat.

Als auffällige Abweichung zwischen virtuell kalibriertem 1D-Modell und Messung zeigt sich die Überschätzung der Auslenkung ab etwa $s_{\text{rel}} = 0{,}6$, was insbesondere in Lastfällen mit größerer Auslenkung ($p(t)_{\text{DV},2} - p(t)_{\text{DV},4}$) zum Tragen kommt. Dabei liegt der Absolutwert der Abweichung zur Messung im quasistationären Zustand (bei $t = 0{,}02\,\text{s}$) in der gleichen Größenordnung wie die Unterschätzung der Auslenkung im 1D-Referenzmodell.

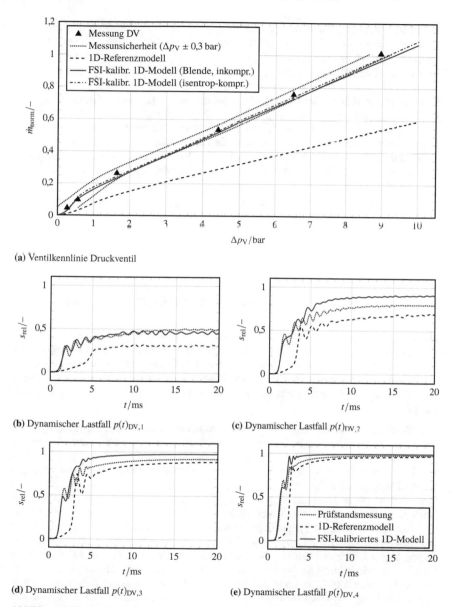

(a) Ventilkennlinie Druckventil

(b) Dynamischer Lastfall $p(t)_{DV,1}$

(c) Dynamischer Lastfall $p(t)_{DV,2}$

(d) Dynamischer Lastfall $p(t)_{DV,3}$

(e) Dynamischer Lastfall $p(t)_{DV,4}$

Abbildung 6.12: Vergleich der berechneten stationären Ventilkennlinie und dynamischen Auslenkungsverläufe (1D-Referenzmodell und virtuell kalibriertes 1D-Modell) mit der Validierungsmessung für das Druckventil am Ventilprüfstand

Zur Identifizierung der Fehlerursache für die Überschätzung der Ventilauslenkung wird der ermittelte Verlauf der effektiv druckbeaufschlagten Fläche $A_{p,\text{eff}}^+$ (siehe Abbildung 6.11a) betrachtet. Bei Werten von $s_{\text{rel}} > 0{,}5\ldots0{,}6$ steigt der $A_{p,\text{eff}}^+(s)$-Verlauf stark progressiv an. Dies kann auf die Verwendung des *Overset Mesh*-Ansatzes zurückgeführt werden, welcher durch die *Zero Gap*-Option die Deaktivierung von Rechenzellen im Spaltbereich bewirkt. Wie in Abbildung 6.9 zu erkennen ist, bildet sich nahe der Einspannung ein charakteristisches Druckfeld aus. Ab einer Auslenkung von $s_{\text{rel}} \approx 0{,}5\ldots0{,}6$ nähert sich die Lamelle soweit dem Niederhalter, dass sich in dem dazwischen befindlichen Spalt ein Druckfeld einstellt, welches dem in Abbildung 6.9 abgebildeten Druckfeld entgegen wirkt. In den Bereichen der Deaktivierung von CFD-Rechenzellen wird die Oberseite der Lamelle beim Anlegen an den Niederhalter jedoch mit dem Referenzdruck p_0 belastet, wodurch die in $+z$-Richtung wirkende Kraft überschätzt wird.

Eine Korrektur der Kraftberechnung ist durch eine entsprechende Verfeinerung des CFD-Rechennetzes im Spaltbereich möglich. Wie bereits in Abschnitt 5.2.1 diskutiert, resultiert daraus jedoch ein Konflikt aus Rechenstabilität und -aufwand. Daher wird von einer Neu-berechnung von $A_{p,\text{eff}}^+$ auf Basis eines verfeinerten CFD-Rechengitters im Spaltbereich des FSI-Modells abgesehen.

6.4 Simulation des Ventilverhaltens im CO_2-Axialkolbenverdichter

Nachdem die Anwendbarkeit virtuell kalibrierter 1D-Ventilmodelle bei Prüfstandsbedin-gungen gezeigt werden konnte, werden diese nun auf das Verdichter-Gesamtsystem über-tragen. Zu diesem Zweck wird ein transientes 0D/1D-Modell eines CO_2-Axialkolbenver-dichters in der Software *GT-SUITE* (Version 2017) erstellt, wie in Abbildung 6.13 schema-tisch dargestellt (vgl. Aufbau eines Axialkolbenverdichters mit Taumelscheibe in Abbil-dung A.3).

Die Modellränder werden fluidseitig durch Temperatur- und Druckrandbedingungen auf der Saug- (S) und Druckseite (D) sowie mechanisch durch eine feste Drehzahlvorgabe n der Antriebswelle definiert. Die Drehzahl wird auf eine Taumelscheibe (TS) übertragen, welche mechanisch mit den Zylindern Z_i ($i = 1 \ldots z$) in Verbindung steht[27] und somit das winkelabhängige Hubvolumen vorgibt. Die Drosselstellen Δp_S und Δp_D beschreiben die Druckverluste bei der Durchströmung des Sauggasbereiches (Saugstutzen, ggf. Elektromotor, Triebraum, diverse konstruktive Durchbrüche) bzw. des Druckgasbereiches (Druckstutzen, ggf. Ölabscheider). Das Ansaugen in die Zylinder erfolgt aus der Saugkammer (SK) über z Saugventilkanäle (SVK) und Saugventile (SV), das Ausschieben in die Druckkammer (DK) analog über z Druckventilkanäle (DVK) und Druckventile (DV). Hierbei ist zu beachten, dass, konstruktiv bedingt, die Druckventilkanäle beim Ausschieben des verdichteten Gases *vor* den Druckventilen liegen und somit im direkten Kontakt mit dem Zylinderraum stehen (vgl. Darstellung der Ventilbaugruppe in Abbildung 2.1). Dies ist bei der Definition des Schadraumes im OT-Zustand des Kolbens zu berücksichtigen.

---

27 Die kinematischen Zusammenhänge im Axialkolbenverdichter sind bspw. in Cavalcante [10] detailliert beschrieben.

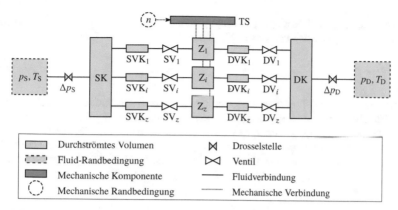

Abbildung 6.13: Schema des vereinfachten 0D/1D-Modells eines Axialkolbenverdichters

Die transienten Vorgänge im Gesamtmodell werden in der verwendeten Software durch die numerische Lösung der NST-Gleichungen (Masse, Impuls und Energie), analog Gleichungen (3.2)–(3.4), berechnet. Diese werden räumlich eindimensional diskretisiert. Für Rohrelemente resultiert daraus eine räumlich eindimensionale Längsdiskretisierung entlang der Strömungsrichtung in einzelne Subvolumina. Fluidelemente, die größere Volumina oder Strömungsteilungen bilden, werden räumlich nicht weiter unterteilt (räumlich nulldimensional). Die skalaren Erhaltungsgrößen werden im Zentrum der einzelnen Volumina bzw. Subvolumina als räumlich gemittelte Größen berechnet. Vektorielle Größen werden auf den Verbindungsflächen zwischen den einzelnen Volumina berechnet und entsprechend im Querschnitt gemittelt. Dieser Ansatz ist auch als *Staggered Grid Approach* bekannt. Näheres zur 0D-/1D-Modellierung kann [86] entnommen werden.

6.4.1 Einbindung der 1D-Ventilparameter

Die ventilhubabhängigen Ventilparameter werden aus den validierten virtuellen Ventilprototypen (Kapitel 5) analog zu Abschnitt 6.2 für das Saug- und das Druckventil des betrachteten Verdichters ermittelt. Zur Einbindung in die Software *GT-SUITE* werden die 1D-Ventilparameter wie folgt bereitgestellt:

- Die Berechnung der Ersatzmasse m_{ers} erfolgt, wie in Abschnitt 6.2.2 beschrieben, für die dynamischen Prüfstandslastfälle $p(t)_{SV,3}$ und $p(t)_{DV,4}$.

- Die Federrate c_F wird mittels zentralem Differenzenquotienten aus der Federkraft F_F approximiert:

$$c_F(s) \approx \frac{F_F(s + \Delta s) - F_F(s - \Delta s)}{2\Delta s}. \tag{6.17}$$

- Der Dämpfungsgrad D des Schwingungssystems wird aus Ersatzmasse m_{ers}, Federrate c_F und Dämpfungsfaktor b berechnet, vgl. Gleichungen (2.21) und (2.22):

$$D(s) = \frac{b(s)}{2\sqrt{c_F(s) \cdot m_{ers}(s)}}. \tag{6.18}$$

Dafür wird die CFD-Studie zur Quetschströmung, wie in Abschnitt 5.2.3 beschrieben, für die Fluidbedingungen im betrachteten Saug- und Druckzustand des Verdichters wiederholt. Der Dämpfungsfaktor b wird daraus entsprechend Abschnitt 6.2.3 berechnet. In kleinen Bereichen nahe der Ränder ($s \approx 0$ und $s \approx s_{max}$) werden Werte von $D \gg 1$ erzielt. Dies entspricht einer überkritischen Dämpfung. Um unplausibel hohe Dämpfungseffekte in den Kontaktbereichen zu vermeiden, wird der Dämpfungswert für $s \leq 0$ und $s \geq s_{max}$ auf $D = 1$ gesetzt.

- Die effektiv druckbeaufschlagte Fläche $A_{p,\text{eff}}^+$ wird nach dem Momentenansatz (siehe Gleichung (6.12)) ermittelt. Die Umrechnung zum Ventil-Kraftbeiwert C_p^+ erfolgt nach Gleichung (2.8) mit dem Bezugsdurchmesser A_{Sitz} (Gleichung (2.9)).

- Die Berechnung des Ventildurchflusses erfolgt in *GT-SUITE* für eine isentrop-kompressible Strömung unter Berücksichtigung von Überschallbedingungen [86]. Die Ventil-Durchflusszahl C_D^* wird dementsprechend aus $A_{u,\text{eff}}^*$ (siehe Gleichung (6.15)) ermittelt. Die Umrechnung beider Größen erfolgt nach Gleichung (2.2) mit der Bezugsfläche A_s (Gleichung (2.4))[28].

Die im Verdichter-Gesamtmodell eingebundenen 1D-Ventilparameter sind in Abbildung 6.14 als Auftragung über s_{rel} zusammengefasst, wie in Abbildung 5.6b (links) und Abbildung 5.6c (rechts) unter Bezug auf den theoretischen Maximalhub $s_{max,theo}$ beschrieben (siehe auch Gleichung (4.1)). Sowohl Saug- als auch Drucklamelle können sich bei steigender Druckbelastung weiter durchbiegen ($s_{rel} > 1$). Da sich die Sauglamelle nach dem Kontakt mit dem Hubbegrenzer entlang der Ventilbohrungsachse stärker als die vom Niederhalter begrenzte Drucklamelle verformen kann, werden die Ventilparameter der Sauglamelle in Abbildung 6.14 teils für größere s_{rel}-Werte berechnet.

Bei der numerischen Berechnung der transienten Ventilbewegung im 0D/1D-Verdichtermodell können auch Werte von $s < 0$ und $s > s_{max,theo}$ erzielt werden. Dies entspricht einem „Eintauchen" der Ventillamelle in die Ventilbohrung bzw. einem starken Durchbiegen über den als s_{max} definierten Zustand hinaus. Liegen die berechneten s-Werte außerhalb des jeweiligen s-Bereiches der bereitgestellten 1D-Ventilparameter, werden jeweils die exakten Werte der letzten verfügbaren Ventilparameter am unteren oder oberen Rand des s-Wertebereiches verwendet. Von einer Extrapolation der Ventilparameter an den Randbereichen wird abgesehen, da dies z.T. zu unplausiblen Effekten führt.

---

28 Abweichend zu den Ausführungen von Böswirth [11] wird zur Berechnung der Hubspaltfläche nicht der kleinste Durchmesser (d_B), sondern der Durchmesser am Ventilsitz (d_{Sitz}) verwendet. Bei der Bezugnahme auf d_B resultieren in der betrachteten Ventilkonfiguration z.T. Werte von $C_D^* > 1$ annehmen, welche von der Software *GT-SUITE* nicht akzeptiert werden.

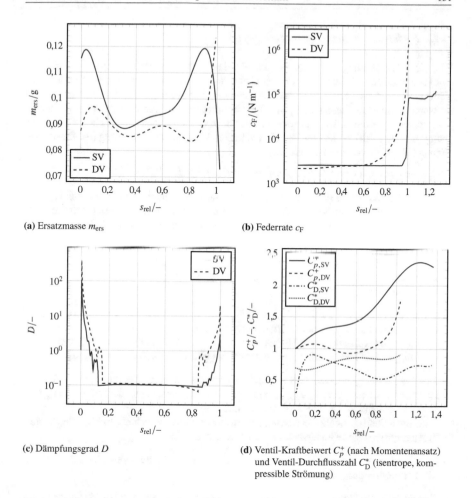

(a) Ersatzmasse m_{ers}

(b) Federrate c_F

(c) Dämpfungsgrad D

(d) Ventil-Kraftbeiwert C_p^+ (nach Momentenansatz) und Ventil-Durchflusszahl C_D^* (isentrope, kompressible Strömung)

Abbildung 6.14: Mittels virtueller Ventilprototypen ermittelte 1D-Ventilparameter für die Anwendung im CO_2-Verdichtermodell

Für den Kontakt der Ventillamelle mit dem Ventilsitz ($s \leq 0$) bzw. dem hubbegrenzenden Bauteil ($s \geq s_{max}$) wird zudem eine künstliche Steifigkeit der angrenzenden Bauteile verwendet. Diese wird mit $c_{Sitz} = c_{Hubbegrenzer} = 1 \cdot 10^6\,\mathrm{N\,m^{-1}}$ gleichermaßen für das Saug- und das Druckventil angenommen.

6.4.2 Modellannahmen und -vereinfachungen

Bei der Modellierung des Verdichters steht das transiente Ventilverhalten im Verdichtungsprozess und die damit zusammenhängenden Verlustmechanismen im Vordergrund. Um für diese Zielstellung möglichst klar definierte Randbedingungen zu schaffen, werden entsprechende Modellannahmen getroffen. Umfangreichere Verdichtermodelle, die die im Verdichter vorkommenden thermodynamischen und strömungsmechanischen Zusammenhänge umfangreich beschreiben, sind bspw. in den Arbeiten von Försterling [9], Kaiser [23], König [5] und Cavalcante [10] erläutert.

Folgende Annahmen und Vereinfachungen werden getroffen:

- Da die Druckverluste der Drosselstellen Δp_S und Δp_D für die durchzuführende Untersuchung nicht relevant sind, werden diese zu Null gesetzt. Für die Anpassung des Modells an die Versuchsdaten gilt: $p_{S,Sim} = p_{SK,Sim} = \overline{p}_{SK,Mess}$ und $p_{D,Sim} = p_{DK,Sim} = \overline{p}_{DK,Mess}$.

- Leckagen werden vernachlässigt. Es wird insbesondere angenommen, dass die Kolbenringe den Zylinder in Richtung Triebraum vollständig abdichten und dass es keine Leckageströme zwischen den Zylindern (über die Ventilplatte) gibt. Rückströmungen sind nur über die Ventile möglich.

- Bis auf die Zylinder Z_i werden alle durchströmten Komponenten mit adiabaten Wänden versetzt. Sauggasaufheizung und Wärmeübertragungseffekte werden indirekt berücksichtigt, indem die in der Saugkammer SK gemessene, über drei Messstellen gemittelte Temperatur als Sauggas-Randbedingung verwendet wird. Es gilt: $T_{S,Sim} = T_{SK,Sim} = \overline{T}_{SK,Mess}$.

- Der Wärmeübergang vom Gas zur Zylinderwand wird unter Vorgabe einer effektiven Zylinderwandtemperatur $T_{Z,Wand,eff}$ und Zuhilfenahme entsprechender Wärmeübergangsbeziehungen durch die Software intern berechnet, siehe [86]. $T_{Z,Wand,eff}$ wird für den jeweiligen Betriebspunkt als konstant betrachtet und aus zugehörigen Messdaten einer Temperaturmessstelle im Zylinderblock entnommen.

- Als Fluid wird reines CO_2 betrachtet. Somit wird der Einfluss des Öls z. B. auf den Verdichtungsvorgang vernachlässigt.

- Es gibt keine Rückkopplung des über eine Umdrehung schwankenden Verdichtungsmoments auf die Drehzahl-Randbedingung. Diese wird innerhalb einer Umdrehung als konstant betrachtet.

Die Simulation wird für ein festes Verdichtungsverhältnis ($p_S = 35\,\mathrm{bar}$, $p_D = 75\,\mathrm{bar}$) bei unterschiedlichen relativen Drehzahlen $n_{rel} = n/n_{max} = 0{,}19 \ldots 1$ durchgeführt. Das Drehzahlspektrum ist dabei an den für einen mechanisch angetriebenen Taumelscheibenverdichter typischen Betriebsbereich angelehnt. Das Simulationssetup ist im Anhang, Tabelle A.11, zusammengefasst.

6.4.3 Auswertung der Indikatordiagramme

Abbildung 6.15a zeigt die messtechnisch erfassten Indikatordiagramme des betrachteten Axialkolbenverdichters für eine niedrige, eine mittlere und eine hohe relative Drehzahl. Als Orientierung sind die Stutzen-Druckrandbedingungen sowie die Verläufe der isentropen und der isothermen Kompression aus dem UT-Zustand bzw. Expansion aus dem OT-Zustand als thermodynamische Grenzfälle (aus REFPROP-Realgasdaten [78]) eingezeichnet. Gleiches gilt für Abbildung 6.15b, in der die im 0D/1D-Modell ermittelten zugehörigen Verläufe abgebildet sind.

Der Vergleich der messtechnisch erfassten mit den simulierten Verläufen zeigt, dass die wichtigsten dynamischen Effekte durch das Modell wiedergegeben werden. Dazu gehören insbesondere die dominanten Überverdichtungs- bzw. Unterexpansionseffekte beim Öffnen der Saug- und Druckventile, welche mit steigender Drehzahl zunehmen, und die typischen Schwingungsverläufe während der Ausschub- und Ansaugphasen. Auch der drehzahlabhängige Einfluss des Ventilspätschlusses am Druckventil auf die Ruckexpansion des Schadraumes wird im Modell abgebildet, wobei dieser für hohe Drehzahlen tendenziell überschätzt wird.

Auffällig ist, dass der Verlauf der messtechnisch erfassten Indikatordiagramme (Abbildung 6.15a) im Bereich der Kompression zwischen der Isentropen und der Isothermen verläuft und im Bereich der Expansion sogar tendenziell näher an der Isothermen liegt. Die simulierten $p(V)$-Verläufe liegen – abgesehen von den Spätschlusseffekten des Druckventils bei hoher Drehzahl – hingegen sehr nah am isentropen Verlauf. Die Berücksichtigung des Wärmeübergangs an der Zylinderwand hat zudem im Modell nur einen sehr geringen Einfluss.

Die möglichen Ursachen für die Abweichungen im Kompressions- und Expansionsbereich können, auch in Kombination, wie folgt eingegrenzt werden:

1. Relevante Unter- oder Überschätzung des Wärmeübergangs zwischen Gas und Zylinderwand.

2. Kältemaschinenöl: das mitgeführte Kältemaschinenöl wirkt sich zum einen wesentlich auf die thermischen Verhältnisse im Verdichtungsvorgang aus, indem es den Wärmedurchgang vom Gas zum Zylinder sowie die effektive Wärmekapazität des Öl-Gas-Gemisches beeinflusst. Zum anderen verringert das Öl den Schadraum und das effektive Hubvolumen.

3. Leckageeffekte: durch Leckage zum Triebraum (*Blowby*) sowie über die Ventilplatte zwischen den einzelnen Arbeitsräumen verändern sich die Kompressions- und Expansionsverläufe. Eine weitere Ursache für Leckage ist die (statische) Undichtigkeit der Ventile im geschlossenen Zustand aufgrund unvollständiger Abdichtung zwischen Lamelle und Ventilsitz.

In der Arbeit von König [5] werden diese Effekte ausführlich diskutiert. Nach einer analytischen Bewertung der ersten beiden Ursache mittels entsprechender thermischer Bilanzierung werden diese darin als weniger entscheidend für die beobachte Verdichtungs- und Expansionscharakteristik bewertet. Somit werden die Leckageeinflüsse am Zylinder als

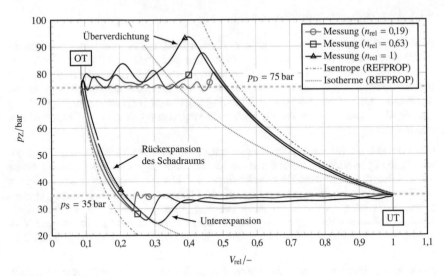

(a) Messung

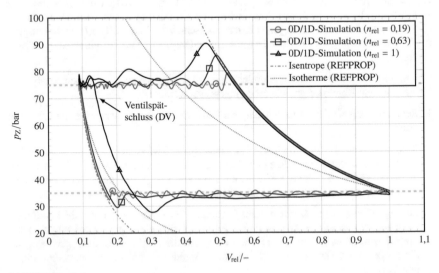

(b) 0D/1D-Simulation

Abbildung 6.15: Gegenüberstellung der messtechnisch erfassten bzw. im 0D/1D-Modell berechneten Indikatordiagramme bei unterschiedlichen betriebstypischen Drehzahlen

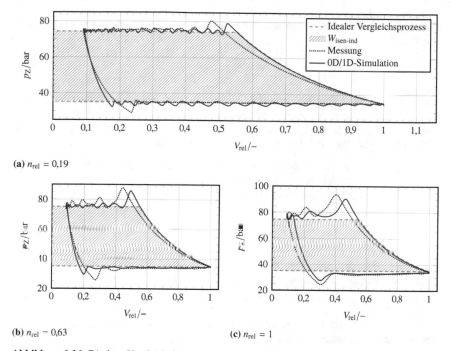

(a) $n_{rel} = 0,19$

(b) $n_{rel} = 0,63$ **(c)** $n_{rel} = 1$

Abbildung 6.16: Direkter Vergleich der gemessenen mit den berechneten Indikatordiagrammen und Darstellung des idealen Vergleichsprozesses mit isentroper indizierter Vergleichsarbeit $W_{isen\text{-}ind}$

ausschlaggebend betrachtet. Von einer Anpassung des Wärmeübergangsmodells an der Zylinderwand in dem im Rahmen der vorliegenden Arbeit erstellten 0D/1D-Modell wird somit abgesehen. Weiterhin werden Leckageeffekte im Verdichtermodell vernachlässigt, da sich diese in verschiedene Einzelleckagepfade aufteilt, die an jedem Zylinder anders ausgeprägt sein können, siehe König [5], was die exakte Validierung des Leckagemodells aufwendig macht und zudem vom Fokus der vorliegenden Arbeit abrückt. Die Auswertung des effektiven Liefergrades als Bewertungsgröße für den effektiv geförderten Gasmassenstrom wird daher hier nicht als zielführend betrachtet.

Für den quantitativen Vergleich der gemessenen und simulierten $p(V)$-Verläufe werden diese dem idealen Vergleichsprozess gegenübergestellt, wie in Abbildung 6.16 für unterschiedliche Drehzahlen dargestellt.

Die durch die Kurven eingeschlossene Fläche entspricht der indizierten Arbeit W_{ind}:

$$W_{ind} = \oint p \, dV \tag{6.19}$$

und wird entsprechend der gemessenen bzw. berechneten (p, V)-Datenpaare wie folgt diskretisiert:

$$W_{\text{ind}} \approx \sum_i p_i \, dV_i. \tag{6.20}$$

Da es sich um einen Linksprozess handelt, gilt $W_{\text{ind}} < 0$. Die isentrope indizierte Vergleichsarbeit $W_{\text{isen-ind}}$ des idealen Vergleichsprozesses ist in Abbildung 6.16 durch eine Schraffur gekennzeichnet. Beim Vergleich der gemessenen und simulierten Verläufe mit dem Vergleichsprozess kommen dabei zwei gegenläufige Effekte zum Tragen:

1. Der Schadraum sowie das Spätschlussverhalten des Druckventils nahe dem OT-Zustand führen zu einer Reduktion der indizierten Arbeit, jedoch bei gleichzeitiger Verringerung des geförderten Gasmassenstroms. Durch den druckseitig mit der Drehzahl zunehmenden Ventilspätschluss nimmt dieser Effekt mit steigender Drehzahl zu.

2. Die Ventil-Druckverluste der Saug- und Druckseite erhöhen die indizierte Arbeit. Dieser Verlustanteil steigt ebenfalls mit der Drehzahl.

Insgesamt fällt bei den betrachteten Betriebspunkten der Anteil des Schadraumes und Druckventil-Spätschlusses stärker ins Gewicht, sodass die real (sowohl gemessene als auch simulierte) indizierte Arbeit geringer als die isentrope indizierte Vergleichsarbeit ist. Um zu verdeutlichen, wie gut dieser Zusammenhang durch die 0D/1D-Simulation unter Verwendung der virtuell kalibrierten Ventilparametern an die Messung angenähert wird, wird der jeweilige indizierte Gütegrad ermittelt, der wie folgt definiert ist [29]:

$$\eta_{\text{ind}} = \frac{W_{\text{ind}}}{W_{\text{isen-ind}}}. \tag{6.21}$$

Die auf Basis der Mess- und Simulationsergebnisse erzielten indizierten Gütegrade sind in Abbildung 6.17 für das betrachtete Drehzahlband dargestellt. Darin ist zu erkennen, dass die messtechnisch erzielten Werte von η_{ind} durch die 0D/1D-Simulation mit virtuell kalibrierten Ventilparametern mit einer Abweichung von maximal acht Prozentpunkten angenähert werden. Hierbei wird bei kleinen Drehzahlen aufgrund der steileren Kompressions- und Rückexpansionsverläufe (vgl. Abbildung 6.16a) der Betrag der isentropen Arbeit und somit der messtechnisch erzielte isentrope Gütegrad durch die Simulation tendenziell überschätzt. Bei hohen Drehzahlen führt hingegen das Überschätzen des Spätschlusses des Druckventils (vgl. Abbildung 6.16c) zu einer Verringerung des Betrages der isentropen Arbeit und dadurch zu einer Unterschätzung des isentropen Gütegrades durch die 0D/1D-Simulation.

---

29 In der vorliegenden Arbeit wird der indizierte Gütegrad als Maß dafür betrachtet, wie gut der ideale Kreisprozess durch die Messung/Simulation angenähert wird. Die Definition nach Gleichung (6.21) weicht z.T. von der Literatur ab. So wird der indizierte Gütegrad bspw. in den Arbeiten von Försterling [9] und Cavalcante [10] umgekehrt definiert. Je nach Gewichtung der o.g. Verlustanteile im $p(V)$-Diagramm sind bei beiden Definitionen des indizierten Gütegrades rechnerisch Werte von $\eta_{\text{ind}} > 1$ möglich.

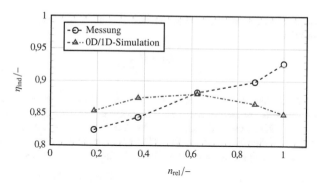

Abbildung 6.17: Vergleich des gemessenen mit dem simulierten indizierten Gütegrad η_{ind} bei fünf unterschiedlichen Drehzahlen

6.4.4 Sensitivitätsanalyse der 1D-Ventilparameter

Um zu veranschaulichen, welche Sensitivität die ermittelten 1D-Venstilparameter auf effektive Bewertungsgrößen des Verdichtungsvorganges aufweisen, wird die Verdichtersimulation auf Basis des in Abbildung 6.13 gezeigten 0D/1D-Modells wiederholt. Dabei werden die mittels virtueller Modellkalibrierung ermittelten Ventilparameter $\varphi_i(s)$ (siehe Abbildung 6.14) wie folgt variiert:

$$\varphi_{i,\text{Skal}}(s) = c_{\text{Skal}} + f_{\text{Skal}} \cdot (\varphi_i(s) - c_{\text{Skal}}),\tag{6.22}$$

mit

$$c_{\text{Skal}} = \begin{cases} 0 & \text{für } \varphi_i = (m_{\text{ers}},\ c_{\text{F}},\ D) \\ 1 & \text{für } \varphi_i = \left(C_p^+,\ C_D^*\right) \end{cases}\tag{6.23}$$

und

$$f_{\text{Skal}} = (0{,}5;\ 0{,}75;\ 1;\ 1{,}25;\ 1{,}5).\tag{6.24}$$

Hierbei wird der jeweilige $\varphi_i(s)$-Verlauf mit einem konstanten Faktor f_{Skal} skaliert, wodurch die Verläufe zwischen 50 % und 150 % des Ausgangswertes gestaucht bzw. gestreckt werden. Bei Ersatzmasse, Federsteifigkeit und Dämpfungsgrad wird eine absolute Skalierung ($c_{\text{Skal}} = 0$), bei Ventil-Kraftbeiwert und Ventil-Durchflusszahl eine relative Skalierung vorgenommen, siehe Gleichung (6.23). $c_{\text{Skal}} = 1$ bedeutet hierbei, dass die jeweilige Kraft- bzw. Strömungsfläche nicht auf Null, sondern auf die geometrisch exakte Fläche (A_{Sitz}, Gleichung (2.9) bzw. A_s, Gleichung (2.4)) bezogen wird. Da i. A. gilt, dass $C_p^+ \gtrsim 1$ und $C_D^* < 1$ (vgl. Abbildung 6.14d), steigt die effektiv druckbeaufschlagte Fläche $A_{p,\text{eff}}^+$ mit f_{Skal}, wohingegen die effektiv durchströmte Fläche $A_{u,\text{eff}}^*$ sinkt. Somit sollte bei der Bewertung der Sensitivitäten der Fokus auf den jeweiligen Absolutwerten liegen, da die Vorzeichen z.T. gegenläufig sind.

Die Auswertung der Sensitivitäten erfolgt zunächst anhand der indizierten Arbeit W_{ind} (Gleichung (6.20)):

$$\Delta W_{ind} = \frac{W_{ind} - W_{ind,f_{Skal}=1}}{W_{ind,f_{Skal}=1}}. \tag{6.25}$$

Zusätzlich werden, analog zu Gleichung (6.25), die Sensitivitäten hinsichtlich des effektiven Fördermassenstroms $\dot{m}_{eff}$ ausgewertet. Dieser wird durch das Zusammenspiel aller z Zylinder erzielt und im 0D/1D-Modell an der Drosselstelle Δp_D ermittelt, vgl. Abbildung 6.13. Abbildung 6.18 zeigt die Sensitivitäten der fünf 1D-Ventilparameter φ_i bei niedriger, mittlerer und hoher Drehzahl für das in Abbildung 6.15 dargestellte Verdichtungsverhältnis.

Wie aus den einzelnen Diagrammen in Abbildung 6.18 hervorgeht, zeigen die Ventilparameter bei gleicher Drehzahl eine ähnliche Sensitivität für W_{ind} und $\dot{m}_{eff}$. Für beide Auswertegrößen können die Sensitivitäten der Ventilparameter daher wie folgt zusammengefasst werden:

- Niedrige Drehzahl ($n_{rel} = 0{,}19$): Die einzelnen Ventilparameter zeigen keine klare Tendenz. Dabei liegen die Sensitivitäten aller Parameter in einem ähnlichen Bereich. Der Einfluss auf die gewählten Bewertungsgrößen liegt innerhalb eines Bandes von etwa $\pm 1\%$.

- Mittlere Drehzahl ($n_{rel} = 0{,}63$): Während der Großteil der betrachteten Konfigurationen in einem Sensitivitätsbereich von $\pm 2\%$ liegt, zeigen Federsteifigkeit c_F und Ventil-Durchflusszahl C_D^* bei größeren Änderungen stärkere Auswirkungen auf beide Bewertungsgrößen. So führen sowohl eine Verkleinerung der Federrate (bei $f_{Skal} < 1$) als auch eine Verkleinerung des effektiven Strömungsquerschnittes (bei $f_{Skal} > 1$) zu einem verstärkten Ventilspätschluss (vgl. Abbildung 6.15). Dadurch nehmen indizierte Arbeit und effektiver Fördermassenstrom ab. Die Überverdichtungs- und Unterexpansionsverluste steigen hierbei nur marginal an.

- Hohe Drehzahl ($n_{rel} = 1$): Das Sensitivitätsband steigt auf etwa $\pm 10\%$ an, wobei der Ventil-Kraftbeiwert C_p^+ als einziger Ventilparameter eine geringe Sensitivität aufweist ($< \pm 1\%$). Neben der Federrate c_F, die den Ventilspätschluss des Druckventils entsprechend vergrößert oder verkleinert, haben hier zusätzlich die Ersatzmasse m_{ers} sowie der Dämpfungsgrad D einen erheblichen Einfluss auf Ventilspätschluss und Überverdichtung. Die Ventil-Durchflusszahl $C_D^* < 1$ beeinflusst hingegen in erster Linie die Ventil-Druckverluste am Saugventil. Die Abhängigkeiten, welche insbesondere bei hohen Drehzahlen zum Tragen kommen, sind in Tabelle 6.2 zusammengefasst.

Die Analyse der Sensitivitäten der Ventilparameter in Bezug auf die Drehzahl deckt sich mit der Verlustanalyse von König [5]. Demnach sind die größten Verlustanteile der Ventile im Verdichter-Gesamtsystem bei hohen Verdichterdrehzahlen zu beobachten. Dies bedeutet für die Ventilberechnung in Verdichter-Gesamtsystemmodellen, dass eine exakte Abbildung des realen Ventilverhaltens mit steigender Drehzahl an Bedeutung gewinnt. Systemseitig führt diese Beobachtung zu der Erkenntnis, dass die exakte Auslegung von Lamellenventilen – auch auf Basis simulativer Voruntersuchungen – bei hohen Drehzahlen das größte Optimierungspotenzial in Bezug auf die Gesamtsystemeffizienz bietet.

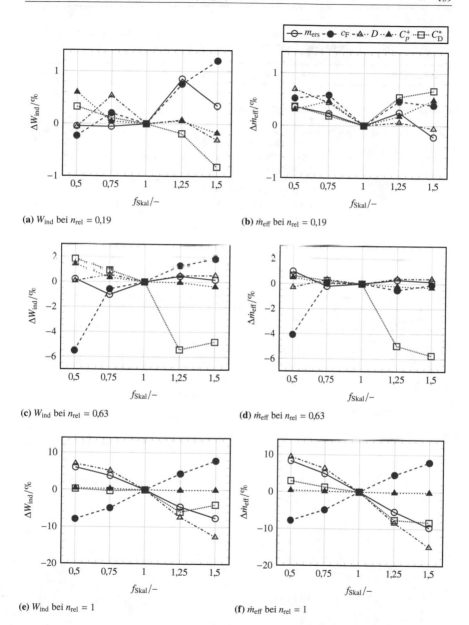

Abbildung 6.18: Sensitivitätsanalyse der 1D-Ventilparameter in Bezug auf indizierte Arbeit und effektiven Fördermassenstrom bei unterschiedlichen Drehzahlen

Tabelle 6.2: Zusammenfassung der Sensitivitäten der 1D-Ventilparameter bei hoher Drehzahl ($n_{rel} = 1$) für den simulierten Betriebspunkt (umgekehrt analoges Verhalten)

Änderung φ_i	allgemeine Auswirkung	Änderung W_{ind}	Änderung $\dot{m}_{eff}$
$m_{ers} \uparrow$	Ventilspätschluss (DV) $\Uparrow$	$\Downarrow$	$\Downarrow$
	Überverdichtung (DV) $\uparrow$	$\uparrow$	$\rightarrow$
	Unterexpansion (SV) $\nearrow$	$\nearrow$	$\rightarrow$
$c_F \uparrow$	Ventilspätschluss (DV) $\Downarrow$	$\Uparrow$	$\Uparrow$
	Überverdichtung (DV) $\nearrow$	$\nearrow$	$\rightarrow$
	Unterexpansion (SV) $\nearrow$	$\nearrow$	$\rightarrow$
$D \uparrow$	Ventilspätschluss (DV) $\Uparrow$	$\Downarrow$	$\Downarrow$
	Überverdichtung (DV) $\uparrow$	$\uparrow$	$\rightarrow$
	Unterexpansion (SV) $\nearrow$	$\nearrow$	$\rightarrow$
$C_p^+ \uparrow$	$- \rightarrow$	$\searrow$	$\searrow$
$C_D^* \uparrow$	Druckverluste Ansaugen (SV) $\Downarrow$	$\Downarrow$	$\nearrow$
	Druckverluste Ausschieben (DV) $\downarrow$	$\downarrow$	$\nearrow$
	Ventilspätschluss (DV) $\downarrow$	$\uparrow$	$\uparrow$

$\Uparrow\Downarrow$ ... dominanter Effekt; $\uparrow\downarrow$ ... Sekundäreffekt(e); $\nearrow\searrow$ ... marginale(r) Effekt(e); $\rightarrow$ ... keine eindeutige Abhängigkeit erkennbar

7 Zusammenfassung und Ausblick

Die zentrale Zielstellung der vorliegenden Arbeit war die tiefergehende simulative Untersuchung dynamischer Strömungs- und Schwingungsvorgänge an Lamellenventilen eines Kältemittelverdichters. Dabei wurden, basierend auf dreidimensionalen, gekoppelten Simulationsmodellen zur Abbildung der Fluid-Struktur-Interaktion an der Ventillamelle, virtuelle Ventilprototypen entwickelt und auf Basis gesonderter Prüfstandsmessergebnisse validiert. Diese virtuellen Prototypen wurden genutzt, um eine adäquate Ableitung reduzierter Ersatzparameter für eindimensionale Ventilmodelle sowohl des Saug- als auch des Druckventils eines CO_2-Pkw-Verdichters in Hubkolbenbauart zu ermöglichen. Die resultierenden virtuell parametrisierten 1D-Ventilmodelle wurden in einem 0D/1D-Verdichtermodell eingebunden, um die Anwendbarkeit der Methode auf Gesamtsystemanalysen zu bestätigen. Dabei konnten die Indikatordiagramme typischer Betriebszustände eines CO_2-Axialkolbenverdichters nachgebildet und auf dieser Basis die Sensitivitäten der einzelnen Ventilparameter auf effektive Bewertungsgrößen aufgezeigt werden.

Das methodische Hauptaugenmerk beim Aufbau der dreidimensionalen Ventilprototypen lag in der Abbildung der Netzbewegung für die numerische Strömungsberechnung, da die Bewegung der Ventillamelle zu einer starken Verformung des durchströmten Gebietes beim Öffnen und Schließen schmaler Spalte in den Kontaktbereich zwischen Ventillamelle und Ventilsitz bzw. hubbegrenzendem Bauteil führt. Dabei wurde die *Overset Mesh*-Methode, welche auf Basis adäquater Vorbetrachtungen zunächst auf Genauigkeit, Stabilität und Rechenkosten untersucht worden ist, für die Berechnung bewegter Strömungsgebiete auf überlappenden Rechengittern angewendet.

Der wesentliche Fortschritt dieser Arbeit im Vergleich zum Stand des Wissens ist die Entwicklung einer FSI-Simulationsmethodik, welche es ermöglicht, die wichtigsten physikalischen Effekte am Lamellenventil durch eine adäquate simulative Abbildung des zeitlich und räumlich aufgelösten, gekoppelten Strömungs- und Strukturverhaltens zu erfassen. Neben einem tiefen Einblick in die Funktionsweise des Ventils in definierten Betriebszuständen erlaubt die FSI-Methodik die weitgehende Vermeidung empirischer Annahmen und Erfahrungswerte zur Parametrisierung reduzierter Ventilmodelle, was sie von der bisher üblichen analytisch-empirischen Vorgehensweise zur Bestimmung von Ventilparametern abgrenzt. Ein weiterer neuartiger Aspekt ist die gezielte simulative Untersuchung von Lamellenventilen eines CO_2-Pkw-Verdichters sowie die Beleuchtung des Einflusses einzelner Ventilparameter auf den CO_2-Verdichtungsprozess selbst.

Zusammenfassung der Ergebnisse und Schlussfolgerungen

Die eingesetzte FSI-Simulationsmethode unter Anwendung des *Overset Mesh*-Ansatzes hat sich als geeignetes und robustes Werkzeug zur Erstellung der virtuellen, dreidimensionalen Ventilprototypen erwiesen. Wesentliche Vorteile sind hierbei die Möglichkeit der Darstellung

© Springer Fachmedien Wiesbaden GmbH, ein Teil von Springer Nature 2019
J. Hennig, *Virtuelle Prototypen für Lamellenventile in Pkw-Kältemittelverdichtern*,
AutoUni – Schriftenreihe 135, https://doi.org/10.1007/978-3-658-24846-8_7

großer Rechengitterverformungen bei gleichbleibend hoher Netzqualität, die Möglichkeit der adäquaten Spaltbehandlung sowie die kommerzielle Verfügbarkeit einer stabilen Simulationsumgebung. Dabei kann der Überlappungsbereich des *Overset*-Rechengitters auch in Strömungsbereichen mit großer Scherung positioniert werden.

Die Anwendung der FSI-Methode auf den Turek-Hron-Benchmark zeigt, dass selbst zu Instabilitäten neigende FSI-Konfigurationen mit einem hohen Fluiddichte-zu-Strukturdichte-Verhältnis bei Verwendung eines geeigneten Simulationssetups stabil rechenbar sind. Dabei sind ausreichende Genauigkeiten realisierbar. Die erzielten relativen Abweichungen der dynamischen Größen von der Referenz liegen bei < 7 %. Hier konnte allerdings im Rahmen vertretbarer Rechenkosten keine vollständige Netzunabhängigkeit erzielt werden. Basierend auf der erfolgreichen Berechnung aller Einzel-Tests des Turek-Hron-Benchmarks ist eine Ableitung eines Basis-Simulationssetups für die Erstellung der virtuellen Ventilprototypen auf Grundlage der FSI-Simulationsmethode möglich.

Die Validierung der erstellten Ventilprototypen anhand experimentell ermittelter nomineller Auslenkungsverläufe zeigt, dass unter Anwendung des Basis-FSI-Simulationssetups bereits eine Abbildung der stationären Ventilkennlinien ohne weitere Anpassung der Simulationsparameter möglich ist, wobei die Genauigkeit im Bereich der Messungenauigkeit der experimentellen Daten liegt. Anpassungsbedarf besteht hingegen bei der korrekten Erfassung der dynamischen Schwingungseffekte. Die größte Unsicherheit liegt hier in der Modellierung der Quetschströmung im Spaltbereich, da die Deaktivierung von CFD-Rechenzellen in schmalen Spaltbereichen eine adäquate Ersatzmodellierung erfordert. Die effektive Dämpfungswirkung im Minimalspalt kann hierbei strukturseitig im Kontaktmodell berücksichtigt werden, wobei die dafür notwendigen Parameter mittels einer gesonderten CFD-Studie, welche die Quetschströmungsbedingungen geeignet wiedergibt, ermittelt werden können.

Nach der gezielten Anpassung der fluid- und strukturseitigen Simulationsbedingungen können für Saug- und Drucklamelle die dynamischen Größen besser erfasst werden. Mittels einer FFT-Analyse wird deutlich, dass sowohl die charakteristischen Amplituden als auch die dominanten Frequenzen der Validierungskurven durch die FSI-Simulation adäquat wiedergegeben werden.

Die aus der Validierung der FSI-Simulation resultierenden virtuellen 3D-Ventilprototypen bieten die Grundlage, um ein tiefergehendes Verständnis für die Funktionsweise der Lamellenventile unter definierten Randbedingungen zu erlangen. Zum einen umfasst dies wichtige Aussagen über strukturrelevante Größen, wie charakteristische Beschleunigungen und Aufschlaggeschwindigkeiten der Lamelle gegen den Ventilsitz oder das hubbegrenzende Bauteil, typische Biegeformen der Lamelle im Kontakt mit dem Hubbegrenzer bzw. Niederhalter und die daraus resultierende Spannungsverteilung im Material. Zum anderen können wichtige strömungsbezogene Informationen ermittelt werden, bspw. die Druckverteilung auf der Lamellenoberfläche, Bereiche starker Strömungseinschnürungen oder großer Druckverluste, Regionen hoher Strömungsgeschwindigkeiten und Mach-Zahlen sowie die Schwingungsanregung der geöffneten Ventillamelle durch charakteristische Wirbelablösungen.

Nachteilig erweisen sich in der FSI-Simulation die hohen Rechenkosten. Diese resultieren CFD-seitig aus sehr großen Rechennetzen, kleiner Zeitschrittweite und hohen Diskretisierungsordnungen, strukturseitig vorrangig aus der Kontaktberechnung sowie aus dem partitionierten, impliziten FSI-Kopplungsablauf zur Gewährleistung einer stabilen und möglichst genauen FSI-Berechnung. Die Rechenzeiten belaufen sich für die im Rahmen der vorliegenden Arbeit durchgeführten FSI-Simulationen auf Größenordnungen um ca. 100 h pro 20 ms simulierter physikalischer Zeit. Dabei zeigt sich, dass die Rechenzeit aufgrund der Komplexität der FSI-Berechnung nicht beliebig durch eine Anhebung der Anzahl verwendeter Rechenkerne skalierbar ist. Da Ventil*schwingungs*effekte – im Gegensatz zu den ventilbezogenen effektiven *Verlust*anteilen – in Kältemittelverdichtern v. a. bei niedrigen Drehzahlen von $(10 \ldots 20)$ Hz eine Rolle spielen und hierbei bis zum Erreichen eines eingeschwungenen Zustandes einige Umdrehungen berechnet werden müssen, resultieren daraus typische Rechenzeiten, die etwa eine Größenordnung über den hier erzielten Werten liegen. Dadurch ist die Verwendung FSI-gekoppelter Ventilmodelle in zeitlich und räumlich vollständig aufgelösten Verdichtungsprozess-Simulationen nicht mehr wirtschaftlich und praktikabel. Hinzu kommt als weiterer, wesentlicher Nachteil der verwendeten *Overset Mesh*-Methode, dass diese prinzipbedingt nicht masseerhaltend ist und daher für die Anwendung auf den zyklischen Verdichtungsprozess im Arbeitsraum hinsichtlich Genauigkeit und Stabilität neu bewertet werden sollte.

Statt der Einbindung der 3D-Ventilmodelle in Verdichtersimulationen wird daher die Nutzung komplexer Modelle zur virtuellen Kalibrierung reduzierter Ventilmodelle als zielführend erachtet. Damit ist eine Berechnung längerer Zeiträume und gleichzeitig eines breiten Spektrums an Betriebszuständen bis hin zu Lastwechseln möglich. Werden in bestimmten Arbeitspunkten Auffälligkeiten identifiziert, können diese wiederum durch eine passende Ableitung von Randbedingungen in einer isolierten FSI-Berechnung am virtuellen 3D-Ventilprototyp tiefergehend untersucht werden.

Die erfolgreiche Nachrechnung der Validierungskurven des Druckventils bestätigt das hohe Potenzial der Methode der 1D-Ventilmodellkalibrierung mittels virtueller 3D-Ventilprototypen. Durch die Einbindung der saug- und druckseitig virtuell kalibrierten 1D-Ventilmodelle in ein 0D/1D-Gesamtmodell eines CO_2-Axialkolbenverdichters wird deutlich, dass die Methode geeignet ist, die charakteristischen ventilbezogenen Verlustmechanismen abzubilden. Hierzu gehören die Überkompressions- und Unterexpansionsverluste (*Schaltverluste*), die mit Schwingungen überlagerten Druckverluste während des Ansaugens und Ausschiebens sowie die Spätschlusscharakteristik, insbesondere im OT-Bereich der Kolbenbewegung.

Die anhand des 0D/1D-Verdichtermodells durchgeführte Sensitivitätsanalyse der 1D-Ventilparameter verdeutlicht, dass die Notwendigkeit einer möglichst exakten Wiedergabe der Ventilcharakteristik mittels reduzierter Ventilparameter mit zunehmender Drehzahl, d. h. abnehmender Zeitskala des Verdichtungsvorganges, ansteigt. Dabei zeigen die Parameter Ersatzmasse, Federrate, Dämpfungsgrad und Ventil-Durchflusszahl ähnliche Sensitivitäten hinsichtlich der indizierten Arbeit und des effektiven Fördermassenstroms. Lediglich der Ventil-Kraftbeiwert zeigt in der untersuchten Konfiguration einen deutlich geringeren Einfluss auf die Auswertegrößen. Weiterhin wird deutlich, dass durch die Anpassung einzelner Ventilparameter die gezielte Änderung bestimmter Verlustteile, bspw. des Druckventil-Spätschlusses, möglich ist.

Ausblick

Offene Punkte der vorliegenden Arbeit ergeben sich in erster Linie aus der Notwendigkeit, sich aufgrund der hohen Rechendauer der FSI-Simulation auf ein sehr kurzes simuliertes Zeitfenster zu beschränken. Daher sind die Validierungsumfänge auf den Ventilöffnungsbereich eingegrenzt. Zielführend ist hier eine Weiterführung der Validierung auf den Ventilschließvorgang, um das Aufschlagen der Ventillamelle auf den Ventilsitz und dabei möglicherweise zu beobachtende *Rebound*-Effekte abbilden zu können. Hierzu ist allerdings eine Anpassung der Ventilprüfstandskonfiguration erforderlich, um auch negative Druckdifferenzen über dem Ventil und somit das Ansaugen der Lamelle an den Ventilsitz darstellen zu können. Dabei sollten weitere experimentelle Untersuchungen jeweils beim Ausströmen gegen unterschiedliche, für Verdichterbetriebszustände repräsentative Gegendrücke erfolgen, um das Unterschreiten des kritischen Druckverhältnisses und die damit einhergehenden Überschalleffekte, welche nur bedingt auf reale Betriebsbedingungen übertragbar sind, zu vermeiden.

Im Rahmen der Validierung anhand der Ventilprüfstandmessungen wurden sowohl in den experimentell ermittelten als auch in den FSI-simulierten Auslenkungskurven Schwebungseffekte identifiziert. Diese konnten allerdings in dem betrachteten simulierten Zeitfenster – ebenfalls aufgrund der hierfür sehr hohen Rechenkosten – nicht vollständig erfasst werden. Eine weiterführende Zielstellung ist daher die Ausweitung der Untersuchung von Schwebungseffekten an Lamellenventilen sowie die Übertragung auf den Verdichterbetrieb. Sollten Schwebungseffekte auch im realen Betrieb möglich sein, ergeben sich hierbei Herausforderungen hinsichtlich akustischer Auffälligkeiten der Kälteanlage. Dies trifft insbesondere auf Scrollverdichter zu, welche sich im Vergleich zu Hubkolbenverdichtern durch ein kontinuierlicheres Ausschieben über die Druckventile auszeichnen. Dabei können sich Betriebszustände ergeben, in denen die Ventile dauerhaft mittlere Öffnungszustände annehmen und dabei stärkeren Schwingungsanregungen unterliegen.

Die im Rahmen dieser Arbeit gewonnenen methodischen Erkenntnisse eröffnen neue Möglichkeiten zur simulativen Optimierung von Lamellenventilen für den Einsatz in elektrisch angetriebenen Kältemittelverdichtern batterieelektrischer Fahrzeuge mit neuartigen, umweltfreundlichen Kältemitteln. Ein weiterer Ansatz zur Fortführung der Methodik ist daher die gezielte Betrachtung und Quantifizierung einzelner ventilbezogener Verluste für unterschiedliche Verdichterbauarten, Kältemittel und Betriebsführungen. Hierbei sollte der Abgleich mit messtechnisch ermittelten effektiven Bewertungsgrößen, wie effektiven Liefer- und Gütegraden, angestrebt werden.

Ein weiterer methodischer Ansatz ist die gezielte Nutzung der Erkenntnisse über den Einfluss einzelner Ventilparameter auf das Ventilverhalten, um konkrete Änderungen an der konstruktiven Ausführung von Ventilsitz, Lamelle und hubbegrenzendem Bauteil, Möglichkeiten der Oberflächenstrukturierung sowie unterschiedliche Werkstoffe und deren Kombination ableiten zu können. Hierbei bietet sich die Methode des *Design of Experiments* an, um eine große Zahl unterschiedlicher Parameterkonfigurationen systematisch zu bewerten.

In Hinblick auf die Dauerhaltbarkeit von Verdichterkomponenten kann die tiefergehende FSI-Simulation der Lamellenventile dafür genutzt werden, Ursachen typischer Schadensfälle zu identifizieren, zu lokalisieren und daraus konstruktive Änderungen abzuleiten. Dies umfasst insbesondere FEM-seitige Auswertegrößen wie Aufschlaggeschwindigkeiten und die im Festkörper-Kontakt entstehende oberflächennahe Spannungsverteilung im Material der Ventillamelle.

Weitere Herausforderungen bei der Simulation des realen Ventilverhaltens ergeben sich durch den Einfluss des im Verdichter mitgeführten Kältemaschinenöls. Dieses kann die Ventildynamik durch Ventilklebe- und Dämpfungseffekte erheblich beeinflussten, wobei diese Effekte zusätzlich stochastischen Schwankungen unterliegen. Da das Öl sowohl in einer gelösten Phase als Kältemittel-Öl-Gemisch als auch dispers verteilt oder als Film – insbesondere in den Spaltbereichen – vorliegen kann, verlangt die simulative Beschreibung des Öleinflusses eine komplexe Abbildung der Mehrphaseneffekte. Hierfür ist eine belastbare, reproduzierbare Validierungsdatenbasis erforderlich, wobei die im Rahmen dieser Arbeit einbezogene optische Ventilhubmessung aufgrund der erhöhten Fehler- und Streuungsneigung im Betrieb mit Öl nicht mehr zielführend ist. Die kombinierte simulative und experimentelle Beschreibung des Öleinflusses auf die Ventildynamik und ventilbezogenen Verlustmechanismen stellt somit zahlreiche Fragestellungen für ein eigenes Forschungsvorhaben bereit und weist gleichzeitig eine besonders hohe Relevanz hinsichtlich der Entwicklung und Optimierung effizienter elektrisch angetriebener Pkw-Kältemittelverdichter auf.

Literaturverzeichnis

[1] Europäisches Parlament und Rat. *EU-Richtlinie 2006/40/EG, Amtsblatt der Europäischen Union*. 17.05.2006.

[2] Deutsches Institut für Normung. *Kältemittel - Anforderungen und Kurzzeichen (DIN 8960:1998-11)*. 1998.

[3] F. A. Ribas, C. J. Deschamps, F. Fagotti, A. Morriesen und T. Dutra. Thermal Analysis of Reciprocating Compressors - A Critical Review. In: *International Compressor Engineering Conference at Purdue*. West Lafayette, 2008.

[4] J. L. Gasche, A. D. Dias, D. D. Bueno und J. F. Lacerda. Numerical Simulation of a Suction Valve: Comparison Between a 3D Complete Model and a 1D Model. In: *International Compressor Engineering Conference at Purdue*. West Lafayette, 2016.

[5] M. König. *Verlustmechanismen in einem halbhermetischen Pkw CO₂-Axialkolbenverdichter*. Dissertation. Technische Universität Braunschweig, 2018.

[6] E. Schlücker, S. Blendinger und O. Schade. Verschleiß durch Kavitation im Ventilspalt fluidgesteuerter Ventile. In: *48. Tribologie-Fachtagung: "Reibung, Schmierung und Verschleiß"*. Göttingen, 2007.

[7] R. Baumgart. *Reduzierung des Kraftstoffverbrauches durch Optimierung von Pkw-Klimaanlagen*. Dissertation. Technische Universität Chemnitz, 2010.

[8] B. E. Fagerli. *On the Feasibility of Compressing CO₂ as Working Fluid in Hermetic Reciprocating Compressors*. Dissertation. Trondheim: Norwegian University of Science and Technology, 1997.

[9] S. Försterling. *Vergleichende Untersuchung von CO₂-Verdichtern in Hinblick auf den Einsatz in mobilen Anwendungen*. Dissertation. Technische Universität Braunschweig, 2003.

[10] P. Cavalcante. *Instationäre Modellierung und Sensitivitätsanalyse regelbarer CO₂-Axialkolbenverdichter*. Dissertation. Technische Universität Braunschweig, 2008.

[11] L. Böswirth. *Strömung und Ventilplattenbewegung in Kolbenverdichterventilen*. Verbesserter und erweiterter Nachdruck 2002. Wien: Eigenverlag, 1994.

[12] L. Böswirth und S. Bschorer. *Technische Strömungslehre: Lehr- und Übungsbuch*. 10. Aufl. Wiesbaden: Springer Fachmedien, 2014.

[13] W. Soedel. *Design and Mechanics of Compressor Valves*. West Lafayette, Indiana: Ray W. Herrick Laboratories, School of Mech. Eng., Purdue University, 1984.

[14] H. Kerpicci und E. Oguz. Transient Modeling of Flows Through Suction Port and Valve Leaves of Hermetic Reciprocating Compressors. In: *International Compressor Engineering Conference at Purdue*. West Lafayette, 2006.

[15] R. Link und C. J. Deschamps. Numerical Analysis of Transient Effects on Effective Flow and Force Areas of Compressor Valves. In: *International Compressor Engineering Conference at Purdue*. West Lafayette, 2010.

© Springer Fachmedien Wiesbaden GmbH, ein Teil von Springer Nature 2019
J. Hennig, *Virtuelle Prototypen für Lamellenventile in Pkw-Kältemittelverdichtern*,
AutoUni – Schriftenreihe 135, https://doi.org/10.1007/978-3-658-24846-8

[16]   S. Kumar und L. R. Ganapathy Subramanian. Reed Valve Dynamics of Reciprocating Compressor – A Review. In: *Int J Eng Res Technol* 05.09 (2016), S. 50–54.

[17]   A. Parihar, D. Myszka, B. Robinet und T. Hodapp. Integrating Numerical Models for Efficient Simulation of Compressor Valves. In: *International Compressor Engineering Conference at Purdue*. West Lafayette, 2016.

[18]   R. A. Habing. *Flow and Plate Motion in Compressor Valves*. Dissertation. Enschede: University of Twente, 2005.

[19]   H. Watter. *Hydraulik und Pneumatik: Grundlagen und Übungen - Anwendungen und Simulation*. 1. Aufl. Wiesbaden: Vieweg Verlag, 2007.

[20]   S. Touber. *A Contribution to the Improvement of Compressor Valve Design*. Dissertation. Delft University of Technology, 1976.

[21]   N. Stulgies, J. Köhler, W. Tegethoff, S. Försterling, A. Müller und H. Kappler. Developing Flow Correlations for Different Valve Geometries Using Reference Media for R-744. In: *HVAC&R Res* 14.3 (2008), S. 417–433.

[22]   J. H. Spurk und N. Aksel. *Strömungslehre: Einführung in die Theorie der Strömungen*. 8. Aufl. Berlin Heidelberg: Springer-Verlag, 2010.

[23]   H. Kaiser. *System- und Verlustanalyse von Kältemittelverdichtern unterschiedlicher Bauart*. Dissertation. Universität Hannover, 1985.

[24]   D. Nagy, R. A. Almbauer, W. Lang und A. Burgstaller. Valve Lift Measurement for the Validation of a Compressor Simulation Model. In: *International Compressor Engineering Conference at Purdue*. West Lafayette, 2008.

[25]   A. Burgstaller, D. Nagy, R. Almbauer und W. Lang. Influence of the Main Parameters of the Suction Valve on the Overall Performance of a Small Hermetic Reciprocating Compressor. In: *International Compressor Engineering Conference at Purdue*. West Lafayette, 2008.

[26]   B.C. Min, K.Y. Noh, J.S. Yang, G.M. Choi und D.J. Kim. Prediction of Refrigerant Leakage for Discharge Valve System in a Rolling Piston Compressor. In: *International Compressor Engineering Conference at Purdue*. West Lafayette, 2014.

[27]   J. Rigola, O. Lehmkuhl, C. D. Perez-Segarra und A. Oliva. Numerical Simulation of Fluid Flow Through Valve Reeds Based on Large Eddy Simulation Models (LES). In: *International Compressor Engineering Conference at Purdue*. West Lafayette, 2008.

[28]   J. Rigola, D. Aljure, O. Lehmkuhl, C. D. Pérez-Segarra und A. Oliva. Numerical Analysis of the Turbulent Fluid Flow Through Valves. Geometrical Aspects Influence at Different Positions. In: *9th International Conference on Compressors and their Systems*. London, 2015.

[29]   S. Dhar, B. Tamma, A. Bhakta und M. Krishna. An Approach Towards Reed Valve Geometry Design. In: *International Compressor Engineering Conference at Purdue*. West Lafayette, 2014.

[30]   O. Estruch, O. Lehmkuhl, J. Rigola und C. D. Pérez-Segarra. Fluid-Structure Interaction of a Reed Type Valve Subjected to Piston Displacement. In: *International Compressor Engineering Conference at Purdue*. West Lafayette, 2014.

[31] I. Gonzalez, O. Lehmkuhl, A. Naseri, J. Rigola und A. Oliva. Fluid-Structure Interaction of a Reed Type Valve. In: *International Compressor Engineering Conference at Purdue*. West Lafayette, 2016.

[32] J. Kim, S. Wang, S. Park, K. Ryu und J. La. Valve Dynamic Analysis of a Hermetic Reciprocating Compressor. In: *International Compressor Engineering Conference at Purdue*. West Lafayette, 2006.

[33] E. L. Pereira, C. J. Santos, C. J. Deschamps und R. Kremer. A Simplified CFD Model for Simulation of the Suction Process Of Reciprocating Compressors. In: *International Compressor Engineering Conference at Purdue*. West Lafayette, 2012.

[34] M. Costagiola. The Theory of Spring-Loaded Valves for Reciprocating Compressors. In: *J. Appl. Mech.* 17.04 (1950), S. 415–420.

[35] C. Möhl, C. Thomas und U. Hesse. An Investigation Into The Dynamics Of Self-Acting Compressor Valves. In: *International Compressor Engineering Conference at Purdue*. West Lafayette, 2016.

[36] A. Bhakta, S. Dhar, V. Bahadur, S. Angadi und S. Dey. A Valve Design Methodology For Improved Reciprocating Compressor Performance. In: *International Compressor Engineering Conference at Purdue*. West Lafayette, 2012.

[37] S. K. Lohn, Pereira, E. L. L., da Camara, H, F. und C. J. Deschamps. Experimental Investigation of Damping Coefficient for Compressor Reed Valves. In: *International Compressor Engineering Conference at Purdue*. West Lafayette, 2016.

[38] T. T. Rodrigues. Tubulence Modelling Evaluation for Reciprocating Compressor Simulation. In: *International Compressor Engineering Conference at Purdue*. West Lafayette, 2014.

[39] H. Ding und H. Gao. 3-D Transient CFD Model For A Rolling Piston Compressor With A Dynamic Reed Valve. In: *International Compressor Engineering Conference at Purdue*. West Lafayette, 2014.

[40] H. Gao. Numerical Simulation of Unsteady Flow in a Scroll Compressor. In: *International Compressor Engineering Conference at Purdue*. West Lafayette, 2014.

[41] S. Dhar, H. Ding und J. Lacerda. A 3-D Transient CFD Model of a Reciprocating Piston Compressor with Dynamic Port Flip Valves. In: *International Compressor Engineering Conference at Purdue*. West Lafayette, 2016.

[42] D. Rowinski und K. Davis. Modeling Reciprocating Compressors Using A Cartesian Cut-Cell Method With Automatic Mesh Generation. In: *International Compressor Engineering Conference at Purdue*. West Lafayette, 2016.

[43] W. Thomson. *Theory of Vibration With Applications*. 4. Aufl. Englewood Cliffs, N.J., Prentice Hall, 1993.

[44] H. Kim, J. Ahn und D. Kim. Fluid Structure Interaction and Impact Analyses of Reciprocating Compressor Discharge Valve. In: *International Compressor Engineering Conference at Purdue*. West Lafayette, 2008.

[45] Q. Tan, Z. Liu, J. Cheng und Q. Feng. Effective Flow And Force Areas Of Discharge Valve In A Rotary Compressor. In: *International Compressor Engineering Conference at Purdue*. West Lafayette, 2014.

[46] J. C. Silva und E. Arceno. Correlation Between the Fluid Structure Interaction Method and Experimental Analysis of Bending Stress of a Variable Capacity Compressor Suction Valve. In: *International Compressor Engineering Conference at Purdue*. West Lafayette, 2014.

[47] J. Mayer, P. Bjerre und F. Brune. A Comparative Study Of Different Numerical Models For Flapper Valve Motion. In: *International Compressor Engineering Conference at Purdue*. West Lafayette, 2014.

[48] H. Schlichting und K. Gersten. *Grenzschicht-Theorie*. 10. Aufl. Berlin Heidelberg: Springer-Verlag, 2006.

[49] R. Schwarze. *CFD-Modellierung: Grundlagen und Anwendungen bei Strömungsprozessen*. Berlin Heidelberg: Springer-Verlag, 2013.

[50] J. H. Ferziger und M. Perić. *Numerische Strömungsmechanik*. Berlin Heidelberg: Springer-Verlag, 2008.

[51] H. Oertel jr., M. Böhle und T. Reviol. *Strömungsmechanik: Grundlagen – Grundgleichungen – Lösungsmethoden – Softwarebeispiele*. 6. Aufl. Wiesbaden: Vieweg+Teubner Verlag, 2011.

[52] Spalart, P. R., Allmaras, S. A. A One-Equation Turbulence Model for Aerodynamic Flows. In: *AIAA Paper 92-0439* (1992).

[53] B. E. Launder und D. B. Spalding. The Numerical Computation of Turbulent Flows. In: *Comput. Methods Appl. Mech. Eng.* 3 (1974), S. 269–289.

[54] V. Yakhot, S. A. Orszag, S. Thangam, T. B. Gatski und C. G. Speziale. Development of Turbulence Models for Shear Flows by a Double Expansion Technique. In: *Phys. Fluids A* 4.7 (1992), S. 1510–1520.

[55] T. H. Shih, W. W. Liou, A. Shabbir, Z. Yang und J. Zhu. A New k-ε Eddy Viscosity Model for High Reynolds Number Turbulent Flows. In: *Comput. Fluids* 24 (1995), S. 227–238.

[56] D. C. Wilcox. Re-Assessment of the Scale-Determining Equation for Advanced Turbulence Models. In: *AIAA J* 26.11 (1988), S. 1299–1310.

[57] F. R. Menter. Two-Equation Eddy-Viscosity Turbulence Models for Engineering Applications. In: *AIAA J* 32.8 (1994), S. 1598–1605.

[58] T. T. Rodrigues und R. Link. Effect of the Turbulence Modeling in the Prediction of Heat Transfer in Suction Mufflers. In: *International Compressor Engineering Conference at Purdue*. West Lafayette, 2012.

[59] D. N. Halbrooks. Investigation of High Pressure Fluid Circuit Gas Flow Dynamics in a Hermetic Compressor Using CFD to Improve Qualitative Flow Understanding. In: *International Compressor Engineering Conference at Purdue*. West Lafayette, 2016.

[60]   J. Hesse und R. Andres. CFD Simulation of a Dry Scroll Vacuum Pump including Leakage Flows. In: *International Compressor Engineering Conference at Purdue*. West Lafayette, 2016.

[61]   B. Klein. *Grundlagen und Anwendungen der Finite-Element-Methode im Maschinen- und Fahrzeugbau*. 10. Aufl. Wiesbaden: Springer Vieweg, 2015.

[62]   J. R. Schlegel. *Ermitteln von kennungskritischen Bauteileinflüssen im PKW-Schwin- gungsdämpfer*. Dissertation. Technische Universität Braunschweig, 2015.

[63]   H. Jasak und Ž. Tuković. Dynamic Mesh Handling in OpenFOAM Applied to Fluid- Structure Interaction Simulations. In: *European Conference on Computational Fluid Dynamics (ECCOMAS CFD)*. Lissabon, 2010.

[64]   H. Hadžić. *Development and Application of a Finite Volume Method for the Compu- tation of Flows Around Moving Bodies on Unstructured, Overlapping Grids*. Disser- tation. Hamburg: Technische Universität Hamburg-Harburg, 2005.

[65]   F.-K. Benra, H. J. Dohmen, J. Poi, S. Schuster und D. Wan. A Comparison of One-Way und Two-Way Coupling Methods for Numerical Analysis of Fluid-Structure Interac- tions. In: *J. Appl. Math.* 2011 6 (2011), S. 1–16.

[66]   Siemens PLM Software Inc. *STAR-CCM+ User Guide*. 2016.

[67]   J. Donea, A. Huerta, J.-Ph. Ponthot und A. Rodríguez-Ferran. Arbitrary Lagrangian– Eulerian Methods. In: *Encyclopedia of Computational Mechanics*. Hrsg. von E. Stein, R. de Borst und T. J. Hughes. John Wiley & Sons Verlag, 2004.

[68]   T. Dunne. *Adaptive Finite Element Approximation of Fluid-Structure Interaction Based on Eulerian and Arbitrary Lagrangian-Eulerian Variational Formulations*. Dis- sertation. Ruprecht-Karls-Universität Heidelberg, 2007.

[69]   I. Demirdžić und M. Perić. Space Conservation Law in Finite Volume Calculations of Fluid Flow. In: *Int. J. Numer. Methods Fluids* 8 (1988), S. 1037–1050.

[70]   F. Lippold. *Zur Simulation von Fluid-Struktur-Wechselwirkungen mit flexiblen Kopp- lungsverfahren*. Dissertation. Universität Stuttgart, 2010.

[71]   J. Hron und S. Turek. A Monolithic FEM/Multigrid Solver for ALE Formulation of Fluid Structure Interaction with Application in Biomechanics. In: *Lecture Notes in Computational Science and Engineering*. Hrsg. von H.-J. Bungartz und M. Schäfer. Bd. 53. Berlin Heidelberg: Springer-Verlag, 2006, S. 146–170.

[72]   S. Turek und J. Hron. Proposal for Numerical Benchmarking of Fluid-Structure Inter- action between an Elastic Object and Laminar Incompressible Flow. In: *Lecture Notes in Computational Science and Engineering*. Hrsg. von H.-J. Bungartz und M. Schäfer. Bd. 53. Berlin Heidelberg: Springer-Verlag, 2006, S. 371–385.

[73]   M. Haupt, R. Niesner, R. Unger und P. Horst. Coupling Techniques for Thermal and Mechanical Fluid-Structure-Interactions in Aeronautics. In: *PAMM* 5.1 (2005), 19–22.

[74]   A. L. Bloxom. *Numerical Simulation of the Fluid-Structure Interaction of a Surface Effect Ship Bow Seal*. Dissertation. Blacksburg, VA: Virginia Polytechnic Institute and State University, 2014.

[75] P. Causin, J. F. Gerbeau und F. Nobile. Added-Mass Effect in the Design of Partitioned Algorithms for Fluid–Structure Problems. In: *Comput Methods Appl Mech Eng* 194 (2005), S. 4506–4527.

[76] M. Breuer, G. de Nayer, M. Münsch, T. Gallinger und R. Wüchner. Fluid-Structure Interaction Using a Partitioned Semi-Implicit Predictor-Corrector Coupling Scheme for the Application of Large-Eddy Simulation. In: *J. Fluids Struct.* 29 (2012), 107–130.

[77] N. C. Lemke, M. König, J. Hennig, S. Försterling und J. Köhler. Transient Experimental and 3D-FSI Investigation of Flapper Valve Dynamics for Refrigerant Compressors. In: *International Compressor Engineering Conference at Purdue*. West Lafayette, 2016.

[78] E. W. Lemmon, M. L. Huber und M. O. McLinden. *NIST Standard Reference Database 23: Reference Fluid Thermodynamic and Transport Properties-REFPROP, Version 9.1, National Institute of Standards and Technology*. 2013.

[79] C. Möhl, C. Thomas und U. Hesse. Experimental Study of Self-Acting Reed Valves. In: *IIR Compressors - International Conference on Compressors and Coolants*. Bratislava, 2017.

[80] S. V. Patankar und D. B. Spalding. A Calculation Procedure for Heat, Mass and Momentum Transfer in Three-dimensional Parabolic Flows. In: *Int. J. Heat Mass Transfer* 15.10 (1972), S. 1787–1806.

[81] Dassault Systèmes. *Abaqus Analysis User Guide*. 2014.

[82] M. Frigo und S. G. Johnson. FFTW: An Adaptive Software Architecture for the FFT. In: *International Conference on Acoustics, Speech, and Signal Processing*. 12-15 May 1998, S. 1381–1384.

[83] M. E. Hosea und L. F. Shampine. Analysis and Implementation of TR-BDF2. In: *Appl Numer Math* 20.1-2 (1996), S. 21–37.

[84] R. A. Habing und M.C.A.M. Peters. An Experimental Method for Validating Compressor Valve Vibration Theory. In: *J. Fluids Struct.* 22.05 (2006), S. 683–697.

[85] E. L. Pereira und C. J. Deschamps. A Theoretical Account of the Piston Influence on Effective Flow and Force Areas of Reciprocating Compressor Valves. In: *International Compressor Engineering Conference at Purdue*. West Lafayette, 2010.

[86] Gamma Technologies LLC. *GT-SUITE Flow Theory Manual*. 2017.

[87] D.-C. Magzalci. *Konstruktive und energetische Betrachtung von CO_2-PKW-Klimaverdichtern*. Dissertation. Technische Universität Braunschweig, 2005.

[88] J. Süß. *Untersuchungen zur Konstruktion moderner Verdichter für Kohlendioxid als Kältemittel*. Dissertation. Universität Hannover, 1998.

[89] K. J. Lambers, J. Süß und J. Köhler. Der Verdichtungsprozess von Verdrängungsverdichtern: Teil III: Kennzahlen von Verdrängungsverdichtern. In: *KI Kälte – Luft – Klimatechnik* 12 (2007), S. 19–23.

[90] M. Frenkel. *Kolbenverdichter: Theorie, Konstruktion und Projektierung*. Berlin: VEB Verlag Technik, 1969.

Anhang

A.1 Technische Grundlagen zum Pkw-CO$_2$-Verdichter

A.1.1 Kohlendioxid als Kältemittel in mobilen Anwendungen

Beim Einsatz von CO$_2$ als Kältemittel (R744) in Pkw-Kälteanlagen ergeben sich einige prinzipbedingte Besonderheiten und Herausforderungen, welche im Folgenden angerissen werden. Diese liefern die Grundlage, um unterschiedliche Verlustmechanismen moderner Kältemittelverdichter, u. a. im Zusammenhang mit den Lamellenventilen, tiefer zu analysieren.

Vorteile gegenüber herkömmlichen Kältemitteln

CO$_2$ ist weltweit verfügbar und zudem als Abfallprodukt der chemischen Industrie kostengünstig zu erwerben. Da das Gas thermisch stabil ist und ein inertes Verhalten aufweist, sind bei der Verwendung als Kältemittel keine grundsätzlichen Materialprobleme zu erwarten. CO$_2$ ist zudem nicht brennbar und hat daher sicherheitsrelevante Vorteile gegenüber kohlenwasserstoffbasierten Kältemitteln.

Da es sich um ein natürlich vorkommendes Gas handelt, ist keine Umweltschädigung zu erwarten. CO$_2$ hat ein *Global Warming Potential* (GWP) von 1, das herkömmliche Kältemittel R134a hingegen hat ein auf einen Zeitraum von 100 Jahren bezogenes GWP$_{100a}$ von 1300. Das mittlerweile in der Breite eingesetzte Übergangskältemittel R1234yf weist ein GWP$_{100a}$ von 4,4 auf. Eine detaillierte Beschreibung der ökologischen, thermodynamischen, physikalischen, chemischen und physiologischen Eigenschaften von CO$_2$ im Kontext von Pkw-Kälteanlagen kann der Arbeit von Magzalci [87] entnommen werden.

CO$_2$ weist – bei typischen Betriebsbedingungen einer CO$_2$-Kälteanlage – eine hohe Dichte auf und besitzt daher eine große volumetrische Kälteleistung. Dies erlaubt ein kleineres Kältemittelvolumen zur Beförderung einer definierten Kälteleistung, wodurch die Kälteanlage insgesamt kleiner dimensioniert werden kann. Gute thermodynamische Eigenschaften von CO$_2$ erlauben Effizienzvorteile gegenüber herkömmlichen Kältemitteln [8].

Besonderheiten in der Betriebsführung einer CO$_2$-Kälteanlage

CO$_2$ besitzt, verglichen mit dem herkömmlichen Kältemittel R134a, einen hohen Dampfdruck. Dieser bestimmt maßgeblich die Betriebsführung der Kälteanlage. Abbildung A.1a zeigt das Zustandsdiagramm (log p-h-Diagramm) von R744 (CO$_2$), verglichen mit den Kältemitteln R134a und R1234yf. Darin ist zu erkennen, dass Siede- und Taulinie von CO$_2$ auf

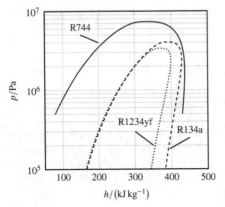

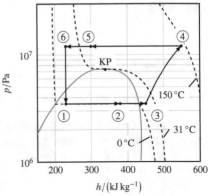

(a) Vergleich des natürlichen Kältemittels R744 (CO$_2$) mit den Fluorkohlenwasserstoffen R134a und R1234yf

(b) Typische überkritische Betriebsführung einer mobilen CO$_2$-Kälteanlage mit Verlauf ausgewählter Isothermen

Abbildung A.1: log p-h-Diagramme unterschiedlicher Kältemittel für PKW-Kälteanlagen (REFPROP-Stoffdaten [78])

einem wesentlich höheren Druckniveau verlaufen. Zudem liegen diese, bezogen auf die spezifische Enthalpie h, weiter voneinander entfernt, wodurch ein größeres Zweiphasengebiet aufgespannt wird. Bei der Verdampfung von CO$_2$ kann somit eine verhältnismäßig große Verdampfungswärme aufgenommen werden.

Der kritische Punkt von CO$_2$ liegt bei 31,06 °C und 73,8 bar. Der Verlauf der Isothermen im log p-h-Diagramm bedingt, dass dieser Punkt bei einer typischen Betriebsführung einer CO$_2$-Kälteanlage überschritten wird, vgl. Abbildung A.1b. Man spricht von einer *überkritischen* Betriebsführung.

Eine typische überkritische Betriebsführung des Linksprozesses einer CO$_2$-Kälteanlage zwischen 35 und 120 bar ist in idealisierter Form in Abbildung A.1b dargestellt (Ziffern 1–6). Die dem Innenraum entzogene Wärme wird auf niedrigem Druckniveau im Verdampfer in Form von Verdampfungswärme aufgenommen (1→2). Zur Steigerung der Effizienz der Kälteanlage wird in einem internen Wärmeübertrager ein weiterer Wärmestrom der Hochdruckseite entnommen, wodurch das Kältemittel leicht überhitzt in den Verdichter eintritt (3). Der Kältemittelverdichter hat die Aufgabe, das Kältemittel auf ein höheres Druck- und Temperaturniveau zu befördern. Idealerweise geschieht dies isentrop, im realen Verdichter aufgrund unterschiedlicher Verlustmechanismen polytrop (3→4).

Bei der Wärmeabgabe auf der Hochdruckseite der Kälteanlage (4→5) wird dabei im überkritischen Zustand das Zweiphasengebiet nicht erneut durchschritten. Die Wärmeabgabe wird somit mittels Temperaturabsenkung und nicht durch den Phasenwechsel realisiert. Man spricht, im Gegensatz zu einer R134a-Kälteanlage, auf der Hochdruckseite nicht von einem

Verflüssiger, sondern von einem *Gaskühler*. Eine weitere Abkühlung erfolgt über den internen Wärmeübertrager (5→6). Im Expansionsventil wird das Kältemittel isenthalp gedrosselt und tritt dabei in das Nassdampfgebiet ein (6→1).

Die hohen Betriebs- und Stillstandsdrücke führen zu Herausforderungen bei der konstruktiven Auslegung des CO$_2$-Kältemittelverdichters. So müssen die Gehäusebauteile, Anschlüsse und Dichtungen entsprechend druckfest sein. Hohe Wandstärken führen zu Gewichts- und Bauraumnachteilen, welche dem Vorteil der hohen volumetrischen Kälteleistung gegenüberstehen.

Bedingt durch den hohen Dampfdruck und die vergleichbar hohen Drücke auf der Niederdruckseite des Kreislaufs ergibt sich ein wesentlicher Vorteil von CO$_2$-Anlagen gegenüber der Verwendung von R134a oder R1234yf: durch eine entsprechende Verschaltung der Bauteile des Kältekreislaufs kann dieser als Wärmepumpenkreislauf umgestaltet werden. Dies bietet insbesondere bei der Anwendung für Elektrofahrzeuge wesentliche Effizienz- und damit Reichweitenvorteile gegenüber einer rein elektrischen Heizung. Im Gegensatz zu R134a oder R1234yf stellen sich bei CO$_2$ auch bei sehr niedrigen Temperaturen unter 0 °C auf der Niederdruckseite stets Drücke ein, die oberhalb des Umgebungsdruckes liegen, also über 1 bar. Drucke unter Umgebungsdruck bergen die Gefahr des Eindringens von Fremdstoffen oder Wasser in das System [87], was i. A. den Betriebsbereich bei der Verwendung von R134a oder R1234yf für den Wärmepumpenbetrieb einschränkt.

A.1.2 Verdichterkonzepte für CO$_2$-Kälteanlagen

Kältemittelverdichter lassen sich, abhängig vom Wirkprinzip, grundsätzlich in zwei Gruppen einteilen, siehe Abbildung A.2. Turboverdichter arbeiten nach dem dynamischen Strömungsprinzip durch die Impulsübertragung an mindestens einem rotierenden Laufrad. Kolbenverdichtern liegt das Verdrängungsprinzip zugrunde, bei dem die Verdichtung durch die zyklische Veränderung des Volumens eines temporär geschlossenen Arbeitsraumes realisiert wird. Man spricht hierbei von einer *inneren Verdichtung*.

Turboverdichter eignen sich für Anwendungen, in denen hohe Liefermengen bei geringen Druckverhältnissen durchgesetzt werden. In Pkw-Kälteanlagen werden jedoch aufgrund hoher Druckverhältnisse bei verhältnismäßig geringen Liefermengen Kolbenverdichter eingesetzt. Diese lassen sich weiter in Hubkolbenverdichter (translatorische Kolbenbewegung) und Rotationskolbenverdichter (rotierende bzw. orbitierende Kolbenbewegung) unterteilen. Ausführliche Beschreibungen der unterschiedlichen Kolbenverdichterbauarten sind in den Arbeiten von Kaiser [23], Försterling [9] und Magzalci [87] aufgeführt, wobei letztere insbesondere eine Bewertung in Hinblick auf die Anwendbarkeit für mobile CO$_2$-Kälteanlagen durchführen.

Während sich im Bereich der riemengetriebenen Kältemittelverdichter die Axialkolbenbauart etabliert hat, bietet sich für den Einsatz in CO$_2$-Kälteanlagen für Elektro- und Hybridfahrzeugen zudem das Prinzip des Scrollverdichters an. In Zusammenhang mit CO$_2$ als Kältemittel sind beide Bauarten grundsätzlich geeignet und weisen konzeptbedingte Vor- und Nachteile

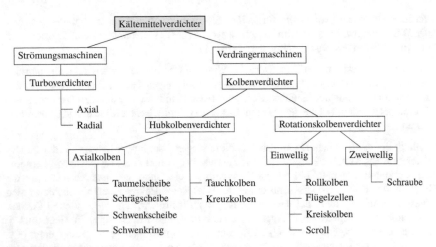

Abbildung A.2: Klassifizierung von Verdichterprinzipien (nach Kaiser [23], erweitert nach
Försterling [9])

auf. Im Folgenden werden daher beide Verdichtertypen vorgestellt, wobei das Prinzip des
Taumelscheibenverdichters die Grundlage der Untersuchungen im Rahmen der vorliegenden
Arbeit bildet.

Axialkolbenverdichter

Eine im Bereich der Fahrzeugklimatisierung mit dem Kältemittel R134a bewährte Bau-
form für Kältemittelverdichter ist das Prinzip des Axialkolbenverdichters. Dabei wird die
Rotation der Antriebswelle mittels Gleitkontakt an einer schräg auf der Welle gelagerten
Scheibe in eine translatorische Bewegung mehrerer gleichmäßig auf dem Scheibenumfang
verteilter Kolben überführt. Eine vereinfachte Darstellung eines elektrisch angetriebenen
Axialkolbenverdichters mit Taumelscheibenprinzip ist in Abbildung A.3 gegeben. Darin
sind vordergründig funktionsrelevante Bauteile dargestellt.

Das Kältemittel tritt über den Saugstutzen in den Saugraum des Verdichters ein. Beim
Durchströmen des Elektromotors wird dieser gleichzeitig gekühlt. Über Durchbrüche im
Zylinderblock gelangt das Sauggas in die Saugkammer und von dort aus über die Saugven-
tilkanäle und Saugventile in den Verdichtungsraum. Das verdichtete Gas wird über die
Druckventilkanäle und Druckventile in die Druckkammer ausgeschoben und verlässt den
Verdichter über den Druckstutzen. Die Ventileinheit wird in Kapitel 2 genauer erläutert
(siehe Abbildung 2.1).

Weitere, vordergründig für riemengetriebene Verdichter einsetzbare Axialkolbenprinzipien
werden in Försterling [9] und Magzalci [87] zusammengestellt. Dazu gehören insbesondere
Taumelscheiben-, Schwenkscheiben und Schwenkringkonzepte.

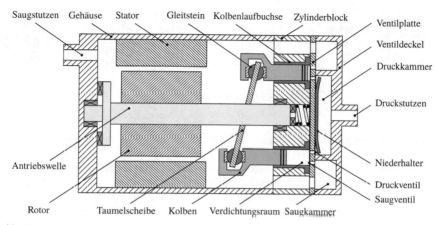

Abbildung A.3: Schematischer Aufbau eines elektrisch angetriebenen Axialkolbenverdichters in Taumelscheibenbauform (ohne Darstellung der Leistungselektronik)

Scrollverdichter

Der Scrollverdichter, seltener auch als *Spiralverdichter* bezeichnet, wird den Rotationskolben-verdichtern zugeordnet. Das Grundprinzip ist in Abbildung A.4 schematisch für eine Rotation der Antriebswelle um 720° abgebildet. Die Verdichtungsräume werden durch eine feststehende Spirale (grau dargestellt) und einer 180° dazu versetzt angeordneten beweglichen Spirale (schwarz) gebildet. Dabei wird die Rotationsbewegung der Antriebswelle mittels eines exzentrisch gelagerten Zapfens in eine orbitierende Bewegung der beweglichen Spirale überführt. Dadurch folgt die orbitierende Spirale einer Kreisbahn, wie in Abbildung A.4 als Strichpunktlinie markiert. Es kommt zu einem Kontakt der Spiralflanken, welcher der orbitierenden Bewegung folgt und dadurch das zu verdichtende Gas mitbewegt.

Der mit 0° gekennzeichnete Zustand stellt den Beginn des Verdichtungsprozesses dar. An dieser Stelle befindet sich Kältemittel mit Saugdruck in zwei Kammern, die gleichzeitig zwischen den beiden Spiralen eingeschlossen werden (hellgrau eingefärbte Fläche). Dieser Zustand definiert das nominelle Hubvolumen des Verdichters, analog dem UT eines Translationskolbens. Da das Kältemittel mit der Spiralbewegung mitgeführt und über den Flankenkontakt abgedichtet wird, sind saugseitig keine Ventile erforderlich. Durch die orbitierende Bewegung der beweglichen Spirale verkleinern sich die Verdichtungsräume, wodurch das Gas eine Verdichtung erfährt. Während das eingeschlossene Gas weiter nach innen befördert und verdichtet wird, werden nach der ersten vollen Umdrehung der Antriebswelle (360° in Abbildung A.4) die nächsten beiden Saugtaschen gefüllt. Das Verdichtungsvolumen verkleinert sich weiter, bis der Gegendruck der Auslasskammer erreicht wird. Das Gas entweicht in axialer Richtung über ein oder mehrere mittig positionierte Druckventile, die in ihrer Form und Funktion denen eines Axialkolbenverdichters entsprechen.

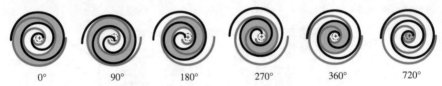

0°   90°   180°   270°   360°   720°

Abbildung A.4: Grundprinzip eines Scrollverdichters

A.1.3 Ventilbezogene Verlustgrößen

Die Verlustmechanismen des Verdichter-Gesamtsystems können durch eine Bilanzierung der Energie- und Stoffströme entsprechender Teilsysteme quantifiziert werden. Dabei unterscheidet man in äußere und innere Bewertungsgrößen, je nachdem, ob die Messgrößen außerhalb des Verdichtergehäuses erfasst werden können oder ob Zwischenzustände im Inneren des Verdichters – bspw. im Verdichtungsraum – betrachtet werden. Die unterschiedlichen Bewertungsgrößen, insbesondere Liefergrade sowie Güte- und Wirkungsgrade, sind in der Literatur umfangreich dokumentiert, siehe bspw. Försterling [9], Cavalcante [10], Magzalci [87], Süß [88] und Lambers *et al.* [89].

Verlustanteile des Liefergrades und Bedeutung des Ventilverhaltens

Als Basis für die Veranschaulichung der unterschiedlichen ventilbezogenen Verluste wird hier der effektive Liefergrad λ_{eff} eines Kältemittelverdichters in Axialkolbenbauart betrachtet. Dieser setzt den effektiv geförderten Massenstrom ins Verhältnis zu dem im betrachteten Betriebspunkt theoretisch möglichen Massenstrom [9]:

$$\lambda_{\mathrm{eff}} = \frac{\dot{m}_{\mathrm{eff}}}{\dot{m}_{\mathrm{theo}}} = \frac{\dot{m}_{\mathrm{eff}}}{V_{\mathrm{Hub}} \cdot n \cdot z \cdot \rho_{\mathrm{S}}}. \tag{A.1}$$

Der Liefergrad wird durch unterschiedliche Verlustmechanismen beeinflusst, die anhand des Indikatordiagramms aufgezeigt werden können (siehe Abbildungen 6.15 und 6.16). Diese Verlustmechanismen werden durch einzelne Teilliefergrade λ_k beschrieben (siehe z. B. Frenkel [90]), deren Produkt den effektiven Liefergrad λ_{eff} ergibt:

$$\lambda_{\mathrm{eff}} = \prod_k \lambda_k; \; 0 < \lambda_k \leq 1. \tag{A.2}$$

Die einzelnen Teilliefergrade sind in Försterling [9] umfassend beschrieben und werden im Folgenden insbesondere in Hinblick auf die Bedeutung der Ventile in erweiterter Form zusammengestellt.

Der effektive Liefergrad λ_{eff} kann zunächst räumlich entsprechend des durchströmten Bereiches des Gesamtsystems in drei Liefergradanteile unterteilt werden: Der Saugraumverlustanteil λ_{SR} ergibt sich bei der Durchströmung der gesamten Saugstrecke, beginnend am

Saugstutzen, bis zur Einlassöffnung der Saugventilkanäle. Der Arbeitsraumverlustanteil λ_{AR} umfasst alle Einflüsse am Verdichtungsvorgang selbst, die sich räumlich und zeitlich zwischen dem Einströmen über die Saugventilkanäle bis zum Ausströmen über die Druckventile ergeben. Diese Betrachtung unterscheidet sich von der Beschreibung in Försterling [9], bei der der Zylinderraumverlustanteil unter weitgehender Vernachlässigung der Druckventileinflüsse beschrieben wird. Ergänzend kann als dritte Komponente des effektiven Liefergrades der Druckraumverlustanteil λ_{DR} betrachtet werden, der den Strömungsweg vom Austritt am Druckventil bis zum Druckstutzen beschreibt.

Saugraumverlustanteil λ_{SR}

Der Saugraumverlustanteil umfasst zwei wesentliche Einflüsse der Saugstrecke:

1. Druckverlustanteil $\lambda_{SR,\Delta p}$: Beim Durchströmen der saugseitigen Geometrie, bestehend aus Saugstutzen, Triebraum (einschließlich Elektronik, falls elektrisch angetrieben), Ventilplatte und Saugkammer, ist ein Druckabfall zu beobachten

2. Aufheizverlustanteil $\lambda_{SR,\Delta T}$: Durch Reibungswärme an Lagern und sich gegeneinander bewegende Teile der Verdichtungsmechanik sowie durch die Wärmeübertragung vom verdichteten, und damit erwärmten, druckseitigen Kältemittel in der Druckkammer zur Saugkammer kommt es zu einer Temperaturerhöhung des Kältemittels entlang der Saugstrecke. Handelt es sich um einen intern elektrisch angetriebenen Verdichter, verstärkt die Abwärme von Elektronik und Elektromotor die Temperaturerhöhung.

Beide Einflüsse – Druckminderung und Temperaturerhöhung – führen zu einer Absenkung der Dichte in der Saugkammer (SK) gegenüber dem Zustand am Saugstutzen (S). Der Saugraumverlustanteil kann daher wie folgt definiert werden:

$$\lambda_{SR} = \lambda_{SR,\Delta p} \cdot \lambda_{SR,\Delta T} = \frac{\rho_{SK}}{\rho_S}. \qquad (A.3)$$

Hierbei beschreibt ρ_{SK} die Kältemitteldichte beim Verlassen der Saugkammer, also unmittelbar vor dem Saugventilkanal. Der Saugraumverlustanteil λ_{SR} ist weitgehend unabhängig vom Ventilverhalten.

Arbeitsraumverlustanteil λ_{AR}

Der Arbeitsraumverlustanteil wird durch komplexere, transiente Effekte gebildet. Diese stehen im direkten Zusammenhang mit dem $p(V)$-Verlauf des Verdichtungsvorganges, der im Indikatordiagramm abgebildet wird. Försterling [9] unterscheidet in fünf Teileinflüsse: Druckverlustanteil $\lambda_{AR,\Delta p}$, Aufheizverlustanteil $\lambda_{AR,\Delta T}$, Rückexpansionsanteil $\lambda_{AR,Rexp}$, Leckageanteil $\lambda_{AR,Leck}$ und Rückströmverlustanteil $\lambda_{AR,Rstr}$:

1. Druckverlustanteil $\lambda_{AR,\Delta p}$: Dieser Verlustanteil fasst die Druckverluste während des Ansaugvorgangs (Saugventilkanal, Saugventil), beim Durchströmen des Zylinderraums sowie während des Ausschiebevorgangs (Druckventilkanal, Druckventil) zusammen.

2. Aufheizverlustanteil $\lambda_{AR,\Delta T}$: Dieser berücksichtigt die Verluste durch Wärmeübertragung in den Saug-/ Druckventilkanälen, an den Ventilen sowie an der Zylinderwand. Rückexpandierendes Kältemittel sowie Leckage-/Spätschlussanteile aus dem bereits verdichteten Kältemittel führen durch die Vermischung mit dem kälteren Sauggas zu einem zusätzlichen Wärmeeintrag und damit zu einer Dichteabsenkung. Dadurch verringert sich die am Saugventil angesaugte bzw. über das Druckventil ausgeschobene Fluidmasse.

3. Rückexpansionsanteil $\lambda_{AR,Rexp}$: Dieser berücksichtigt Verluste durch rückexpandierendes Schadvolumen V_{Schad}, welches v. a. durch den toleranzbedingten Kolbenunterstand am Saugventil (Abstand zwischen OT und der ventilseitigen Zylinderwand) sowie das Volumen des Druckventilkanals gebildet wird. Bei der Rückexpansion vergrößert sich dieses Volumen zu $V_{Schad}+V_{Rexp}$ (vgl. Försterling [9]), wodurch die Zylinderkammer während des Ansaugvorgangs mit einem entsprechend reduzierten Frischgasvolumen befüllt werden kann. Der Verlauf der Rückexpansionskurve hängt stark von dem Spätschlussverhalten des Druckventils, unterschiedlichen Leckagepfaden sowie der Aufheizung des rückexpandierenden Gases an der Zylinderwand ab. I. A. verläuft die Kurve aufgrund dieser Verlusteinflüsse flacher als bei einer idealen (isentropen) Entspannung, wodurch sich das Volumen V_{Rexp} vergrößert und der effektive Liefergrad verringert.

4. Leckageanteil $\lambda_{AR,Leck}$: Dieser berücksichtigt Verluste, die durch Undichtigkeiten an den Ventilen, den Kolbenringen sowie Dichtungen auftreten können. Können einzelne Leckagepfade identifiziert werden, kann der Gesamt-Leckageanteil wieder als Produkt der einzelnen Leckageanteile formuliert werden.

5. Rückströmverlustanteil $\lambda_{AR,Rstr}$: Dieser Anteil umfasst die Verluste, die durch rückströmendes Gas entgegen der Hauptströmungsrichtung entstehen, verursacht durch das Spätschlussverhalten der Ventile. Spätschluss ist zu beobachten, wenn die Ventile erst nach dem Überschreiten des UT (Saugventil) bzw. OT (Druckventil) schließen. Dies wird verstärkt, wenn sich die Ventile durch elastische Effekte nach dem Kontakt mit dem Ventilsitz erneut kurzzeitig öffnen (*Rebound*). Kommt es zum Spätschluss des Saugventils, flacht die Verdichtungskurve des Indikatordiagramms ab. Durch den Spätschluss des Druckventils vergrößert sich scheinbar der Schadraum, wodurch sich die Rückexpansionskurve verschiebt und dabei ebenfalls einen flacheren Verlauf annimmt. Die Rückexpansionsverluste nehmen scheinbar zu. Auch hier kann der Produktansatz der einzelnen Verlustanteile gewählt werden, wenn das Spätschlussverhalten von Saug- und Druckventil getrennt erfasst werden kann:

$$\lambda_{AR,Rstr} = \lambda_{AR,Rstr,SV} \cdot \lambda_{AR,Rstr,DV}. \tag{A.4}$$

Analog dem Saugraumverlustanteil ergibt das Produkt der Einzelliefergrade den Liefergradanteil des Arbeitsraums λ_{AR}:

$$\lambda_{AR} = \lambda_{AR,\Delta p} \cdot \lambda_{AR,\Delta T} \cdot \lambda_{AR,Rexp} \cdot \lambda_{AR,Leck} \cdot \lambda_{AR,Rstr}. \tag{A.5}$$

Alternativ zur Multiplikation der Einzelliefergrade lässt sich der Arbeitsraumverlustanteil wie folgt ausdrücken:

$$\lambda_{AR} = \frac{\dot{m}_{eff,DV}}{V_{Hub} \cdot n \cdot z \cdot \rho_{SK}}, \tag{A.6}$$

wobei $\dot{m}_{eff,DV}$ den am Druckventil effektiv durchgesetzten Massenstrom beschreibt.

Druckraumverlustanteil λ_{DR}

Der effektiv geförderte Massenstrom am Druckstutzen wird i. A. dem Massenstrom am Druckventil gleichgesetzt. Somit wird der Druckraum (Austritt Druckventil bis Druckstutzen) bei der Bewertung des effektiven Liefergrades i. d. R. nicht gesondert betrachtet. Allerdings sind hier drei wesentliche Mechanismen zu diskutieren:

*   Wärmeübertragung. Die Wärmeabgabe des verdichteten Gases an umgebende Wände und somit von Druck- zu Saugseite ist bereits im saugraumseitigen Aufheizverlustanteil $\lambda_{SR,\Delta T}$ beinhaltet und wird daher diesbezüglich nicht gesondert betrachtet.

*   Druckverlust: Beim Durchströmen der Druckkammer und weiterer Einbauten wie Ölabscheider und/oder Muffler ist ein Druckverlust zu beobachten. Dieser führt bei gegebenem Gegendruck am Druckstutzen dazu, dass sich das Druckniveau der Druckkammer p_{DK}, und damit das obere Druckniveau im Indikatordiagramm anhebt. Dies beeinflusst Rückström-, Leckage und Rückexpansionseffekte. Dieser Einfluss wird somit bereits im Arbeitsraumverlustanteil λ_{AR} berücksichtigt.

*   Leckage: Eine Leckage zwischen Druck- und Saugkammer ist nach außen hin nicht sichtbar, führt aber zu einem reduzierten effektiven Massenstrom am Druckstutzen. Die damit zusammenhängende Erwärmung des Sauggases durch die Durchmischung mit verdichtetem Gas kann im Aufheizverlustanteil $\lambda_{SR,\Delta T}$ berücksichtigt werden. Allerdings berücksichtigen die bisher aufgeführten Verlustanteile nicht die Reduktion des effektiven Liefergrades durch die Leckage von Druck- zu Saugraum, d. h. die Verringerung des am Druckventil effektiv durchgesetzten Massenstroms $\dot{m}_{eff,DV}$. Es ist daher sinnvoll, den Druckraumverlustanteil λ_{DR} wie folgt zu definieren:

$$\lambda_{DR} = \lambda_{DR,Leck} = \frac{\dot{m}_{eff}}{\dot{m}_{eff,DV}}. \tag{A.7}$$

Analog dem Saugraumverlustanteil besteht kein direkter Zusammenhang zwischen dem dynamischen Ventilverhalten und dem Druckraumverlustanteil des effektiven Liefergrades.

Durch die Multiplikation der Einzelliefergrade (Gleichungen (A.3), (A.6) und (A.7)) entsprechend des Ansatzes in Gleichung (A.2) wird die Definition des effektiven Liefergrades (Gleichung (A.1)) zu folgender Formulierung erweitert:

$$\lambda_{eff} = \frac{\rho_{SK}}{\rho_S} \cdot \frac{\dot{m}_{eff,DV}}{V_{Hub} \cdot n \cdot z \cdot \rho_{SK}} \cdot \frac{\dot{m}_{eff}}{\dot{m}_{eff,DV}} = \lambda_{SR} \cdot \lambda_{AR} \cdot \lambda_{DR}. \tag{A.8}$$

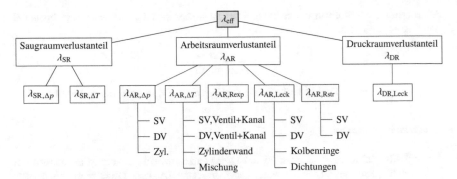

Abbildung A.5: Erweiterte Darstellung der Verlustanteile des effektiven Liefergrades (angelehnt an Försterling [9])

Die einzelnen Verlustanteile des Liefergrades sind in Abbildung A.5 in erweiterter Form zusammengetragen. Darin ist erkennbar, dass sowohl Saug- als auch Druckventil einen bedeutenden Beitrag zu den einzelnen Verlustmechanismen im Bereich des Arbeitsraumes leisten. Hierbei wird allerdings die gegenseitige Beeinflussung der einzelnen Verlustmechanismen vernachlässigt, bspw. der Einfluss von Ventilspätschlüssen und Leckagen auf das Rückexpansionsverhalten. Im Rahmen experimenteller Untersuchungen ist es nur schwer möglich, diese Querbeeinflussungen zu erfassen [9]. Die Verwendung validierter 1D- oder 3D-Simulationsmodelle kann daher hilfreich sein, indem einzelne Verlustanteile gezielt hinzugefügt oder abgeschaltet und deren Einfluss auf effektive Bewertungsgrößen quantifiziert werden.

A.2 Weiterführende Erläuterungen zu Vorbetrachtungen und Einzelstudien

A.2.1 Periodisch bewegte Wand (weiterführend zu Abschnitt 3.5.1)

Die analytische Lösung nach Gleichung (3.31) ist in Abbildung A.6 in dimensionsloser Form für acht äquidistante Zeitschritte innerhalb einer Periode ($k = 0, 1, \ldots, 7$) dargestellt. Das Strömungsfeld zeigt bezüglich des Wandabstandes y eine charakteristische Wellenform. Die dabei auftretenden sogenannten *Scherwellen* werden durch ihre Wellenlänge

$$\lambda = \sqrt{\frac{2\nu}{\omega}} \tag{A.9}$$

beschrieben. Da der Abstand der beiden Platten als unendlich groß betrachtet wird, wird nur das Strömungsfeld in der Nähe der oszillierenden Platte ausgewertet. Zum Nachvollziehen der vollständigen Herleitung der Lösung sei auf das Buch von Spurk und Aksel [22] verwiesen.

Umsetzung als CFD-Modell

Da eine inkompressible Strömung betrachtet wird, ist eine direkte Anwendung auf ein beliebiges kompressibles Kältemittel nicht möglich. Es wird somit ein bekanntes Fluid gewählt, das als inkompressibel betrachtet werden kann. Die Stoffwerte werden deswegen an die von Wasser angelehnt. Kinematische Viskosität und Dichte werden zu $\nu = 5 \cdot 10^{-7}\,\mathrm{m^2\,s^{-1}}$ bzw. $\rho = 1 \cdot 10^3\,\mathrm{kg\,m^{-3}}$ definiert.

Zur räumlichen Berechnung des Strömungsfeldes wird das eindimensionale Problem auf einen zweidimensionalen Berechnungsraum (xy-Ebene) angewendet. Eine unendliche räumliche Ausdehnung ist nicht realisierbar, daher wird das Berechnungsgebiet in Anlehnung an das zu erwartende Strömungsfeld (vgl. Abbildung A.6) bis $\sqrt{\frac{\omega}{2\nu}}\,y = 10$ modelliert, wobei eine quadratische Grundform gewählt wird, siehe Abbildung 3.5. Bei einer betrachteten Schwingungsfrequenz von $\omega = 1\,\mathrm{Hz}$ ergeben sich Abmessungen von $X = Y = 0,01\,\mathrm{m}$. Die Amplitude der Geschwindigkeit wird zu $\hat{U} = 0,01\,\mathrm{m\,s^{-1}}$ definiert.

Das zweidimensionale Strömungsfeld wird vollstrukturiert vernetzt, wobei die Basis-Kantenlänge $1 \cdot 10^{-4}\,\mathrm{m}$ beträgt. Die y-Abmessung der Zellen wird zur Wand hin kontinuierlich auf $1 \cdot 10^{-5}\,\mathrm{m}$ reduziert. Es ergibt sich zunächst ein Basisgitter mit ca. $25 \cdot 10^3$ Gitterzellen. Bevor die *Overset Mesh*-Methode angewendet wird, wird untersucht, ob dieses Basisgitter eine ausreichende Genauigkeit besitzt. Statt eines bewegten Rechengitters wird dafür eine tangentiale Wandgeschwindigkeit nach Gleichung (3.30) aufgeprägt. Der der bewegten Wand gegenüberliegende Rand wird mit einer *Slip Wall*-Randbedingung (keine Haftbedingung) belegt, die beiden seitlichen Ränder werden mittels einer periodischen Randbedingung miteinander verbunden. Dadurch ergibt sich trotz der endlichen räumlichen Ausdehnung ein in x-Richtung quasi-unendliches Strömungsfeld ohne Ränder.

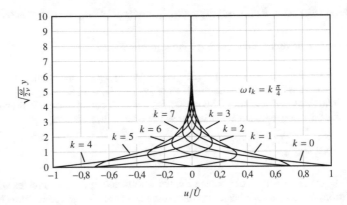

Abbildung A.6: Analytische Lösung der periodisch bewegten Wand nach Gleichung (3.31) für eine volle Periode ($k = 0, 1, \ldots, 7$), nach Spurk und Aksel [22]

Für die Untersuchung des *Overset Mesh*-Ansatzes wird das Basisgitter als Hintergrundgitter verwendet. Das *Overset*-Gitter wird mit der Geschwindigkeit nach Gleichung (3.30) oszillierend bewegt, wobei die untere Wand eine *No Slip*-Randbedingung (Haftbedingung) erhält. Das *Overset*-Gitter erstreckt sich von $y = 0$ bis $y = Y/10 = 0,001$ m. Der Interpolationsbereich zwischen Hintergrund- und *Overset*-Gitter liegt somit in einem Bereich, in dem größere Geschwindigkeitsgradienten in y-Richtung, also große Scherung in x-Richtung, in der Lösung zu erwarten sind, vgl. Abbildung A.6. Aus der Amplitude der Geschwindigkeit von $\hat{U} = 0,01$ m s^{-1} resultiert eine maximale seitliche Auslenkung der bewegten Wand von $\Delta x = \pm X = \pm 0,01$ m um die mittlere Lage. In x-Richtung ergibt sich somit eine Ausdehnung des *Overset*-Netzes von $3\,X = 0,03$ m, um die gesamte seitliche Bewegung der oszillierenden Wand abbilden zu können. Die Vernetzung des *Overset*-Gitters orientiert sich dabei am Basis- bzw. Hintergrundgitter.

Das CFD-Setup wird entsprechend der Problemstellung als zweidimensional, inkompressibel und laminar definiert. Es wird ein impliziter transienter Löser mit einer Zeitschrittweite von $\Delta t = 1 \cdot 10^{-3}$ s und 20 inneren Iterationen gewählt, wobei der *Segregated Flow*-Solver nach dem SIMPLE-Schema [80] eingesetzt wird. Das Initialfeld beträgt $u_0 = 0$ m s^{-1}. Das Strömungsfeld wird nach drei vollständigen Schwingungen als eingeschwungen betrachtet.

Das berechnete Strömungsfeld bei $k = 0$ für das Basisgitter mit Vorgabe der tangentialen Wandgeschwindigkeit sowie für die Überlagerung mit einem *Overset*-Gitter ist in Abbildung A.7 dargestellt. Im Fall der *Overset Mesh*-Methode zeigen die Randbereiche kleinere Abweichungen zur Referenz, da nach der Verschneidung des Hintergrund- mit dem *Overset*-Gitter in den unteren Ecken schmale Bereiche des unbewegten Hintergrundgitters (feste Wand) bestehen bleiben. Zudem weist der Bereich der maximalen negativen Geschwindigkeiten leichte Schwankungen auf, die jedoch nicht im Bereich maximaler Scherung liegen und deren Betrag im Rahmen dieser Studie vernachlässigt werden kann.

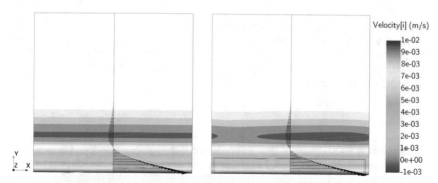

Abbildung A.7: Geschwindigkeitsfeld (x-Komponente) und -vektoren (bei $x = X/2$) der CFD-Lösung zum Zeitpunkt $k = 0$; links: mit vorgegebener tangentialer Wandgeschwindigkeit, rechts: mit überlagertem, bewegtem *Overset*-Gitter

A.2.2 Spaltuntersuchung an der 2D-Ventilplatte (weiterführend zu Abschnitt 3.5.2)

Geometrie

Die äußeren Ränder des Berechnungsgebietes (siehe Abbildung 3.7b) befinden sich jeweils in einem y-Abstand von 50 mm von der Ventilbohrung und haben eine seitliche Ausdehnung von je 50 mm in $+x$- und $-x$-Richtung. Sowohl Einlass- als auch Auslassrand (gestrichelt dargestellt) werden als Druckrandbedingung definiert. Die umgebende Wand der Ventilbohrung und die Ventilbohrung selbst sind fest und unbewegt. Somit ist das Hintergrundgitter definiert. Die Bewegung wird für den gesamten *Overset*-Bereich vorgegeben, welcher durch die feste Wand der Ventilplatte und den *Overset*-Rand (in Abbildung 3.7b ebenfalls gestrichelt dargestellt) definiert wird. Der *Overset*-Rand hat in allen Richtungen einen Abstand von 5 h_V zur Ventilplatte.

Das Berechnungsgebiet wird im Bereich der Überlagerung von *Overset*- und Hintergrund-Gitter sowie in der Ventilbohrung vollständig strukturiert vernetzt. Die Basiskantenlänge beträgt dabei 10 μm. In den Wandbereichen, die im Fall des Ventilschlusses ($s \to 0$) den Dichtspalt bzw. den Kontakt definieren, wird die Höhe der Zellen (orthogonal zur Wand) mit einer Wachstumsrate von 1,1 von 10 μm auf 1 μm reduziert, um das Spaltschlussverhalten des Ventils gezielt untersuchen zu können. Der äußere Bereich des Hintergrundgitters, der das Gebiet der Ventilbohrung und den *Overset*-Bereich umgibt, wird unstrukturiert, quad-dominant vernetzt, wobei die Zellen zu den äußeren Rändern hin auf 1 mm anwachsen. Es ergeben sich für das Hintergrundgebiet $296 \cdot 10^3$ und für das *Overset*-Gitter $74 \cdot 10^3$ Gitterzellen.

Zur Darstellung des Ventilschlusses wird für die *Overset Mesh*-Methode zusätzlich die durch die CFD-Software *STAR-CCM+* bereitgestellte *Zero Gap*-Option verwendet. Dabei werden Gitterzellen im Spaltbereich des Berechnungsgebietes deaktiviert, sobald eine minimale Anzahl von Zellschichten im Spalt n_{ZGL} unterschritten wird. Bei einer Vergrößerung des Spaltes werden die Zellen reaktiviert, sobald die minimale Anzahl von Zellschichten im Spalt wieder erreicht ist. Im Gegensatz zum Großteil der in der Literatur beschriebenen und in der Praxis angewandten Methoden ist dadurch ein vollständiger Ventilschluss ohne einen zusätzlichen Leckagepfad abbildbar. Die Auswirkung der Spaltdefinition im Ventilschluss wird in dieser Studie tiefergehend untersucht, mit dem Ziel, die Erkenntnisse auf die Modellierung eines realen Ventils übertragen zu können.

CFD-Setup

Als Medium wird CO_2 gewählt, wobei für die hier durchgeführte Studie aus numerischen Stabilitätsgründen Idealgas- statt Realgasverhalten angenommen wird. Es wird ein implizit gekoppelter Strömungslöser verwendet. Zur Turbulenzmodellierung wird – in Anlehnung an Halbrooks [59] – das RLZ-k-ε-Turbulenzmodell gewählt. Der Zeitschritt beträgt $\Delta t = 1 \cdot 10^{-7}$ s, um zu gewährleisten, dass bei maximaler Bewegungsgeschwindigkeit der Lamelle die Verschiebung des *Overset*-Gitters höchstens die halbe Höhe der kleinsten Zelle, also 0,5 μm, beträgt. Diese Bedingung ist für die korrekte Bildung des Interpolationsbereichs zwischen Hintergrund- und *Overset*-Gitter erforderlich [66]. Auf Basis des Konvergenzverhaltens der Kraftverläufe am Ventil wird die Anzahl der inneren Iterationen je Zeitschritt auf 50 festgesetzt. Die transiente Simulation wird nach einer berechneten physikalischen Zeit von 1 ms beendet, was einer vollen Schwingung des Ventils bis zur Ausgangslage entspricht.

Referenzverläufe

Die Referenzverläufe sind, jeweils auf das Maximum normiert, in Abbildung A.8 dargestellt. Die im Bereich bis 0,1 ms erkennbaren Schwankungen haben ihre Ursache im quasi-stationären Initialströmungsfeld, welches aufgrund des transienten Charakters der Ventilströmung keinen stabilen Zustand annimmt.

Der durchgesetzte Massenstrom, ermittelt über den Querschnitt in der Mitte der Ventilbohrung, folgt im Wesentlichen der Kosinusfunktion der Plattenbewegung. Kurz vor dem Erreichen des unteren Umkehrpunktes, zwischen 0,4 ms und 0,5 ms, nimmt der Massenstrom negative Werte an. Die durch die Abwärtsbewegung der Ventilplatte verdrängte Fluidmasse kann nicht mehr durch den schmalen Spalt entweichen und wird somit entgegen der Hauptströmungsrichtung in die Ventilbohrung zurückgedrängt.

Die globale Maximalgeschwindigkeit und die durch das Fluid in y-Richtung auf die Oberfläche der Ventilplatte wirkende Kraft zeigen ein ähnliches Verhalten. Beide Verläufe lassen Unstetigkeiten bei der Deaktivierung bzw. Aktivierung der verbleibenden Spalt-Gitterzellen bei ca. 0,48 ms bzw. 0,52 ms erkennen. Die Deaktivierung der Spalt-Gitterzellen führt zur Trennung der Fluidräume vor und nach dem Ventil und damit zu einer schlagartigen Verblockung der Strömung. Dadurch kommt es kurzzeitig zu einem instabilen Strömungsfeld und zu einem lokal überhöhten Druck in den verbleibenden spaltnahen Gitterzellen. Dies führt zu entsprechenden Spitzen im Kraftverlauf. Zudem ist zu beobachten, dass die Kraft nach der Deaktivierung der Spaltzellen sofort auf einen geringeren Wert absinkt. Die Deaktivierung der Spaltzellen führt zu einer Verkleinerung der Fläche an der Unterseite der

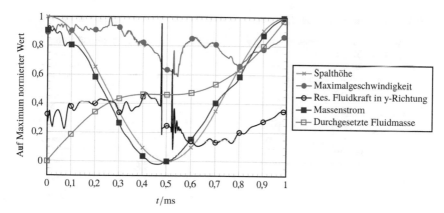

Abbildung A.8: Referenzverläufe für $s_{ZGL} = 4.3\,\mu\text{m}$ (mit $s_{max} = 1.0\,\text{mm}$, $u_{max} = 102.6\,\text{m s}^{-1}$, $\dot{m}_{max} = 20.5\,\text{kg m}^{-1}\,\text{s}^{-1}$, $F_{y,max} = 5554\,\text{N m}^{-1}$, $m_{durch,max} = 9.56 \cdot 10^{-3}\,\text{kg m}^{-1}$)

Ventillamelle. Die vom statischen Druck des Fluids beaufschlagte Fläche – und damit auch die resultierende Kraft – sinkt um das Verhältnis $(1 - d_B/D) = 1/3$, vgl. Abbildung 3.7a. Der Differenz-Kraftanteil entspricht der Kraft, die im Kontaktfall von der Ventillamelle auf den Ventilsitz übertragen wird. Bei der Reaktivierung der Spaltzellen (0,52 ms) stellt sich ein zunächst stark schwankendes Strömungs- und Druckfeld ein, was sich auch im Kraftverlauf als Einschwingvorgang darstellt. Die Kraft- und Geschwindigkeitsspitzen bei der Deaktivierung und anschließenden Reaktivierung der Spalt-Gitterzellen sind charakteristisch für die Modellierung mittels *Zero Gap*-Option und können u. U. zu Instabilitäten führen.

Untersuchung unterschiedlicher Spaltdefinitionen

Um bewerten zu können, ab welcher minimalen Spalthöhe s_{ZGL} die Deaktivierung der Zellen zulässig ist, werden in dieser Studie unterschiedliche Spalthöhen in Hinblick auf den durchgesetzten Massenstrom und die Kraftwirkung auf das Ventil ausgewertet. Zum Vergleich werden Ergebnisse ohne *Zero Gap*-Option hinzugezogen, bei denen durch die Verschiebung des Hintergrundgitters um einen Betrag $-\Delta y$ am unteren Umkehrpunkt des Ventils ein Restspalt s_{Rest} bestehen bleibt. Die für die Darstellung des Referenzverlaufs (Abbildung A.8) durchgeführte Berechnung wird mit unterschiedlichen Spaltdefinitionen wiederholt. Dabei wird die Anzahl der *Zero Gap Layers* n_{ZGL} zwischen 3 und 20 variiert, wodurch sich unterschiedliche minimale Spalthöhen s_{ZGL} bei Zell-Deaktivierung ergeben. Um die Ergebnisse auf reale Geometrien übertragen zu können, wird als ausschlaggebende geometrische Größe das Verhältnis von Spalthöhe zu Dichtlänge s/L_{dicht} (vgl. Abbildung 3.7a) gewählt und die Ergebnisse auf die entsprechenden s_{ZGL}/L_{dicht}- (mit *Zero Gap*-Option) bzw. s_{Rest}/L_{dicht}-Verhältnisse (bei Restspaltdefinition) bezogen. Die untersuchten Restspalthöhen bzw. *Zero Gap*-Spalte sind in Tabelle A.1 zusammengefasst.

Tabelle A.1: Übersicht über durchgeführte Berechnungen mit untersuchter Spaltdefinition

(a) Definition eines Restspaltes am Umkehrpunkt des Ventils

$s_{Rest}/\mu m$	$(s_{Rest}/L_{dicht})/-$
5,0	0,006
10,0	0,011
20,0	0,023
50,0	0,057
100,0	0,114

(b) Deaktivierung von Spaltzellen (*Zero Gap*-
   Option)

n_{ZGL}	$s_{ZGL}/\mu m$	$(s_{ZGL}/L_{dicht})/-$
3	4,5	0,005
4	5,9	0,007
5	7,9	0,009
6	9,8	0,011
7	11,6	0,013
8	13,7	0,016
9	16,1	0,018
10	18,5	0,021
12	24,9	0,028
15	35,6	0,041
20	64,0	0,073

A.2.3 Turek-Hron-Benchmark (weiterführend zu Abschnitt 3.5.3)

Nähere Beschreibung des Benchmarks

Tabelle A.2 fasst die Geometriedaten des in Abbildung 3.10 skizzierten Berechnungsgebietes zusammen.

Fluidseitig handelt es sich um eine inkompressible Newton'sche Flüssigkeit mit glycerinähnlichen Stoffwerten. Aufgrund der großen Viskosität des Fluides liegt zudem ein laminares Strömungsproblem bei niedrigen Reynolds-Zahlen vor. Die Balkenstruktur weist Materialeigenschaften auf, welche sich an Elastomeren wie bspw. Polypropylen anlehnen und wird

Tabelle A.2: Geometrieparameter des Berechnungsgebietes für den Turek-Hron-Benchmark (vgl. Abbildung 3.10), aus [72]

Geometrieparameter		Wert/m
Kanallänge	L	2,50
Kanalhöhe	H	0,41
Zylindermittelpunkt	C	(0,20; 0,20)
Zylinderradius	r	0,05
Balkenlänge	l	0,35
Balkenhöhe	h	0,02
Initialposition Referenzpunkt	A	(0,60; 0,20)

durch das *St. Venant-Kirchhoff*-Materialmodell als hyperelastisches Material beschrieben[30]. Ein kleiner Wert für die Poissonzahl charakterisiert die Kompressibilität der Struktur ($v_s < 0{,}5$). Die Materialpaarung wird bewusst so gewählt, dass die Dichten von Fluid und Struktur in der gleichen Größenordnung liegen ($\rho_f/\rho_s \approx 1$). Somit wird eine starke Zwei-Wege-Kopplung erzeugt, welche zu charakteristischen Instabilitäten aufgrund des *Artificial Added Mass Effects* führen kann. Daher ist der Benchmark insbesondere dafür geeignet, die Stabilität der partitionierten Kopplung zu überprüfen.

Der Turek-Hron-Benchmark besteht aus insgesamt neun Einzeltests, die sich in jeweils drei CFD-, CSM- und FSI-Tests unterteilen. Bei den CFD-Tests wird lediglich die mittlere Einlassgeschwindigkeit $\overline{U}$ bei starrer Geometrie der Fahne variiert. Die CSM-Tests werden ohne umgebendes Fluid unter Vorgabe einer Gravitationskraft bei unterschiedlichen Materialeigenschaften durchgeführt. Die FSI-Tests unterscheiden sich sowohl in den Einströmgeschwindigkeiten $\overline{U}$ als auch im Dichteverhältnis ρ_f/ρ_s und den Materialeigenschaften der Struktur. Die unterschiedlichen Parameter der einzelnen CFD-, CSM- und FSI-Tests sind in den Tabellen A.3–A.5 zusammengefasst.

Tabelle A.3: Parameter für die CFD-Tests [72]

Parameter		CFD1	CFD2	CFD3
Fluiddichte	$\rho_f/(10^3\,\mathrm{kg\,m^{-3}})$	1	1	1
Kinematische Viskosität	$v_f/(10^{-3}\,\mathrm{m^2\,s^{-1}})$	1	1	1
Mittlere Einlassgeschwindigkeit	$\overline{U}/(\mathrm{m\,s^{-1}})$	0,2	1,0	2,0
Reynolds-Zahl	$\left(Re = \frac{\overline{U}\cdot 2r}{v_f}\right)/-$	20	100	200
Art der Lösung		stationär	stationär	periodisch

Tabelle A.4: Parameter für die CSM-Tests [72]

Parameter		CSM1	CSM2	CSM3
Strukturdichte	$\rho_s/(10^3\,\mathrm{kg\,m^{-3}})$	1	1	1
Poissonzahl	$v_s/-$	0,4	0,4	0,4
Elastizitätsmodul	$E/(10^6\,\mathrm{Pa})$	1,4	5,6	1,4
Gravitationsbeschleunigung	$g/(\mathrm{m\,s^{-2}})$	(0; -2)	(0; -2)	(0; -2)
Art der Lösung		stationär	stationär	periodisch

---

30 Die Materialeigenschaften können dabei entweder mittels Elastizitätsmodul E und Poissonzahl v oder den beiden *Lamé-Konstanten* λ (*erste Lamé-Konstante*) und μ (*zweite Lamé-Konstante*, Schubmodul) beschrieben werden. In Anlehnung an reale Stoffwerte werden hier die Werte für Elastizitätsmodul und Poissonzahl genannt.

Tabelle A.5: Parameter für die FSI-Tests [72]

Parameter		FSI1	FSI2	FSI3
Fluiddichte	$\rho_f/(10^3 \, \text{kg m}^{-3})$	1	1	1
Kinematische Viskosität	$\nu_f/(10^{-3} \, \text{m}^2 \, \text{s}^{-1})$	1	1	1
Mittlere Einlassgeschwindigkeit	$\overline{U}/(\text{m s}^{-1})$	0,2	1,0	2,0
Strukturdichte	$\rho_s/(10^3 \, \text{kg m}^{-3})$	1	10	1
Poissonzahl	$\nu_s/-$	0,4	0,4	0,4
Elastizitätsmodul	$E/(10^6 \, \text{Pa})$	1,4	1,4	5,6
Reynolds-Zahl	$\left(Re = \frac{\overline{U} \cdot 2r}{\nu_f}\right)/-$	20	100	200
Dichteverhältnis	$(\rho_f/\rho_s)/-$	1	0,1	1
Art der Lösung		stationär	periodisch	periodisch

Modellaufbau

Die Berechnung wird nach dem in Abschnitt 3.4.2 erläuterten und in Abbildung 3.4 dargestellten impliziten, partitionierten Kopplungsablauf mit der CFD-Software *STAR-CCM+* und dem FEM-Löser *Abaqus/Standard* durchgeführt. Der Benchmark nach Turek und Hron ist zweidimensional, allerdings erfordert das in der Kopplungsroutine hinterlegte *Surface Mapping* zum Austausch der Kopplungsgrößen geometrische Flächen, wodurch das FSI-Modell auch eine z-Ausdehnung aufweisen muss. Zu diesem Zweck werden die Gitterzellen der CFD- und FEM-Teilmodelle um eine Zellschicht (10 mm) in die Tiefe extrudiert. Die in z-Richtung orientierten Ränder des CFD-Gebietes erhalten eine Symmetrierandbedingung.

Das CFD-Gebiet wird mittels *Overset Mesh*-Ansatz (siehe Abschnitt 3.3.2) modelliert. Dazu wird ein vollständig blockstrukturiertes Hintergrundgitter mit zur Wand kontinuierlich abnehmender Zelldicke erstellt, welches durch Einlass (Geschwindigkeitsrandbedingung nach Gleichung (3.35)), Auslass (Druckrandbedingung) und die obere und untere Kanalwand (Haftbedingung) begrenzt wird. Die gesamte Struktur der Fahne wird durch ein vollständig strukturiertes *Overset*-Gitter vernetzt. Die Basisgröße der Gitterzellen entspricht dem des Hintergrundgitters, wobei die Höhe der Gitterzellen zur Wand der Fahne hin ebenfalls kontinuierlich abnimmt.

Der innere Rand des *Overset*-Gitters stellt die bewegte Körperwand dar, an welcher die Kräfte bilanziert werden. Die äußere Wand definiert das *Overset Interface*, an der die Strömungsgrößen linear interpoliert werden. Die Netztopologie ist beispielhaft in Abbildung A.9a dargestellt. Zur Untersuchung der Netzunabhängigkeit der Lösung wird die Feinheit der Rechengitter variiert. Dabei liegt die Zahl der KV des Hintergrundgitters zwischen $43 \cdot 10^3$ und $680 \cdot 10^3$, die Anzahl der *Overset*-Rechenzellen ist mit $6 \cdot 10^3$ bis $71 \cdot 10^3$ um etwa eine Größenordnung kleiner. Es werden jeweils Gitter mit vergleichbarer Basis-Zellgröße miteinander kombiniert.

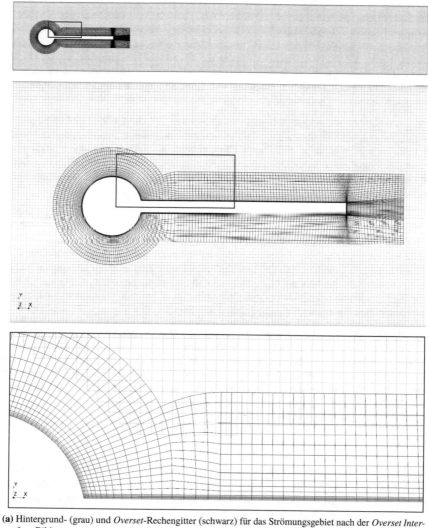

(a) Hintergrund- (grau) und *Overset*-Rechengitter (schwarz) für das Strömungsgebiet nach der *Overset Interface*-Bildung

(b) Rechennetz für das Strukturmodell

Abbildung A.9: Darstellung der zur Berechnung des Turek-Hron-Benchmarks verwendeten Rechengitter im unverformten Initialzustand (jeweils gröbste Netzauflösung)

Zur Darstellung der Bewegung des *Overset*-Gitters in den FSI-Fällen wird ein *Morphing*-Ansatz verwendet. Dabei wird die äußere Grenzfläche des *Overset*-Gitters (*Overset Interface*) in Abhängigkeit von der Bewegung des Punktes *A* (siehe Abbildung 3.10) mitbewegt, um eine relevante Verminderung der Rechengittergüte des *Overset*-Gitters aufgrund starker lokaler relativer Verformungen zwischen der bewegten Lamelle und dem äußeren *Overset*-Rand zu vermeiden. Die Form des Gitters orientiert sich dabei an so genannten *Hermit-Polynomen*, die an die Verformung balkenähnlicher Strukturen angelehnt sind.

Das FEM-Rechennetz umfasst lediglich den elastischen Teil der Struktur und ist über eine fiktive, gekrümmte Einspannung an dem unbeweglichen Zylinder befestigt. Somit besteht das FEM-Modell aus einem einzelnen Balken, welcher durch Hexaeder diskretisiert wird, siehe Abbildung A.9b. Es werden unterschiedlich feine FEM-Netze mit 140 bis ca. 9000 Elementen untersucht. Den Elementen wird der Elementtyp *C3D20R* auf Grundlage einer quadratischen Formfunktion mit reduzierter Integration zugewiesen.

Die CFD-Lösung wird mit dem in *STAR-CCM+* implementierten *Segregated Flow*-Löser[31] mit impliziter Zeitintegration zweiter Ordnung berechnet. Ortsableitungen werden ebenfalls nach Verfahren zweiter Ordnung diskretisiert. Entsprechend der niedrigen Reynolds-Zahlen der Testfälle (vgl. Tabellen A.3 und A.5) wird die Strömung laminar, d. h. ohne zusätzliches Turbulenzmodell, berechnet. Die CFD-seitige Zeitschrittweite wird, in Anlehnung an die Berechnung des FSI3-Testfalls in [72], auf $\Delta t = 5 \cdot 10^{-4}$ s gesetzt und fallabhängig weiter variiert. Pro Zeitschritt werden 10 (stationäre CFD-Fälle) bis 30 (periodische Lösung beim CFD3-Test) innere Iterationen zum Erreichen einer ausreichenden Konvergenzrate verwendet.

Das hyperelastische *St. Venant-Kirchhoff*-Materialmodell der Struktur ist in *Abaqus/Standard* nicht implementiert und wird daher über eine *User Subroutine* definiert und eingebunden. Um die rein zweidimensionale Verformung abzubilden, werden nur ebene Verzerrungszustände in der x-y-Ebene betrachtet. Aufgrund z.T. großer Verformungen der Struktur wird in allen CSM-Berechnungen geometrisch nichtlineares Verhalten, d. h. eine veränderliche Steifigkeitsmatrix, zugelassen.

CFD-Tests

Da es sich um eine inkompressible Strömung handelt, ist der Absolutdruck für das Berechnungsergebnis nicht relevant. Zur Reduktion numerischer Fehler wird der am Auslass vorgegebene Druck von $p_{out} = 0$ Pa auf einen Referenzdruck von $p_{Ref} = 101\,325$ Pa bezogen.

Um eine bessere Konvergenz und insgesamt höhere Stabilität – insbesondere in Hinblick auf die Anregung des *Artificial Added Mass Effects* bei der weiteren Verwendung des CFD-Setups für die nachfolgenden FSI-Fälle – zu erreichen, wird eine leichte Kompressibilität vorgegeben, indem die Dichte druckabhängig wie folgt definiert wird:

$$\rho_f(p) = \rho_{f,0} + \frac{p}{a_f^2}. \qquad (A.10)$$

---

31 Dieser Löser basiert auf dem SIMPLE-Algorithmus nach Patankar und Spalding [80] zur entkoppelten Berechnung von $\underline{u}$ und p und ist für inkompressible oder schwach kompressible Strömungen geeignet.

Dabei steht $\rho_{f,0}$ für die Bezugs-Fluiddichte ($1000 \, \text{kg m}^{-3}$), a_f bezeichnet die Fluid-Schallgeschwindigkeit. Die Kompressibilität des Fluides ergibt sich nach Gleichung (A.10) zu

$$\frac{d\rho_f}{dp} = \frac{1}{a_f^2}. \tag{A.11}$$

Es wird ein Initialwert von $a_f = 100 \, \text{m s}^{-1}$ verwendet. Anhand der CFD-Tests wird die Wirkung der künstlichen Kompressibilität auf die Strömungslösung untersucht. Zwar reduziert sich die Rechenzeit bei Vorgabe der künstlichen Kompressibilität um knapp 20 % gegenüber der inkompressiblen Lösung, allerdings weisen die Kraftverläufe entgegen der Erwartung keine verbesserte Konvergenz auf. Zudem wird die Lösung durch künstliche lokale Dichteschwankungen ungenauer. Die höchste Genauigkeit wird unter Inkaufnahme einer gesteigerten Rechenzeit bei vollständiger Inkompressibilität erzielt.

Die Testfälle CFD1 und CFD2 erreichen nach ca. 4 s bis 5 s simulierter physikalischer Zeit einen stationären Zustand. Der eingeschwungene Zustand des CFD3-Testfalles wird erst nach einer signifikant späteren simulierten Zeit erreicht. Dabei ist eine deutliche Abhängigkeit von der Auflösung des CFD-Rechennetzes zu beobachten: bei sonst identischen Simulationseinstellungen wird auf dem grobsten Gitter nach ca. 12 s ein eingeschwungener Zustand erreicht, auf dem feinsten Gitter bereits nach etwa 8 s.

Die erzielten Ergebnisse der CFD-Tests ohne künstliche Kompressibilität sind in Tabelle A.6a in Form der relativen Abweichung zur Referenz zusammengefasst. Da im CFD3-Test die Widerstandskraft F_x eine kleine Amplitude und die Auftriebskraft F_y einen im Vergleich zur Amplitude kleinen Mittelwert aufweisen, werden die Ergebnisse hinsichtlich Minima und Maxima ausgewertet.

Die größten Abweichungen sind bei der berechneten Schwingungsfrequenz im CFD3-Fall zu beobachten, wobei die Größenordnung der relativen Fehler denen aus der Arbeit von Schlegel [62] entspricht, welche unter Verwendung des *Morphing*-Ansatzes für die Netzbewegung erzielt worden sind. Bei einer Variation des Wertes für a_f wird deutlich, dass diese Abweichung keine Abhängigkeit von der künstlichen Kompressibilität aufweist. Ebenso zeigt sich keine klare Abhängigkeit von der Netzfeinheit. Es ist anzunehmen, dass eine primäre Abhängigkeit der berechneten Schwingungsfrequenz von der Zeitschrittweite besteht. Dies deckt sich mit den Referenzergebnissen des CFD3-Falles von Turek und Hron [72].

CSM-Tests

Abweichend von den CFD-Fällen werden die CSM1- und CSM2-Testfälle, welche stationäre Ergebnisse liefern, auch als statische Lastfälle berechnet. Der CSM3-Fall stellt eine freie, ungedämpfte Schwingung dar und wird dynamisch mit einer Zeitschrittweite von $\Delta t = 1 \cdot 10^{-3}$ s berechnet.

Es zeigt sich, dass bereits bei einer im Vergleich zum CFD-Netz groben Gitterauflösung (ca. 560 Elemente) eine annähernde Gitterunabhängigkeit der Lösung erreicht wird. Zudem wird durch Vergleichsberechnungen mit *C3D20*-Elementen gegenüber den hier verwendeten

Tabelle A.6: Berechnete Ergebnisse Φ_{ber} und erreichte Genauigkeit $\Delta\Phi$ (Gleichung (3.36)), bezogen auf die Referenzwerte Φ_{Ref} von Turek und Hron [72]

(a) CFD-Tests

Φ	CFD1			CFD2			CFD3		
	Φ_{Ref}	Φ_{ber}	$\Delta\Phi/\%$	Φ_{Ref}	Φ_{ber}	$\Delta\Phi/\%$	Φ_{Ref}	Φ_{ber}	$\Delta\Phi/\%$
$F_{x,stat}/(\mathrm{N\,m^{-1}})$	14,29	14,28	−0,06	136,7	136,7	−0,01			−
$F_{x,min}/(\mathrm{N\,m^{-1}})$			−			−	433,83	434,24	0,10
$F_{x,max}/(\mathrm{N\,m^{-1}})$			−			−	445,07	445,56	0,11
$F_{y,stat}/(\mathrm{N\,m^{-1}})$	1,119	1,116	−0,30	10,53	10,45	−0,74			−
$F_{y,min}/(\mathrm{N\,m^{-1}})$			−			−	−449,70	−452,43	0,61
$F_{y,max}/(\mathrm{N\,m^{-1}})$			−			−	425,92	425,58	−0,08
f_{F_y}/Hz			−			−	4,3956	4,4475	1,18

(b) CSM-Tests

Φ	CSM1			CSM2			CSM3		
	Φ_{Ref}	Φ_{ber}	$\Delta\Phi/\%$	Φ_{Ref}	Φ_{ber}	$\Delta\Phi/\%$	Φ_{Ref}	Φ_{ber}	$\Delta\Phi/\%$
$u_{x,stat}/\mathrm{mm}$	−7,187	−7,184	−0,05	−0,4690	−0,4687	−0,06			−
$u_{x,m}/\mathrm{mm}$			−			−	−14,305	−14,590	1,99
$u_{x,a}/\mathrm{mm}$			−			−	14,305	14,589	1,99
$u_{y,stat}/\mathrm{mm}$	−66,10	−66,08	−0,03	−16,97	−16,97	−0,01			−
$u_{y,m}/\mathrm{mm}$			−			−	−63,607	−64,585	1,54
$u_{y,a}/\mathrm{mm}$			−			−	65,160	64,895	−0,41
f_{u_y}/Hz			−			−	1,0995	1,0948	−0,43

C3D20R-Elementen mit reduzierter Integration keine relevante Verbesserung erzielt. Aus weiteren Vergleichsberechnungen mit einer geradlinigen Einspannung geht hervor, dass die Form der Einspannung an der Verbindungsstelle zum starren Zylinder (kreisförmig) einen entscheidenden Einfluss auf die Genauigkeit der Ergebnisse hat. Die erzielten Ergebnisse mit C3D20R-Elementen und gebogener Einspannung bei annähernder Gitterunabhängigkeit sind in Tabelle A.6b zusammengefasst. Da die Maxima der Auslenkungswerte u_x und u_y für den CSM3-Test nahe Null liegen, werden die Ergebnisse hinsichtlich Mittelwert und Amplitude ausgewertet.

Während die Ergebnisse der stationären Berechnung die Referenzlösung präzise nachbilden, liegen für den transienten CSM3-Test die maximalen Abweichung der Auslenkung u_x bei etwa 2 %. Durch eine Verringerung der Zeitschrittweite von $1 \cdot 10^{-3}$ s auf $1 \cdot 10^{-4}$ s oder eine Netzverfeinerung kann keine relevante Verringerung der Abweichung erreicht werden. Aufgrund der hohen Genauigkeit der stationären Ergebnisse wird ausgeschlossen, dass das Materialmodell oder die Modellgeometrie ursächlich für die Abweichungen im CSM3-Fall sind. Stattdessen wird angenommen, dass die Abweichungen darauf beruhen, dass das in *Abaqus/Standard* eingesetzte Lösungsverfahren zur Ermittlung der zeitabhängigen Lösung von dem monolithischen Löser der Referenzlösung [71] abweicht.

FSI-Tests

Bei der Kopplung der CFD- und FEM-Submodelle wird zur Stabilisierung der FSI-Lösung die im Rahmen der CFD-Tests eingeführte künstliche Kompressibilität nach Gleichung (A.10) eingesetzt. Im Gegensatz zu den CFD-Lösungen kann hier aufgrund des starken *Artificial Added Mass Effects* ohne diese leichte Kompressibilität des Fluids keine stabile Lösung erzielt werden.

Aufgrund der niedrigeren Tendenz zu Instabilitäten konnte beim FSI2-Fall eine Berechnung mit verringerter künstlicher Kompressibilität ($a_f = 1000\,\mathrm{m\,s}^{-1}$) durchgeführt werden. Eine Genauigkeitsverbesserung gegenüber $a_f = 100\,\mathrm{m\,s}^{-1}$ wird dadurch allerdings nicht erzielt. Eine Störung der Lösung z. B. durch Druck- und Dichteschwankungen des leicht kompressiblen Fluidgebietes kann somit weitgehend ausgeschlossen werden. Mit Vergrößerung des Wertes für a_f – d. h. Verringerung der künstlichen Kompressibilität – wird jedoch die Lösung allgemein destabilisiert, woraus ein Ansteigen der Rechendauer bis hin zum Abbruch der Simulation folgt. Die künstliche Kompressibilität wird daher für alle FSI-Tests mit $a_f = 100\,\mathrm{m\,s}^{-1}$ beibehalten.

Die FSI-Berechnungen erreichen den stationären bzw. eingeschwungenen Zustand nach etwa 5 s (FSI1 und FSI3) bzw. etwa 10 s simulierter physikalischer Zeit (FSI2), was der Größenordnung der Einschwingzeit der CFD-Tests entspricht. Auffällig ist hierbei, dass die längste Einschwingzeit nicht bei dem FSI-Testfall mit dem höheren ρ_f/ρ_s-Verhältnis, sondern dem Testfall mit der höchsten Auslenkung der Struktur erreicht wird.

Abbildung A.10 zeigt beispielhaft für den FSI2-Testfall das Strömungsfeld im Zustand der maximalen Auslenkung der Fahne sowie das zugehörige Druckfeld und das Rechengitter im *Overset*-Bereich.

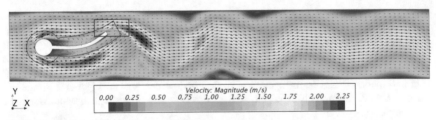

(a) Geschwindigkeitsfeld und -vektoren

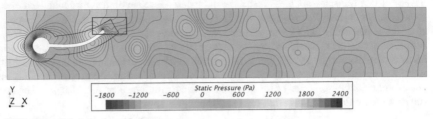

(b) Statischer Relativdruck und Isobaren

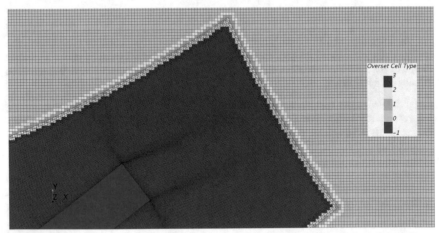

(c) *Overset Cell Type* des Hintergrundgitters (-1: inaktive Hintergrundzelle; 0: aktive Zelle; 1: Donorzelle; 2: aktive Zelle am Rand zum Schnittbereich des Hintergrundgitters; 3: Akzeptorzelle)

Abbildung A.10: Ausgewählte Ergebnisse des Testfalles FSI2 mit dem feinsten Rechengitter im eingeschwungenen Zustand (Zustand der Maximalauslenkung des Punktes *A*); roter Kasten in (a) und (b) entspricht in (c) dargestelltem Ausschnitt

A.2.4 Modellierung der viskosen Kontaktdämpfung im Ventilspalt (weiterführend zu Abschnitt 5.2.3)

Implementierung in Abaqus/Standard

Abaqus/Standard bietet die Möglichkeit eine viskose Dämpfungskraft für die relative Bewegung zweier in Kontakt stehender Flächen zu definieren. Diese Dämpfungskraft wird nach folgendem Ansatz berechnet [81]:

$$F_{D,i} = \mu A_i v_{rel,i}.$$ (A.12)

Hierbei beschreibt A_i die Kontaktfläche des betrachteten Elements i und $v_{rel,i}$ die lokale normale Relativgeschwindigkeit der in Kontakt stehenden Flächen. Der Dämpfungskoeffizient μ wird global definiert und in $Pa\,s\,m^{-1}$ in Abhängigkeit vom Abstand der Flächen (Spaltweite s) angegeben, d. h. $\mu = \mu(s)$. Dabei bietet *Abaqus/Standard* die Möglichkeit den Zusammenhang linear oder bilinear zu definieren, siehe Abbildung A.11.

Da die Dämpfungskraft aufgrund der Quetschströmung im Spalt einen exponentiellen Charakter besitzt, wird ein bilinearer Ansatz ausgeschlossen, d. h. $c = 0$ (siehe Abbildung A.11). Somit wird der Dämpfungskoeffizient μ, ausgehend von einer maximalen Spaltweite s_0, linear bis $s = 0$ (vollständiger Spaltschluss) auf den Wert μ_0 angehoben.

Rechengitter und Simulationssetup der CFD-Studie

Das CFD-Rechennetz besteht aus $4{,}3 \cdot 10^5$ Rechenzellen, welche durch Extrusion quaddominanter Oberflächennetze in x-Richtung erzeugt worden sind. Der Spaltbereich wird durch zehn Zellschichten (in x-Richtung) abgebildet. Die untere Zylinderwand wird mit einer konstanten Geschwindigkeit $u_{x,rel}$ in x-Richtung bewegt. Der Spalt wird dabei von $s_{min,Start}$ auf $s_{min,End} = 0{,}01\,s_{min,Start}$ reduziert. Während der Bewegung des unteren Zylinders wird das Fluidnetz mittels *Morphing* bewegt. Abbildung A.12 zeigt das Rechengitter als X-Y-Schnitt im Spaltbereich im Initial- sowie im Endzustand, vgl. Abbildung 5.20.

Das CFD-Setup ist in Tabelle A.7 zusammengefasst. Hierbei wird, entsprechend des Validierungsfalles am Ventilprüfstand, Stickstoff bei Umgebungsbedingungen betrachtet.

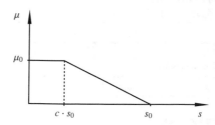

Abbildung A.11: Vorgabe einer (bi-)linearen Kontaktdämpfung in *Abaqus/Standard*, nach [81]

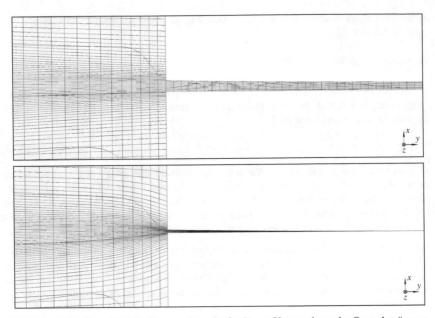

Abbildung A.12: Ausschnitt des Rechengitters der Studie zur Untersuchung der Quetschströmung im Spaltbereich (X-Y-Ebene), Initialzustand ($s_{\text{min,Start}}$, oben) und Endzustand ($s_{\text{min,End}}$, unten), vgl. Abbildung 5.20

Tabelle A.7: CFD-Setup in *STAR-CCM+* für die Untersuchung der Quetschströmung im Ventilspalt

Allgemeine Modelleinstellungen	
Dreidimensional	
Coupled Flow (2. Ordnung), *Coupled Energy*	
Implicit Unsteady (2. Ordnung, $\Delta t = 1 \cdot 10^{-6}$ s, 10 innere Iterationen)	
SST (Menter) k-Omega-Turbulenzmodell	
Kompressibel, Realgasmodell (Peng-Robinson) – Stickstoff	
Initialbedingungen	
Initialtemperatur	300 K
Initialdruck (=Referenzdruck)	101 325 Pa
Randbedingungen	
Zylinderwände	*No-Slip Wall* (ohne Rauigkeit)
Ränder des umgebenden Volumens	*Pressure Outlet* (101 325 Pa)

A.3 FFT-Auswertung der Ventil-Schwingungsverläufe

Die FFT-Berechnung zur Ermittlung der Frequenzspektren der gemessenen und der simulierten Schwingungsverläufe der Lamellenventile wird im Rahmen der vorliegenden Arbeit unter Zuhilfenahme der Software-Bibliothek nach Frigo und Johnson [82] durchgeführt. Diese basiert auf folgendem Zusammenhang:

$$\hat{a}_k = \sum_{j=1}^{n} s_j \cdot w_n^{(j-1)(k-1)}; \quad k = 1,\ldots,n, \tag{A.13}$$

mit der n-ten Einheitswurzel

$$w_n = e^{\frac{-2\pi i}{n}}. \tag{A.14}$$

Hierbei bezeichnet $\hat{a}_k$ die Fourier-Koeffizienten, welche durch die diskrete Fourier Transformation (DFT) des Vektors der diskreten, äquidistanten Auslenkungen s_j berechnet werden. Das zweiseitige Amplitudenspektrum $|\hat{s}_k|^*$ berechnet sich nach

$$|\hat{s}_k|^* = \left| \frac{\hat{a}_k}{n} \right|; \quad k = 1,\ldots,n \tag{A.15}$$

und wird bis zur Abtastfrequenz f_{sample} aufgelöst, welche in der Simulation aus der Zeitschrittweite Δt_{sim} resultiert:

$$f_{\text{sample}} = \frac{1}{\Delta t_{\text{sim}}}. \tag{A.16}$$

Bei einer Zeitschrittweite von $\Delta t = 1 \cdot 10^{-5}$ s ergibt sich entsprechend eine Auflösung des FFT-Signals bis $f_{\text{sample}} = 1 \cdot 10^5$ Hz. Gleiches gilt für die experimentellen Daten auf Grundlage der Abtastrate des Lasersignals. Für die Auswertung wird das einseitige Amplitudenspektrum verwendet, welches bis $\frac{f_{\text{sample}}}{2}$ aufgelöst wird und wie folgt definiert ist:

$$|\hat{s}_k| = 2 \cdot |\hat{s}_k|^*; \quad k = 1,\ldots,\frac{n}{2}. \tag{A.17}$$

Die Auftragung der Werte für $|\hat{s}_k|$ erfolgt über die diskreten Frequenzen f_k mit

$$f_k = \frac{f_{\text{sample}} \cdot k}{n}; \quad k = 1,\ldots,\frac{n}{2}. \tag{A.18}$$

Der FSI-simulierte Gesamtverlauf $s(t)$, die mittels Interpolation aus der Gleichgewichtskurve ermittelte generische Kurve $s_{\text{GG}}(t)$ sowie die Differenz-Auslenkungskurve $s_{\text{Diff}}(t)$ sind beispielhaft für den Lastfall $p(t)_{\text{DV,2}}$ in Abbildung A.13a dargestellt. Die Differenz-Auslenkungskurve zeigt deutlich das von der generischen Ventilbewegung losgelöste Schwingungsverhalten der Lamelle. Dabei liegt der Mittelwert der Schwingung nahe Null.

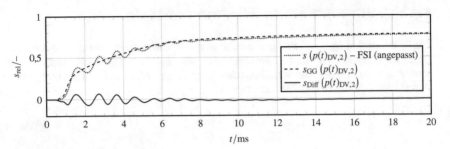

(a) FSI-simulierter Auslenkungsverlauf

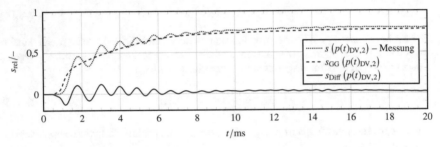

(b) Experimentell ermittelter Auslenkungsverlauf

Abbildung A.13: Darstellung des FSI-simulierten und des gemessenen Auslenkungsverlaufs des Druckventils (vgl. Abbildung 5.26), des Gleichgewichts-Auslenkungsverlaufs (vgl. Abbildung 5.9b) sowie der jeweiligen Differenz-Auslenkungskurve nach Gleichung (5.12), beispielhaft für den Lastfall $p(t)_{\text{DV},2}$

Bei den unteren Lastfällen $p(t)_{\text{DV},1}$ und $p(t)_{\text{DV},2}$ liegen die Absolutauslenkungen des gemessenen Verlaufs und des auf der FSI-Simulation basierenden generischen Gleichgewichtsverlaufs gegen Ende der Simulationszeit nicht übereinander, vgl. Abbildung A.13b und Abbildung 5.26. Daher erreicht auch die Differenz-Auslenkungskurve nicht für alle Lastfälle einen Endwert von Null. Dennoch werden durch den Abzug des generischen Auslenkungsverlaufs die dominanten Anteile der niederfrequenten Schwingung im Frequenzspektrum reduziert, wodurch eine bessere Quantifizierung der dynamischen, höherfrequenten Anteile möglich ist.

A.4 Weiterführende Tabellen

Tabelle A.8: Zusammenfassung der strömungsseitigen Simulationseinstellungen für die FSI-Ventilberechnung: Basis-Simulationssetup (Abschnitt 5.1) und anhand der Validierungsdaten der Drucklamelle angepasstes Simulationssetup (Abschnitt 5.2)

CFD-Modellsetup	FSI-Basissetup	Angepasstes FSI-Setup
Allgemeine Modelleinstellungen		
Medium	– Gas (Stickstoff), kompressibel –	
Räumliche Diskretisierung	– dreidimensional (2. Ordnung) –	
Strömungslöser	– *Coupled Flow*, *Coupled Energy* –	
Zeitliche Diskretisierung	– *Implicit Unsteady* (2. Ordnung) –	
Turbulenzmodellierung	– RANS, SST (Menter) k-ω-Modell –	
Zustandsgleichung	Idealgas	Realgas (Peng-Robinson)
Zeitsteuerung		
Art der Zeitsteuerung	konstant	variabel, CFL-gesteuert
(Initialer) Zeitschritt: $\Delta t / \mathrm{s}$	– $1 \cdot 10^{-5}$ –	
(Initiale) CFL-Zahl	– 10 –	
CFL-Bereich zur Zeitsteuerung	–	[0,5; 5,0]
Innere Iterationen je Zeitschritt	20	50
Initialbedingungen		
Initialtemperatur: T_0/K	– 297,5 –	
Initialdruck (=Referenzdruck): p_0/Pa	– 101 325 –	
Randbedingungen		
Einlass	– *Stagnation Inlet* (Druckverlauf) –	
Dauer der Rampenfkt.: $t_{\mathrm{Rampe}}/\mathrm{s}$	$1 \cdot 10^{-3}$	$5 \cdot 10^{-4}$
Auslass	– *Pressure Outlet* (Referenzdruck) –	
Geometrische Wände	– *No-Slip Wall* (rau: $k = 2 \cdot 10^{-6}$ m) –	
Zero Gap-Wände	– *Slip Wall* –	
Overset Mesh-Einstellungen		
Spaltbehandlung	– *Zero Gap*-Option ($\geq$ 3 akt. Zellschichten) –	
Interpolation	– linear –	

Tabelle A.9: Zusammenfassung der strukturseitigen Simulationseinstellungen für die FSI-Ventilberechnung: Basis-Simulationssetup (Abschnitt 5.1) und anhand der Validierungsdaten der Drucklamelle angepasstes Simulationssetup (Abschnitt 5.2)

FEM-Modellsetup	FSI-Basissetup	Angepasstes FSI-Setup
Allgemeine Modelleinstellungen		
Materialmodell	– linear-elastisch, isotrop –	
Elementtyp	– C3D20R/C3D15 –	
Geometrische Nichtlinearitäten	– werden zugelassen –	
Art der Lösung	– dynamisch, implizit (*Abaqus/Standard*) –	
Materialdaten		
Werkstoffbezeichnung	– Federstahl –	
Dichte: $\rho/(\mathrm{kg\,m^{-3}})$	7850	(geringer)
Elastizitätsmodul: E/Pa	$210 \cdot 10^9$	(größer)
Querkontraktionszahl: $\nu/-$	0,29	(größer)
Materialdämpfung: $\alpha_\mathrm{R}/\mathrm{s^{-1}}$; $\beta_\mathrm{R}/\mathrm{s}$	0; 0	0; $1 \cdot 10^{-6}$
Kontaktdefinition		
Kontakttyp	– *General Contact (Surface-to-Surface)* –	
Kontaktpaardefinition:	– *Balanced, Penalty Method* –	
Normalenrichtung:	– *Hard Contact* –	
Tangentialrichtung:	– *Isotroper Gleitreibungskoeffizient* (0,42) –	
Kontaktdämpfung:		
$(s_0/h_\mathrm{Lamelle})/-$; $\mu_0/(\mathrm{Pa\,m^{-1}\,s^{-1}})$; $c/-$	0; 0; 0	0,15; $4 \cdot 10^4$; 0
Zeitsteuerung		
Initialer Zeitschritt: $\Delta t_0/\mathrm{s}$	$1,5 \cdot 10^{-5}$	$1 \cdot 10^{-5}$
Minimaler Zeitschritt: $\Delta t_\mathrm{min}/\mathrm{s}$	– $1 \cdot 10^{-7}$ –	
Maximaler Zeitschritt: $\Delta t_\mathrm{max}/\mathrm{s}$	– $1 \cdot 10^{-4}$ –	
Rand- und Initialbedingungen		
Einspannung Lamelle/Niederhalter	– $u_{ijk} = 0$; $w_{ijk} = 0$ (*Encastre*) –	
Initialer Belastungszustand	– unbelastet (ohne Vorspannung) –	
Kontaktinitialisierung	– spannungsfreier Zustand –	

Tabelle A.10: Zusammenfassung der Kopplungseinstellungen für die FSI-Ventilberechnung: Basis-Simulationssetup (Abschnitt 5.1) und anhand der Validierungsdaten der Druck-lamelle angepasstes Simulationssetup (Abschnitt 5.2)

FSI-Kopplungssetup	FSI-Basissetup	Angepasstes FSI-Setup
Art der Kopplung	– partitioniert, implizit –	
Den Kopplungsablauf führender Löser	– FEM (*Abaqus/Standard*) –	
Vorgabe des Kopplungs-Zeitschrittes	– CFD (*STAR-CCM+*) –	
Intervall der Kopplungs-Relaxationsfaktoren	– [0,1; 0,5] –	
Mapping	– *STAR-CCM+* (beidseitig) –	
Anzahl der Kopplungsschritte pro Zeitschritt	4	2

Tabelle A.11: Zusammenfassung der Simulationseinstellungen des 0D/1D-Verdichtermodells in *GT-SUITE* zur Berechnung der Indikatordiagramme des CO_2-Verdichtungsprozesses

Allgemeine Modelleinstellungen	
Medium	R744 (CO_2 rein), REFPROP-Stoffdaten
Anzahl der Zylinder: z	5
Räumliche Diskretisierungslänge/mm	2
Wandrauheit SVK/DVK: k/μm	3 (*extruded aluminum*)

Löser	
Art der Strömungslösung	transient, *Explicit Flow*
ODE-Löser	*Explicit-Runge-Kutta*
Maximaler Zeitschritt (drehzahlabhängig)	1° Kurbelwinkel

Randbedingungen	
Relative Antriebs-Drehzahl: n_{rel}	(0,19; 0,38; 0,63; 0,88; 1)
Saugdruck (Saugstutzen): p_S/bar	35
Gegendruck (Druckstutzen): p_D/bar	75
Saugstutzentemperatur: T_S/°C	(72; 62; 61; 63; 63)
Druckstutzentemperatur: T_D/°C	110
Eff. Zylinder-Wandtemperatur: $T_{Z,Wand,eff}$/°C	(69; 60; 60; 63; 63)

Initialbedingungen	
Fluidkomponenten Saugbereich:	$p_{S,0} = p_S$, $T_{S,0} = T_S$
Zylinder:	$p_{Z,0} = p_S$, $T_{Z,0} = T_S$
Fluidkomponenten Druckbereich:	$p_{D,0} = p_D$, $T_{D,0} = T_D$

A.5 Weiterführende Abbildungen

(a) Saugventil

(b) Druckventil

Abbildung A.14: CFD-Rechennetz der Ventilprüfstandskonfiguration in geschnittener Darstellung (grau: Hintergrundgitter, rot-transparent: *Overset*-Gitter, rot: FSI-Oberfläche der Ventillamelle)

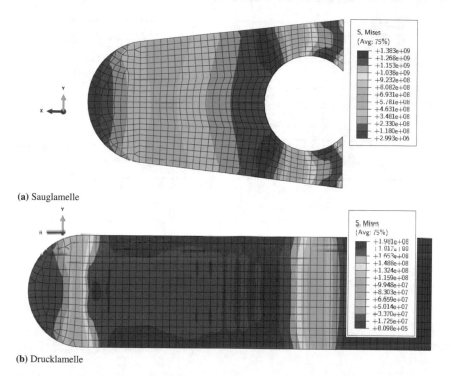

(a) Sauglamelle

(b) Drucklamelle

Abbildung A.15: Nachrechnung der stationären Ventilkennlinie: FEM-berechnete Spannungsverteilung (*von Mises*-Vergleichsspannung $\sigma_{v,M}/(N\,m^{-2})$) auf der Oberfläche
der Druckventillamelle im verformten Endzustand ($t_{sim} = 0{,}12\,s$, $\Delta p_V = 10\,bar$,
vgl. Abbildung 5.6c)

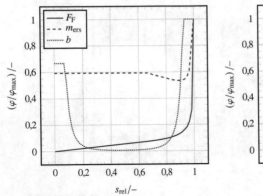

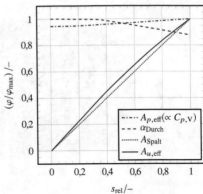

(a) Federkraft F_F, Ersatzmasse m_ers und Dämpfungsparameter b

(b) Effektiv druckbeaufschlagte Fläche $A_{p,\mathrm{eff}}$, Durchflusskennzahl α_Durch, Spaltfläche A_Spalt und effektiver Strömungsquerschnitt $A_{u,\mathrm{eff}}$

Abbildung A.16: Nach Baumgart [7] berechnete 1D-Ventilparameter φ_i für das betrachtete Druckventil in Abhängigkeit vom Ventilhub s in normierter Darstellung

Printed in the United States
By Bookmasters